职业教育规划教材

焊 接 技 术

陈保国　主编

U0359699

化学工业出版社

·北京·

本书参照《中华人民共和国职业技能鉴定规范——电焊工》中对初、中级工的技能要求安排技能训练内容，突出专业技能的训练，使技能训练与职业技能鉴定相结合。全书主要介绍了焊条电弧焊、埋弧自动焊、等离子弧切割技术、二氧化碳气体保护焊、氩弧焊、气焊与气割、金属材料焊接等。

本书是职业院校教材，也可供焊工培训和其他技术人员参考。

图书在版编目（CIP）数据

焊接技术/陈保国主编． —北京：化学工业出版社，
2007.1（2024.2重印）
职业教育规划教材
ISBN 978-7-5025-9911-9

Ⅰ．焊… Ⅱ．陈… Ⅲ．焊接-专业学校-教材 Ⅳ．TG4

中国版本图书馆 CIP 数据核字（2007）第 005613 号

责任编辑：高 钰 韩庆利 装帧设计：史利平
责任校对：徐贞珍

出版发行：化学工业出版社（北京市东城区青年湖南街 13 号 邮政编码 100011）
印 装：北京科印技术咨询服务有限公司数码印刷分部
787mm×1092mm 1/16 印张 11¾ 字数 283 千字 2024 年 2 月北京第 1 版第 9 次印刷

购书咨询：010-64518888 售后服务：010-64518899
网 址：http://www.cip.com.cn
凡购买本书，如有缺损质量问题，本社销售中心负责调换。

定 价：28.00 元
版权所有 违者必究

前　言

　　本书突出专业技能的训练，并参照《中华人民共和国职业技能鉴定规范——电焊工》中对初、中级工的技能要求安排技能训练内容，使技能训练与职业技能考核鉴定相结合。

　　本书在编写过程中始终贯彻以培养能力为主的指导思想，遵循专业理论为专业技能服务的基本原则，根据职业教育的特点，适当降低理论深度，强化技能训练，既注重基本技能的训练，更注重专业技能的训练，技能训练力求具有针对性、典型性和实用性，以便达到增强学生的就业能力，适应人才市场需求的目的。

　　全书内容主要包括焊条电弧焊、埋弧自动焊与等离子弧切割技术、二氧化碳气体保护焊及氩弧焊、气焊与气割、金属材料焊接七个部分。在结构体系上，本书采用大模块小项目的教学方式，按焊接方法列模块，以不同的焊接技能训练为小项目，有目的地把理论知识贯穿于各个小项目教学训练中，内容由浅入深，技能实训由易到难。

　　本书由陈保国副教授担任主编、杨海明担任副主编、史维琴高级工程师担任主审。在编写过程中得到了单位领导的大力支持，并得到姜泽东、杭明峰、陆锡春的大力帮助，在此一并表示感谢。

　　由于时间仓促，缺乏经验，不足之处恳切希望使用本书的广大师生、同仁提出宝贵意见和建议。

编者

2007 年 1 月

目　　录

模块一 绪 论

项目一 焊接绪论

一、焊接概述

焊接技术自19世纪发明"金属极电弧焊、气焊和气割技术"以来，距今已有一百多年的历史。随着现代工业和科学技术不断进步的同时，焊接技术也得到了迅速的发展。

回顾我国建国五十多年来焊接的发展历程，其经历了"从无到有，从小到大"的发展过程，我国焊接行业正在进入比较成熟的阶段。焊接技术在制造业中作为关键的加工工艺，一般被安排在制造流程的后期或最终阶段，因而对产品质量具有决定性作用。焊接技术在锅炉、压力容器、发电设备、核设施、石油化工、管道、冶金、矿山、铁路、汽车、造船、港口设施、航空航天、建筑、农业机械、水利设施、工程机械、机器制造、医疗器械、精密仪器和电子等行业中广泛应用。因此，焊接技术被视为一种关键的制造技术。

自进入21世纪以来，焊接已经进入了一个崭新的发展阶段。当今世界的许多最新科研成果、前沿技术和高新技术，诸如计算机、微电子、数字控制、信息处理、工业机器人、激光技术等，已经被广泛应用于焊接领域。在我国乃至人类发展史上留下辉煌篇章的三峡水利工程、西气东输工程以及"神舟"号载人飞船，哪个没有采用焊接结构？

焊接与传统的连接方法，例如螺栓连接、铆钉连接等，主要的不同是：传统的连接方法是临时的连接，即不必毁坏零件就可以拆卸，如螺栓连接等，而焊接是永久性的连接，其拆卸只有毁坏零件后才能实现，见图1-1。

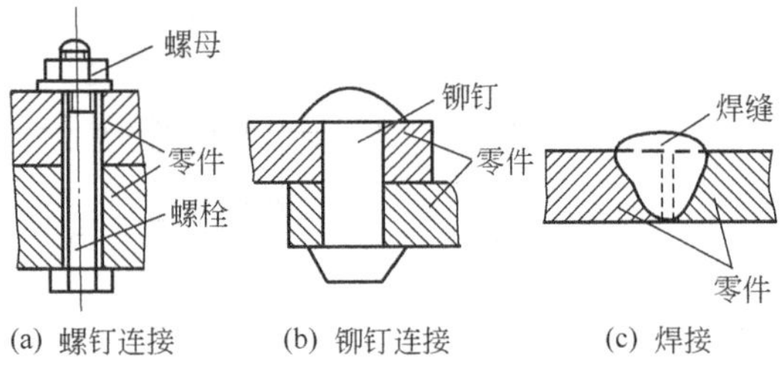

图 1-1 零件连接方式

焊接与螺栓、铆钉、铸造等连接方法相比具有以下优点：可以节省大量金属材料；减轻结构的重量；简化了加工与装配工序；焊接结构生产不需钻孔，不需模型，划线的工作量少，劳动生产率高；焊接结构的致密性好；强度高并改善了劳动条件等。

焊接不仅可以使金属材料永久地连接起来，也可以使非金属材料达到永久连接的目的，如玻璃焊接、塑料焊接等。

焊接就是通过加热或加压或两者并用，并且用或不用填充材料，使工件达到原子结合的一种加工方法。

由此可知，焊接与其他的连接方法不同，通过焊接后的连接材料不仅在宏观上建立了永久性联系，而且在微观上建立了组织之间的内在联系。因此，就必须使分离的金属原子间产生足够的结合力，才能建立组织之间的内在联系，形成牢固的接头。这对液体来说是很容易的，而对固体来说则比较困难，需要外部给予很大的能量，使金属接触表面达到原子间的距离。为此，金属焊接时必须采用加热、加压或者两者并用的方法。

按照焊接过程中金属所处的状态不同，可以把焊接方法分为熔焊、压焊和钎焊三种类型。

熔焊是在焊接过程中，将待焊处的母材加热至熔化状态，不加压完成焊接的方法。在加热的条件下，增强了金属的原子功能，促进原子间的相互扩散，当被焊金属加热至熔化状态形成液态熔池时，原子之间可以充分扩散和紧密接触，因此冷却凝固后，即可形成牢固的焊接接头。常见的气焊、电弧焊、电渣焊、气体保护电弧焊等都属于熔焊的方法。

压焊是在焊接过程中，必须对焊件施加压力（加热或不加热），以完成焊接的方法。这类焊接有两种形式：一是将被焊金属接触部分加热至塑性状态或局部熔化状态，然后施加一定的压力，以使金属原子间相互结合形成牢固的焊接接头，如锻焊、接触焊、摩擦焊等就是这种类型的压焊方法；二是不进行加热，仅在被焊金属的接触面上施加足够大的压力，借助于压力所引起的塑性变形，使原子间相互接近而获得牢固的挤压接头，这种压焊的方法有冷压焊、锻焊、爆炸焊等。

钎焊是采用比母材熔点低的金属材料作钎料，将焊件和钎料加热到高于钎料熔点，低于母材熔化温度，利用液态钎料润湿母材，填充接头间隙并与母材相互扩散实现连接焊件的方法。常见的钎焊方法有烙铁钎焊、火焰钎焊等。

目前的焊接方法很多，常用的焊接方法分类如图 1-2 所示。

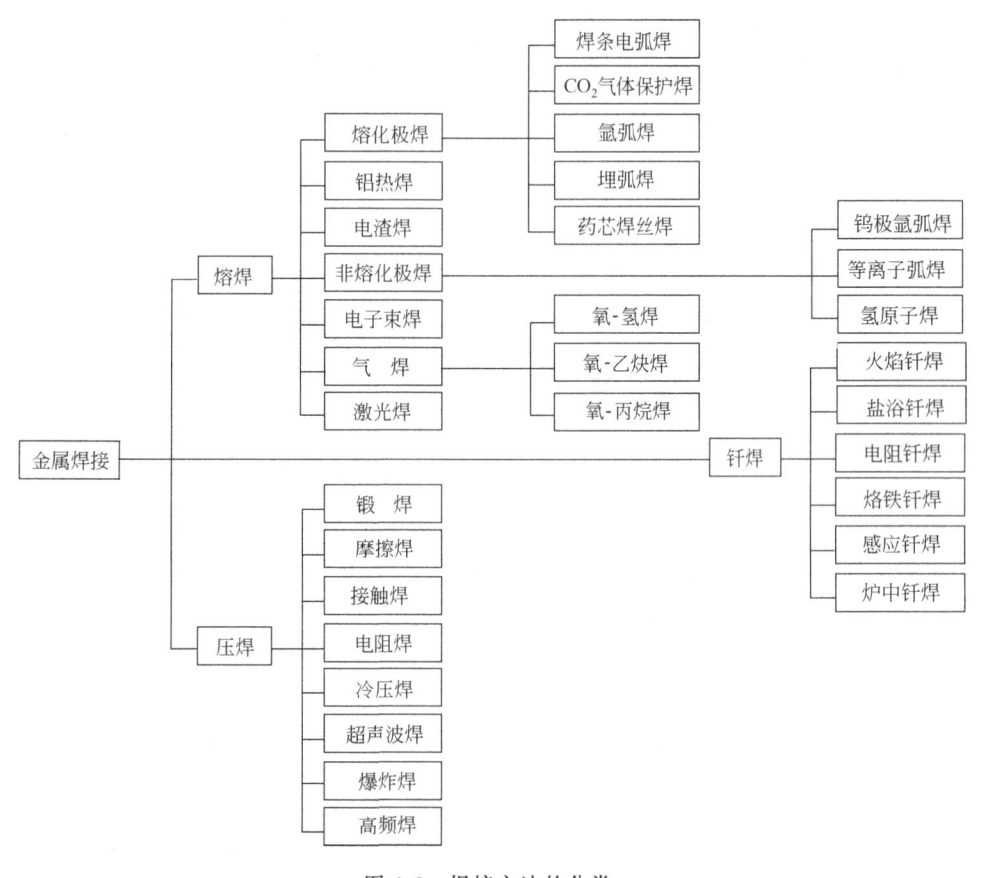

图 1-2 焊接方法的分类

二、焊接结构生产工艺简述

汽车、火车和海轮等的外壳和骨架就是一些钢板和型钢焊接起来的。图 1-3 所示的油罐车罐体是一个典型的焊接结构件。焊接是罐体生产的关键工序，通过焊接才能把钢板制成符合设计要求的油罐车罐体。生产工序简图如图1-4所示。

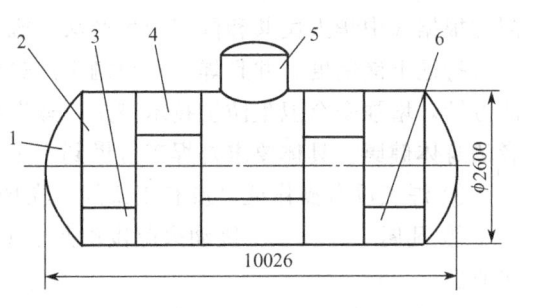

图1-3　油罐车罐体结构
1—端板；2—环缝；3—纵缝；
4—上板；5—空气包；6—底板

生产工序主要分为两个阶段，成形加工以前的工序属于备料阶段，后面的工序属于装焊阶段。在备料阶段中，要把罐体所需要的板材首先在矫直机上矫平，按照图样所要求的尺寸在钢板上划线，在剪床上或采用氧气切割的方法下料，然后进行成形加工。在装焊阶段中，要进行部件装焊、分段装焊和总体装焊工作。

部件装焊是将切割或成形加工完的构件，装焊成部件。部件比较简单，常用两个或两个以上的构件装成独立的组合体。如罐体的上板有多块钢板，可先将钢板焊接成部件。

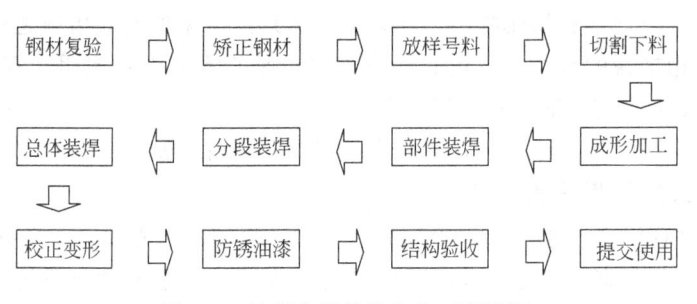

图1-4　油罐车罐体的生产工序简图

分段装焊是把各个部件组合装焊成分段部件，它的尺寸较大，构造也较为复杂，如罐体的上板和底板是由几个部件组焊而成的。

总体装焊是将分段组合装焊成整体结构，如罐体是由端板、上板、空气包、底板四个部件装焊而成的。

在结构生产过程中要考虑选用最佳加工工艺和焊接方法，选用合理的焊接顺序和检测手段，使焊接生产具有合理性、先进性，以保证产品质量。

复 习 题

1. 名词解释：焊接、熔焊、压焊、钎焊。
2. 焊接与螺栓、铆钉、铸造等连接方法相比具有哪些优点？
3. 金属焊接时为什么必须加热、加压或者两者并用？

项目二　焊工安全生产知识

焊工在工作时要与电、可燃及易爆气体、易燃液体、压力容器等接触；在焊接过程中还会产生一些有害烟尘和气体、弧光辐射和热辐射、噪声、放射线和高频电磁场等，工作的环境有可能是设备内部、高空和野外作业等。由于这许多不安全因素的存在，如果焊工在焊割作业时不遵守安全操作规程，就有可能发生触电、灼伤、火灾、爆炸、中毒和高空坠落等事故，以及产生尘肺、慢性中毒、电光眼炎、皮炎、听力及神经系统损伤等职业危害。这些危害一旦发生，不仅会严重损害焊工的身体健康，而且会使人民的生命和财产遭受巨大损失。

因此根据《中华人民共和国安全生产法》规定焊工属于特种作业人员，要严格执行特种作业人员持证上岗制度。并且焊工在焊割生产过程中，必须坚持和贯彻"安全第一，预防为主"的方针，增强安全卫生防护技术措施，遵守国家的安全卫生防护法规和标准，确保生产劳动者的身体健康。具体要求是焊工应做到十不焊割。

① 焊工没有操作证又没有正式焊工在场进行技术指导时，不能进行焊、割作业。

② 凡属一、二、三级动火范围的焊、割，未办理动火审批手续，不得擅自进行焊、割作业。

③ 焊工不了解焊、割现场周围情况，不能盲目焊、割。

④ 焊工不了解焊、割件内部是否安全时，未彻底清洗，不能焊、割。

⑤ 盛装过可燃气体和有毒物质的各种容器，未经清洗，不能焊、割。

⑥ 用可燃材料作保温、冷却、隔音、隔热的部位，火星能飞溅到的地方，在未经采取切实可靠的安全措施之前，不能焊、割。

⑦ 有电流和压力的导管、设备、器具等，在未断电、卸压前，不能焊、割。

⑧ 焊、割部位附近堆有易爆物品，在未彻底清理或未采取有效措施之前，不能焊、割。

⑨ 与外单位相接触的部位，在没有弄清外单位是否有影响；或明知存在危险性而又未采取切实可靠的安全措施之前，不能焊、割。

⑩ 焊、割场所与附近其他工种，互相有抵触时不能焊、割。

一、佩戴个人防护用具的意义

因为在焊割过程中会产生焊割烟尘和有害气体，强烈的弧光辐射，高频电磁场、放射性物质和噪声等，这些有害因素对人体的呼吸系统、皮肤、眼睛及神经系统都有不良的影响。因此在焊割过程中必须按规定佩戴好个人防护用品，所谓个人防护用品就是指为保护工人在劳动过程中安全和健康所需要的，必不可少的个人预防性用品，以防止上述各种有害因素对焊工的伤害。并且焊工必须熟悉自己工作的条件和环境，了解相关的医学知识，从而避免或减少自己职业的危害。

二、个人防护用具的使用

（1）防护面罩及头盔　一般涂料焊条电弧焊等熔化极电弧焊，在焊接时都有高温的熔融金属飞溅物，它会烫伤人体面部及颈部，防护面罩及头盔可以避免强烈的电弧光伤害和飞溅物对人体的烫伤，同时又可以通过滤光镜片保护眼睛。最常用的有手持式面罩、头戴式面罩、送风面罩和头盔、安全帽面罩等。面罩必须具有轻便、耐热、不导电、不导热、不漏光等特点。

（2）焊接防护镜片　焊接弧光的主要成分是紫外线、可见光和红外线。它们是波长不同的电磁波。

红外线的危害主要是对肌体的热作用，会强烈地灼伤眼睛，引起闪光，长期受红外线照射会引起"水晶体内障"眼疾，视力减退，严重的会使人失明。

紫外线会使眼睛角膜发炎，称为电光性眼炎，先是两眼流泪继而有异物感、刺痛等。

强烈的可见光会使眼睛发花，甚至疼痛，长时间照射会引起视力减弱。

防护镜片能适当地透过可见光，使操作人员既能观察熔池，又能将紫外线和红外线减弱到允许值以下。

（3）防护目镜　防护目镜包括黑玻璃和白玻璃两层，焊工在气焊或气割过程中必须佩戴，它除与防护镜片有相同滤光要求外，还应满足不能因镜框受热造成镜片脱落、接触人体面部的部分不能有锐角、接触皮肤的部分不能用有毒材料制作三个要求。

（4）防尘口罩及防毒面具 焊条电弧焊时产生的有害因素主要是烟尘，其次是有毒气体。

焊条电弧焊接时，焊条药皮，焊芯和被焊金属在电弧高温下熔化、蒸发和氧化，产生大量金属氧化物及其烟尘，其中主要成分是氧化铁、氧化硅和氧化锰等，其中锰的毒性较大。长期接触可能容易患肺尘埃沉着病、锰中毒和金属热等职业病。

锰中毒症状是表现为疲劳、乏力、头痛、头晕、失眠、记忆力衰退及神经功能紊乱。

铁、硅粉尘虽然毒性不大，可是当尘粒极细在 $5\mu m$ 以下并长期接触可能会形成电焊肺尘埃沉着病（铁尘肺）。肺尘埃沉着病症状表现为气短、咳嗽、咯痰、胸闷和胸痛，少数为乏力、食欲减退及神经衰弱等。

金属热症状是发烧、恶心、食欲不振和口有金属味等。

焊条电弧焊时，采用碱性焊条会产生氟化氢气体，焊工若长期过量吸入氟化物，会对眼、鼻、呼吸道黏膜产生刺激，引起流泪、咳嗽、气急、胸疼等，严重时会引起氟骨症。

因此焊工在焊接切割作业过程中，当采用整体或局部通风不能使烟尘浓度降低到卫生标准以下时，特别是在容器内或狭小的工作场所焊接时，必须戴好合适的防尘口罩、专用面罩或防毒面具，以减少烟尘和有毒气体等对人体的危害。

（5）安全帽 在高层交叉作业现场，为了预防高空和外界飞来物的危害，焊工还应戴安全帽。

（6）防护服 焊条电弧焊时所产生的有害因素主要是弧光辐射和热辐射，焊接用防护工作服，主要起隔热、反射和吸收等屏蔽作用，以保护人体免受焊接热辐射和飞溅物的伤害。而弧光中的紫外线会造成皮肤的灼伤，甚至脱皮，作用强烈时会伴随全身症状，如头痛头晕、易疲劳、发烧、失眠等，此外紫外线辐射会破坏棉织品纤维，减低使用寿命。故最好穿戴白色帆布工作服，以防止弧光灼伤皮肤。

（7）电焊手套、工作鞋及鞋盖 为了防止焊工四肢触电，灼伤和砸伤，避免不必要的伤亡事故发生，要求焊工在任何情况下操作时，都必须佩戴好符合要求的防护手套、工作鞋及鞋盖。

（8）安全带 为了防止焊工在登高作业时发生坠落事故，必须使用符合国家标准的耐火、耐热的安全带。焊接切割作业时，绝对不允许使用尼龙安全带。

（9）噪声防护用具 当采用碳弧气刨等方法焊接时，噪声很大。频率越高，强度越大，危险越大。长期受噪声影响，可使听觉迟钝并引起耳聋、耳鸣、头痛、头晕、失眠、神经过敏和幻听等症状。

国家标准规定若噪声超过 85db 时，应采取隔声、消声、减振和阻尼等控制技术。当采取措施仍不能把噪声降低到允许标准以下时，操作者应采用个人噪声防护用具，如耳塞、耳罩或防噪声头盔等。

焊工应定期检查身体，发现患职业病、中毒和不适宜从事焊接作业的，应及时调离或调换工作。

复 习 题

1. 什么是个人防护用品？主要包括哪些？它们主要各起什么作用？

2. 确保焊工焊割生产的安全，焊工应做到十不焊割，其主要内容是什么？

项目三　安全用电

焊工都有触电的危险，必须懂得安全用电常识。

一、电流对人体的危害

电对人体有三种类型的伤害，即电击、电伤和电磁场生理伤害。

电击：电流通过人体内部，破坏心脏、肺部及神经系统的功能叫做电击，通常称为触电。

电伤：电流的热效应、化学效应或机械效应对人体的伤害，包括直接或间接的电焊灼伤和熔化金属的飞溅灼伤等。

电磁场生理伤害：在高频电磁场的作用下，使人头晕、乏力、记忆力衰退、失眠多梦等神经系统的症状。

1. 造成触电的因素

(1) 流经人体的电流强度　电流引起人的心室颤动是电击致死的主要原因，电流越大，引起心室颤动所需的时间越短，致命危险越大。

能引起人感觉到的最小电流为感知电流，工频（交流）电流约 1mA，直流约 5mA。交流为 5mA 即能引起轻度痉挛。

人触电后自己能摆脱电源的最大电流称为摆脱电流，交流约 10mA，直流约 50mA。

在较短时间内危及生命的电流称为致命电流，交流为 50mA。在有预防触电的保护装置情况下，人体允许电流一般可按 30mA 考虑。

(2) 通电时间　电流通过人体时间越长，危险越大，人的心脏每收缩扩张一次，中间约 0.1s 间歇，这段时间心脏对电流最敏感。若触电时间超过 1s，肯定会与心脏最敏感的间隙重合，增加危险。

(3) 电流通过人体的途径　通过人体的心脏、肺部或中枢神经系统的电流越大，危险越大，因此人体从左手到右脚的触电事故最危险。

(4) 电流的频率　现在使用的工频交流电是最危险的频率。

(5) 人的健康状况　人的健康状况不同，对触电的敏感程度不同，凡患有心脏病、肺病和神经系统疾病的人，触电伤害的程度都比较严重，因此不允许有这类疾病的人从事电焊作业。

(6) 电压的高低　电压越高，触电危险越大，一般双相 380V 比单相 220V 触电危险更大。

在一般比较干燥的情况下，人体电阻约 $1000 \sim 1500\Omega$，人体允许电流按 30mA 考虑，则安全电压 $U = 30 \times 10^{-3} \times (1000 \sim 1500) = 30 \sim 45V$，我国规定为 36V；对于潮湿而触电危险性较大的环境，人体电阻按 $500 \sim 650\Omega$ 计算，则安全电压 $U = 3 \times 10^{-3} \times (500 \sim 650) = 15 \sim 19.5V$，我国规定为 12V；对于在水下或其他由于触电会导致严重的二次事故的环境，人体电阻以 $500 \sim 650\Omega$ 考虑，通过人体的电流应按不引起痉挛的电流 5mA 考虑，则安全电压 $U = 5 \times 10^{-3} \times (500 \sim 650) = 2.5 \sim 3.25V$，我国原来没有规定，国际电工标准会议规定在 2.5V 以下。

2. 焊接作业时的用电特点

不同的焊接方法对焊接电源的电压、电流等参数的要求不同，我国目前生产的电弧焊机的空载电压为 90V 以下，工作电压为 25～40V，自动电弧焊机的空载电压为 70～90V，氩弧焊、CO_2 气体保护焊机的空载电压是 65V 左右，等离子切割电源的空载电压高达 300～450V，所有焊接电源的输入电压为 220V/380V，都是 50Hz 的工频交流电。因此触电的危险比较大。

3. 焊接操作时造成的触电的原因

（1）直接触电事故的主要原因

① 更换焊条、电极或焊接过程中焊工的手或身体接触到焊条、电焊钳或焊枪的带电部分，而脚或身体其他部位与焊接的金属结构相接触；或在阴雨天，潮湿的地上焊接，比较容易发生这种触电事故。

② 在接线或调节焊接电流时，手或身体某部碰触接线柱、板极等带电体而引起的触电事故。

③ 登高焊接时，触及或靠近高压网路引起的触电事故。

（2）间接触电事故的主要原因

① 因焊接设备的绝缘烧损、振动或机械损伤，使绝缘损坏部位碰到机壳，人体碰到机壳而引起触电。

② 焊接过程中触及绝缘破损的电缆、胶木电闸带电部分而引起的触电事故。

③ 利用厂房的金属结构、轨道、天平、吊钩或其他金属物体代替焊接电缆而发生的触电事故。

二、焊接操作时的安全用电措施

① 焊接操作前，应先检查焊机设备是否接地或接零。

② 弧焊设备的初级接线、修理和检查应由电工进行，焊工不准私自拆修。次级接线电焊工可进行连接。

③ 焊工必须穿戴好符合规定的工作服、鞋、皮手套等。

④ 推拉闸刀时，应戴好干燥的皮手套，并且要单手进行；面部不要对着闸刀，可能产生电弧火花而灼伤面部。

⑤ 焊钳应有可靠的绝缘，中断工作时焊钳要放在安全的地方，不准放在焊接工件上。

⑥ 更换焊条时，应戴好手套，而且应避免身体与焊件接触。

⑦ 焊接电缆必须完整绝缘，不可将电缆放在电弧附近或炽热的焊接金属上，若有二处以上破损，应检修或更换。

⑧ 在潮湿场地上工作时，应在接近操作台的地面上铺设橡胶绝缘垫。

⑨ 在光线暗的场地或夜间工作时，使用工作照明灯的电压应低于 36V。若在容器内或潮湿的环境中焊接时，工作照明灯的电压应低于 12V。

⑩ 在容器内或狭小的工作场所焊接时，须两人轮换操作，设一名监护人员。

⑪ 严禁利用厂房的各种金属结构、管道、轨道或其他金属物品作为电缆线使用。

⑫ 遇到焊工触电时，应立即切断电源，切不可用赤手去拉触电者。

⑬ 登高作业时不准将电缆线缠在身上或搭在背上。

<h2 style="text-align:center">复 习 题</h2>

1. 名词解释：电击、电伤、电磁场生理伤害。

2. 造成触电的因素有哪些？焊接操作时造成触电的主要原因是什么？

3. 焊接操作时的安全用电措施有哪些？

项目四　防火、防爆的安全措施

一、焊割现场发生火灾、爆炸的可能性

燃烧是一种放热发光的化学反应，它必须有可燃物、易燃物和火源三个基本条件的相互作用，缺一不可。在焊接时常遇到的可燃物有乙炔、液化石油气、汽油、棉纱、油漆、木屑等，易燃物有空气、氧气等，火源有火焰、电弧、灼热物体、电火花、静电火花及金属飞溅等，所以焊割现场很容易引起火灾。

爆炸是物质发生急剧的物理和化学变化，能在瞬间释放出大量能量的现象。它能摧毁建筑物并能造成严重的人员伤害。

爆炸一般按爆炸能量的来源不同分为物理爆炸和化学爆炸。

物理爆炸：由物理变化（温度、体积和压力等因素）引起的爆炸。

化学爆炸：物质在极短的时间内完成的化学反应，生成新的物质并产生大量气体和能量的现象。

在焊割现场发生爆炸可能性最大的是化学爆炸，化学爆炸也必须同时具备三个条件：足够的易燃易爆物质；易燃易爆物质与空气等氧化剂混合后的浓度在爆炸极限内；有能量足够的火源。

焊接时可能发生爆炸的几种情况。

(1) 可燃气体的爆炸　工业上大量使用的可燃气体，如乙炔（C_2H_2）、天然气（CH_4）、液化石油气〔主要成分：丙烷（C_3H_8）和丁烷（C_4H_{10}）〕等，它们与氧气或空气均匀混合达到一定极限，遇到火源便发生爆炸，这个极限为爆炸极限。常用可燃气体在混合物中所占体积的百分比来表示，如乙炔与空气混合爆炸极限为 2.2%～81%，乙炔与氧气混合爆炸极限为 2.8%～93%；液化石油气与空气混合爆炸极限为 3.5%～16.3%，与氧气混合爆炸极限为 3.2%～64%，且易产生混合爆炸。

(2) 可燃液体或可燃液体蒸气的爆炸　在焊接场地或附近放有可燃液体时，可燃液体或可燃液体的蒸气达到一定浓度，遇到电焊火花，即会发生爆炸。如汽油蒸气与空气混合，其爆炸极限仅为 0.7%～6.0%。

(3) 可燃粉尘的爆炸　可燃粉尘（如镁、铝粉尘，纤维粉尘等）悬浮于空气中，达到一定浓度范围遇到火源（如电焊火花等）也会发生爆炸。

(4) 焊接直接使用可燃气体的爆炸　如乙炔，若操作不当而发生回火时，会发生爆炸。

(5) 密闭容器的爆炸　对密闭容器或正在受压的容器上进行焊接时，如不采取适当的措施，也会发生爆炸。

二、防火、防爆的安全措施

① 焊接场地 5m 以内禁止堆放易燃易爆物品，场地内应备有消防器材，保证足够的照明和良好的通风。

② 焊接场地 10m 内不应储存油类，或其他易燃、易爆物质的储存器皿或管线、氧气瓶等。

③ 严禁在有压力的容器或管道上焊接。

④ 焊补储存过易燃物的容器及沾有可燃物质的工件时，必须先用碱水清洗，再用压缩空气吹干，应将所有孔盖完全打开，确认安全可靠后方可焊接。

⑤ 焊接密闭空心工件时，必须留有出气孔；焊接管子时，两端不准堵塞。

⑥ 在有易燃、易爆物的车间、场所或煤气管、乙炔管（瓶）附近焊接时，必须取得相关部门的同意，焊接时采取严密措施，防止火星飞溅引起火灾。

⑦ 焊工不准在木板、木砖地上进行焊接操作。

⑧ 焊工不准在手柄或接地线裸露的情况下进行焊接，也不准将二次回路线乱搭接。

⑨ 焊条头及焊件不能随便乱扔，要妥善保管。

⑩ 气焊气割时要使用合格的压力表和回火防止器并定期校验；要使用合格的橡胶软管，氧气管与乙炔管不准混用。

⑪ 离开施焊场地，应关闭电源、气源、熄灭火种等有可能引起火灾、爆炸的隐患，确认安全后，方可离开。

复 习 题

1. 什么是燃烧、爆炸、爆炸极限？
2. 防火、防爆的安全措施有哪些？

项目五　特殊环境焊接作业的安全措施

特殊环境，一般指在企业正规厂房以外的地方，如登高、容器内部、野外及水下等进行的焊接，在这些地方焊接具有一定的特殊性、复杂性；如果忽视了现场安全作业，则造成事故的破坏性和危害性更大，因此除遵守一般的安全措施外，还要遵守一些特殊的规定。

一、登高作业时的焊接

焊工在离地面 2m 以上的地点进行焊接与切割操作时，即称为登高焊割作业。

登高焊割作业时安全措施主要如下。

① 登高作业前必须体检合格，患有高血压、心脏病等一律不准登高作业。

② 登高作业点周围及下方地面上火星所及的范围内，应彻底清除可燃易爆物品，一般在地面 10m 之内应用标杆挡隔。

③ 凡登高进行焊割操作和进入登高作业区域的人员必须戴好安全帽，焊割人员必须系好标准的防火安全带，穿胶底鞋，地面应有专人监护。

④ 登高作业时，焊钳软线绑紧在固定地点，不准缠在焊工身上或搭在肩上。

⑤ 登高作业的焊条、工具等必须装在牢固无孔洞的工具袋内；更换焊条时，应将热焊条头放在固定的筒（盒）内，不准随便往下扔。

⑥ 不准在高压电线旁工作，不得已时应切断电源，并在电闸盒上挂"有人工作，严禁合闸"的警告牌，并设专人监护。

⑦ 登高作业时不准使用高频引弧器，以防万一触电，失足掉落。

⑧ 登高作业结束时，应抓紧扶手小心走路，除携带必要的小型工具外，不准拿着带电的电缆线或负重过大（重物应用起重工具设备吊送）。

⑨ 登高作业时，必须使用符合安全要求的梯子，或搭设牢固的脚手架，假如高度不够，必须重新搭设脚手架方可焊接。

⑩ 雨天、大雪、雾天或 6 级以上的大风禁止登高作业。

⑪ 离开现场前，认真检查，确无火源，方可离开，以免引起火灾。

二、容器内的焊接

① 应隔离和切断该设备和外界联系的部位。

② 在容器内焊接时内部尺寸不应过小，外面必须设专人监控，或两个轮换工作，随时保持联系。

③ 设备内部应采用良好的通风措施，严禁用氧气代替压缩空气向容器内吹风，防止燃烧或爆炸。

④ 焊割炬要随人进出，不准放在容器内。

⑤ 在容器内部焊接时，要做好绝缘防护工作，照明电压采用12V，以防触电事故。

⑥ 做好个人防护，戴好静电口罩或专用面罩，减少烟尘等对人体的危害。

三、焊补燃料容器

① 隔离需焊补的燃料容器与生产的连接。

② 焊补前，采用蒸气蒸煮，接着用置换介质吹凝等方法将容器内部的可燃物质和有毒物质置换排出，常用的置换介质有 N_2、CO_2、水及水蒸气等。

③ 用热水、蒸汽、酸液、碱液及溶剂清洗设备中的污染物，如矿物油容器内可用水玻璃或肥皂溶液清洗；汽油容器清洗可用水蒸气蒸刷等。

④ 置换作业过程中和检修动火前 0.5h，必须从容器内外不同地点，取混合样品进行化验分析。

⑤ 动火焊补时应打开容器的人孔、手孔等管口，卸压通风。

⑥ 焊接时，电焊机二次回路及气焊设备、乙炔皮管等要远离易燃物，防止操作时因线路火花或乙炔皮管漏气而起火。

⑦ 动火前必须制定好计划，并且通知有关安全人员准备好灭火器材；在暗处或夜间工作时，应有足够的照明，并准备好带有防护罩的低压行灯等。

四、露天或野外作业时

① 夏天在露天工作时，必须有防风雨棚或临时凉棚。

② 夏天露天气焊时，应防止氧气瓶、乙炔瓶直接烈日曝晒，以免气体膨胀发生爆炸，冬天如遇瓶阀或减压器冻结时，应用热水解冻，严禁用火烤。

③ 露天作业时，注意风向，当采用气体保护焊时，风速超过 2m/s，其他焊接方法风速超过 10m/s 时，一定要采取有效的防护措施，否则禁止施焊。

④ 雨天、雪天或雾天，不准露天电焊。在潮湿的场地工作时，焊工应站在铺设绝缘物的地方并穿好绝缘鞋。

⑤ 应设简易屏蔽板遮挡弧光，以免伤害附近的工作人员或行人的眼睛。

做好焊接安全及卫生防护工作，不仅是各级安全主管部门的工作，也是关系到焊工本人的一件大事。焊工必须自觉遵守有关规定，安全操作，以避免事故的发生。

复 习 题

1. 登高作业时焊接的安全措施有什么？

2. 容器内焊接的安全措施有什么？

3. 焊补燃料容器时的安全措施有什么？

4. 露天或野外作业时的安全措施有什么？

模块二　焊条电弧焊

项目一　焊条电弧焊引弧

焊条电弧焊时将电弧引燃的过程称为引弧。

在进行引弧操作之前，首先对电弧的实质以及焊接电弧引燃的条件要有清楚的认识。

一、电弧的实质

电弧是一种气体放电现象。例如，在切断电源的时候，闸刀刚刚离开接触处的瞬间，经常会产生火花，是一种放电现象。

电弧有两个特性，即它能放出强烈的光和热。根据电弧的特点，电弧的发光和发热被广泛应用在工业上，如电弧是所有熔化焊中电弧焊接的能源。电弧焊在焊接方法中占据主要地位，其中一个重要的原因，就是因为电弧能有效而简便地把电能转换成熔化焊过程中所需要的热能和机械能。

电弧的产生，也即气体的放电，需要具备一定的条件，那就是气体的电离。在一般情况下，由于气体的分子和原子都呈中性，气体中几乎没有带电质点，因而不能导电。电流无法通过，电弧也就不能自发产生。要使气体导电，必须使气体电离，气体电离后，气体中原来的中性分子和原子转变为正离子、电子和带电质点，这样电流才能通过气体间隙而形成电弧。

二、焊接电弧

焊接时将焊条与焊件接触后很快拉开，在焊条端部与焊件间会产生电弧（见图 2-1）。

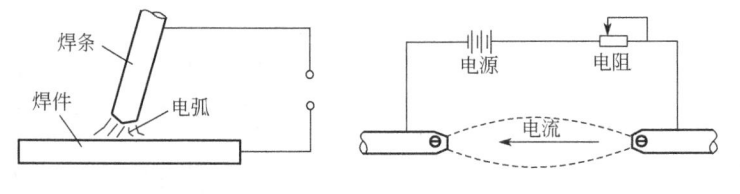

图 2-1　电弧示意图

一般气体的放电现象与焊接电弧相比，焊接电弧不但能量大，而且连续持久。焊接电弧是由焊接电源供给的，具有一定电压的两电极间或电极与焊件间强烈而持久的放电现象。

焊接电弧的产生和维持的必要条件：一是气体电离；二是阴极电子发射。

1. 气体电离

在常态下，气体原子中的电子按一定的轨道环绕原子运动，整个原子呈中性，在一定条件下，气体原子中的电子从外面获得足够的能量，就脱离原子核的引力而放出电子，同时原子由于失去电子而形成正离子。这种使中性气体分子或原子放出电子形成正离子的过程称为气体电离。

使气体电离所需的能量称为电离电位。不同的气体或元素，由于原子构造不同，其电离电位也不同（见表2-1）。

表 2-1　元素的电离电位

元　　素	钾	钠	钡	钙	钛	锰	铁	氢	氧	氮	氩	氟	氖	氦
电离电位/eV	4.33	5.11	5.19	6.10	6.80	7.40	7.83	13.5	13.6	14.5	15.7	16.9	21.5	24.5

焊接时，使气体介质电离的种类主要有热电离、电场作用下的电离和光电离。

2. 阴极电子发射

阴极的金属表面连续向外发射出电子的现象，称为阴极电子发射。焊接时，如果只有气体电离而没有阴极电子发射，就没有电流通过，那么电弧还是不能形成。根据在焊接过程中阴极所吸收的能量不同，所产生的电子发射有热发射、电场发射和撞击发射等。

一般来说，阴极表面温度越高，电场强度越大，电子发射作用越强。实际上，在焊接过程中，热发射、电场发射和撞击发射常为同时存在，相互促进的，在不同的条件下，它们所起的作用可能稍有差异。例如，在引弧过程中，热发射和电场发射起主要作用；电弧正常燃烧时，如采用高熔点的材料作为阴极时，则热发射作用较显著；若用铜或铝等作为阴极时，则撞击发射和电场发射就起主要影响；而钢作电极时，则热发射、撞击发射、电场发射都有关系。

三、焊条电弧焊引弧

1. 操作准备

（1）焊机　交流或直流焊机。

（2）焊条　E4303（J422）型，直径 2.5～4.0mm。

（3）焊件　低碳钢板，规格为 200mm×100mm×8mm。钢板表面要除锈、去污。

2. 操作要领

（1）操作姿势　平焊时，一般采用蹲式操作，如图 2-2 所示。蹲姿要自然，两脚之间的夹角 70°～85°，两脚距离约 240～260mm。持焊钳的胳膊半伸开，要悬空无依托操作。

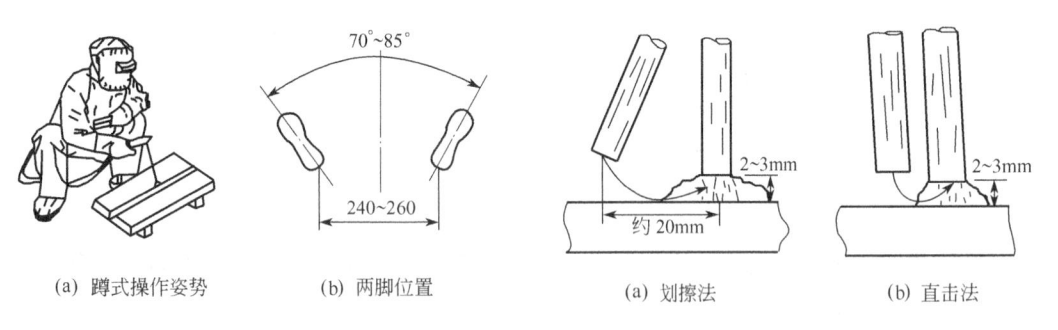

(a) 蹲式操作姿势	(b) 两脚位置	(a) 划擦法	(b) 直击法

<table>
<tr><td colspan="2" align="center">图 2-2　平焊操作姿势</td><td colspan="2" align="center">图 2-3　引弧方法</td></tr>
</table>

（2）操作步骤

① 手持面罩，看准引弧位置；

② 用面罩挡住面部，将焊条对准引弧位置；

③ 用划擦法或直击法引弧；

④ 使电弧燃烧 3～5s 时间，再熄灭电弧，反复做引弧和熄弧动作。

（3）划擦法与直击法引弧

① 划擦法。先将焊条末端对准焊件，然后将手腕扭转一下，使焊条在焊件表面上轻微划擦一下，动作有点似划火柴，用力不能太猛，随即将焊条提起 2～4mm，即在空气中产生电弧。引燃电弧后，焊条不能离开焊件太高，然后手腕扭回平位，使电弧拉回起头位置，并保持一定的电弧和长度，开始焊接。如图 2-3(a) 所示。

② 直击法。先将焊条前端对准焊件，然后将手腕下弯，使焊条轻轻碰一下焊件，再迅速将焊条提起 2～4mm，使电弧引燃。引弧后，手腕放平，使弧长保持在与所用焊条相适应的范围内。如图 2-3(b) 所示。

一般来说，划擦法对初学者容易掌握，但操作不当容易损伤焊件表面，不如直击法好。但直击法对于初学者来说较难掌握，一方面焊条上拉太慢容易粘在焊件表面上；另一方面焊条上拉太高或太快，不容易产生电弧；再一方面用力过猛可能会使焊条表面药皮大块脱落。

但引弧的学习主要在于手腕的灵活性，经过一定时间的练习后，两种方法都不难掌握。

3. 操作注意问题

① 无论是划擦法还是直击法引弧，都应注意手腕的运动，切不可靠手臂的运动来完成引弧动作。如采用一种引弧方法连续数次都无法引燃电弧，则应改用另一种引弧方法，两种引弧方法必定有一种能够使电弧引燃。

② 引弧处应清洁，不宜有油污、锈斑等杂污，以免影响导电和使熔池产生氧化物，导致焊缝中产生气孔和夹杂。

③ 为便于引弧，焊条端部应裸露出焊芯，以利于导通电流。引弧时如焊条粘在焊件上不能够脱离的情况，应立即将焊钳从焊条上取下，待焊条冷却后，用手将焊条取下；或者握焊钳的手左右摇动，也可解决。重新引弧时应注意将焊条牢固地夹持在焊钳上。

④ 焊条与焊件接触后，焊条提起的时间要适当。太快，不容易产生电弧；太慢，焊条与焊件容易粘在一起造成短路。

⑤ 引弧应在焊缝内进行，避免引弧时烧伤焊件表面。

引弧质量主要是用引弧的熟练程度来衡量。在一定时间内，引燃电弧的成功次数越多，引弧位置越准确，说明越熟练。

复 习 题

1. 什么是焊接电弧？
2. 焊接电弧产生和维持的两个必要条件是什么？
3. 焊条电弧焊引弧时要注意哪些问题？

项目二　焊条电弧焊平敷运条

平敷焊是在平焊位置上堆敷焊道的一种焊接操作方法，平敷焊是完成平焊位置其他焊接操作的基础。本项目主要对平敷焊中直线运条和锯齿形运条的操作方法作介绍以及了解影响焊接电弧稳定性的因素。

一、影响电弧燃烧稳定性的因素

运条过程中，只有使电弧保持稳定燃烧，才能保证焊接过程的顺利进行，才能使焊接质量有可靠的保证。

焊接电弧的稳定性是指电弧保持稳定燃烧（不产生断弧、漂移和偏吹等）的程度。焊条电弧焊要保证电弧的稳定，首先要求焊工能熟练运条，另外，还要考虑以下几方面因素。

1. 焊接电源

（1）电源的特性　焊接电源的特性是焊接电源以哪种形式向电弧供电，如焊接电源的特性符合电弧燃烧的要求，则电源弧燃烧稳定；反之，则电弧燃烧不稳定。

（2）电源的种类　一般来说，直流电源比交流电源在焊接时更加稳定。因为用交流电源时电流的方向是周期性变化的。

（3）电源的空载电压　较高的电源空载电压不仅使引弧容易，而且电弧燃烧稳定。因为较高的空载电压具有较强的电场作用，使电场作用下的电离及电场发射增强。

2. 焊接电流

焊接电流大时，电弧的温度高，电弧气氛中的电离程度和热发射作用就增强，电弧燃烧就越稳定。在操作熟练程度不高时可适当采用较大的焊接电流，以增大焊接电弧的稳定性。

3. 焊条药皮的影响

药皮中或焊剂中加入电离电位较低的物质（如 K、Na、Ca 的氧化物），能增加电弧气氛中的带电粒子，这样可以提高气体的导电性，从而提高电弧的稳定性。

如果药皮或焊剂中含有电离电位较高的氟化物（CaF_2）及氯化物（KCl、NaCl）时，由于它们较难电离，因而降低了电弧氛围的电离程度，使电弧燃烧不稳定。

初学者在进行焊条电弧焊操作时，宜采用酸性焊条焊接，可保证电弧有更高的稳定性。因为酸性焊条药皮中电离电位较低的物质较多。

4. 电弧长度

如果电弧太长，电弧就会发生剧烈的摆动，从而破坏了焊接电弧的稳定性，而且飞溅增大。在作运条练习时，一般要求在比较短的电弧下进行，以确保电弧的稳定性。

5. 其他因素

焊接处如有油漆、油脂、水分和锈层存在时，也会影响电弧稳定燃烧，因此，在焊前做好焊件表面的清理工作对稳定电弧燃烧有一定的作用。

焊条药皮受潮或药皮脱落，也会造成电弧燃烧不稳定。此外风大、气流、电弧偏吹等均会造成电弧燃烧不稳定。

二、平敷焊运条

1. 焊前准备

（1）焊机　直流或交流焊机。

（2）焊条　E4303（J422）型，直径为 2.5～4.0mm。

（3）焊件　低碳钢，规格尺寸为 200mm×100mm×8mm，钢板表面要除去铁锈和油污。

2. 焊条运动的基本技术

当引燃电弧进行焊接时，焊条要有三个方向的基本动作，才能得到良好成形的焊缝。这三个方向的基本动作是：焊条送进动作；焊条横向摆动动作；焊条前移动作。

（1）焊条送进动作　焊条在电弧热的作用下，会逐步熔化缩短，为了保持电弧长度，必须将焊条朝着熔池方向逐渐送进。要求焊条送进的速度与焊条熔化的速度相等，如果焊条送进速度过快，则电弧长度迅速缩短，使焊条与焊件接触，造成短路，造成电弧熄灭；如果焊条送进速度过慢，则电弧的长度增加，直至断弧。

电弧长度对焊缝质量有极大的影响，一般而言，长电弧不稳定，空气容易侵入，导致产生气孔，热量不集中，散失大，焊缝熔深浅，电弧吹力小，容易产生夹渣。因此，一般焊接时，采用短弧，均匀的送进速度，保持电弧长度恒定，是获得质量优良焊缝的重要因素。

（2）焊条横向摆动动作　焊条横向摆动的目的是得到一定宽度的焊缝。焊条摆动的幅度与焊缝要求的宽度，焊条的直径有关。摆动越大，则焊缝越宽，但要保证焊缝两侧的良好熔合。一般焊缝宽度在焊条直径的 2～5 倍左右。

（3）焊条前移动作　焊条沿着焊接方向向前移动，对焊缝的成形质量影响很大。焊条前移的快慢，表示着焊接速度的快慢，过快则电弧来不及熔化足够的焊条与母材金属，造成焊缝断面太小及形成未焊透等焊接缺陷；过慢则熔化金属堆积过多，产生溢流及成形不良，同时由于热量集中，薄件容易烧穿，厚件则产生过热，降低焊缝金属的综合力学性能。因此焊条前移速度应适当，前移速度应根据电流大小、焊条直径、焊件厚度、装配间隙、焊缝位置、焊件材质等因素综合考虑。另外焊条前移速度应均匀，不能时快时慢，才能保证焊缝均匀一致。

3. 操作要领

（1）焊接电流　不同直径的焊条所选用焊接电流见表 2-2。

表 2-2　不同直径的焊条所选用焊接电流

焊条直径/mm	2.5	3.2	4.0
焊接电流/A	70～90	120～140	170～190

（2）焊条角度　引弧后，应使焊条保持前后垂直，与焊接方向成 70°～80°夹角。如图2-4 所示。

（3）运条方法　见图 2-5。

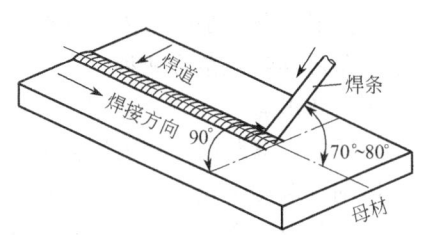

图 2-4　平敷焊操作图

焊条电弧焊运条方法是指焊接操作人员在焊接过程中，对焊条运动的手法。其与焊条角度、焊条运动三个基本动作共同构成了焊工操作技术，都是能否获得优良焊缝的重要操作因素。因此如何根据不同的焊缝位置、焊件厚度、接头形式、焊件材质、焊条直径、焊接电源、焊缝层数等因素来选择正确的焊条角度、运条方法和焊接速度，是衡量一名焊工操作技能的重要标志。

① 直线形运条法。直线形运条法是在焊接时保持一定弧长，沿着焊接方向不摆动前移。由于焊条不作横向摆动，电弧比较稳定，焊接速度也较快，熔深比较浅，对于易过热焊件、薄板的焊接有利，但焊缝成形较窄。适用于板厚在 3～5mm 的不开坡口对接平焊、多层焊的第一层封底焊和多层多道焊。

该法特别适用于不锈钢的焊接，有利于在焊接过程中控制熔池温度，保证焊缝成形。

② 直线往返形运条法。直线往返运条法是焊条末端沿焊缝方向作来回直

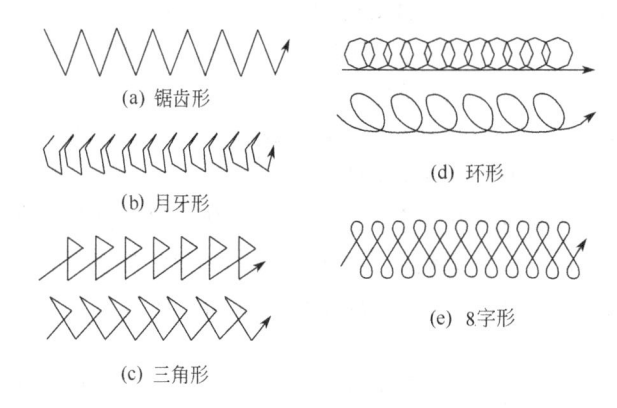

(a) 锯齿形

(b) 月牙形

(c) 三角形

(d) 环形

(e) 8字形

图 2-5　运条方法

线形摆动。在实际操作中，电弧长度是变化的，焊接时保持较短的电弧。焊接一小段后，电弧拉长，向前跳动，待熔池稍凝，焊条又回到溶池继续焊接。该法焊接速度快、焊缝窄、散热快，适用于薄板和对接间隙较大的底层焊接。

③ 锯齿形运条法。锯齿形运条法是将焊条末端向前移动的同时作锯齿形的连续摆动。摆动运条时两侧稍加停顿，停顿时间视工件厚度、电流大小、焊缝宽度及焊接位置而定，这主要是为了保证两侧熔化良好，不产生咬边。锯齿形摆动的目的是为了控制焊缝熔化金属的流动和得到必要的焊缝宽度，并获得较好的焊缝成形。应用于平焊、立焊、仰焊的对接接头和立焊的角接接头。

斜锯齿形运条法适用于平、仰焊位置和 T 形接头焊缝和对接接头的横焊缝。运条时两侧的停留时间应是上长下短，以利于控制熔化金属的下流，有助于焊缝成形。

④ 月牙形运条法。月牙形运条法在实际生产中应用较广泛，操作方法与锯齿形相似。采用月牙形运条法时，为了使焊缝两侧熔合良好、避免咬边，应注意在月牙两尖端的停留时间；对熔池的加热时间相对较长，金属的熔化良好，容易使熔池中的气体析出和熔渣的浮出，能消除气孔和夹渣，焊缝质量较高。但由于熔化金属向中间集中，增加了焊缝表面的余高，所以不适用于宽度小的立焊缝。当对接接头平焊时，为避免焊缝金属过高和使两侧熔透，有时采用反月牙法运条。

月牙形运条法是单面焊双面成形焊的主要运条方法之一。

⑤ 三角形运条法。

三角形运条法是焊条末端在前移的同时，作连续的三角形运动。根据场合的不同，可分为正三角形和斜三角形两种。

正三角形运条法，只适用于开坡口的对接焊缝和 T 形接头的立焊。它的特点是一次能焊出较厚的焊缝断面，当内层受坡口两侧斜面限制，宽度较小时，在三角形折角处要稍加停顿，以利于两侧熔化充分，避免产生夹渣。

斜三角形运条法适用于除立焊外的角焊缝、开坡口的对接焊缝、T 形接头的仰焊和开坡口的横焊接头。它特点是能够借助焊条的不对称摆动来控制熔化金属，借以形成良好的焊缝成形。

正、斜三角形运条法在实际应用时，应根据焊缝的具体情况而定，立焊时，在三角形折角处应作停顿；斜三角形转角部分的运条速度要慢些，如果对这些动作掌握得协调一致，就能取得良好的焊缝成形。

⑥ 圆圈形运条法。圆圈形运条法是焊条末端连续作圆圈运动，并不断前移。正圆圈运条法，只适用于焊接较厚的焊件平焊缝。其优点是熔池在高温停留的时间长，促使溶解在熔池中的氧、氮等气体有时间充分析出，同时也有利于熔渣的上浮。

斜圆圈运条法适用于平、仰焊位置的 T 形接头和对接接头的横焊缝。其特点是有利于控制熔化金属不受重力的影响而产生下淌现象，有助于横焊缝的成形。

⑦ 8 字形运条法。8 字形运条法是焊条末端连续作 8 字形运动，并不断前移。这种运条方法比较难掌握，只适用于宽度较大的对接焊缝及立焊缝的表面层焊缝。用此法焊接对接立焊的表面层时，运条手法需灵活，运条速度应快些，这样能获得焊波较细、均匀美观焊缝表面。

以上几种焊条的运条方法是最基本的运条方法，在实际应用过程中，同一焊接接头焊缝，可根据自己的习惯进行选择。运条方法在不同焊接位置、材料性质及装配间隙中的不同应用见表 2-3。

表 2-3　运条方法在实际中的应用

运条方法	空间位置	装配间隙/mm	材料性质
直线往复	平位	≤2	低合金钢、不锈钢
月牙形	平、立、仰位	3.5～5	碳素钢、低合金钢
圆圈形	横位、45°横位	2～5	碳素钢、低合金钢
三角形	仰、横位	2.5～3.2	碳素钢、低合金钢
锯齿形	平、立、仰位	2.5～4	碳素钢、低合金钢

4. 操作注意问题

① 运条速度要均匀，且沿焊接方向运动的速度不可太快，一般来说一根焊条焊完后其焊缝的总长度以不超过焊条长度的 4/5 为宜。

② 锯齿运条时要注意摆动幅度不可太大，且"齿距"要小。

③ 焊接过程中应保持焊缝的直线度。

④ 运条过程中应注意观察熔池，熔渣应始终处于铁水的后方。

复　习　题

1. 影响电弧燃烧稳定性的因素有哪些？

2. 焊条电弧焊运条方法有哪些？

3. 焊条电弧焊运条注意哪些问题？

项目三　平敷焊焊道的起头、连接和收尾

焊道的起头、连接和收尾是焊接一条焊道中的三个重要环节，焊道的起头部位、连接部位和收尾部位也是焊接过程中容易产生缺陷的重要部位。因此，手工电弧焊中掌握平敷焊焊道的起头、连接和收尾的操作十分重要。

一、焊接电弧的构造

焊条电弧焊是电弧焊接中使用较为普遍的一种焊接方法，电弧焊接是以电弧作为热源对金属进行加热和焊接的。焊接电弧就其构造上讲，可划分为阴极区、阳极区和弧柱三个不同的区域（见图 2-6）。在电弧的三个不同的区域中，电弧所产生的热量和可以达到的最高温度是不同的。对焊接电弧的三个区域及其特点作一了解，对控制焊接过程的顺利进行和保证焊接质量有重要的意义。

1. 阴极区

电弧紧靠负电极的区域称为阴极区。在阴极区表面有一个明亮的斑点，它是电弧放电时，负电极表面集中发射电子的区域，称为阴极斑点。阴极区的温度一般达到 2130～3230℃，放出的热量占 36％左右。

2. 阳极区

电弧紧靠正电极的区域称为阳极区。阳极区的阳极表面有光亮的斑点，是电弧放电时正电极表面集中接收电子的微小区域，为阳极斑点。在和阴极材料相同时，阳极区的温度略高于阴极区的温度。阳极区的温度一般高达 2330～2930℃，放出的热量约占 43％左右。

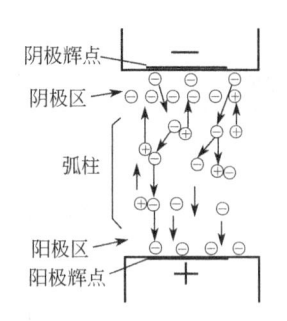

图 2-6 焊接电弧的构造

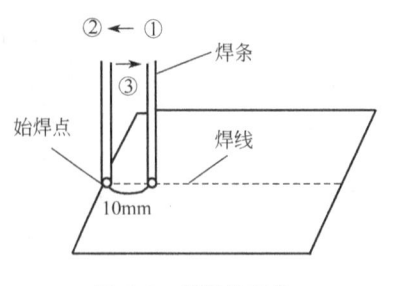

图 2-7 焊道的起头

3. 弧柱

电弧阴极区和阳极区之间的部分称为弧柱。阴极区和阳极区都很窄，因此弧柱的长度基本上等于电弧长度。弧柱中心的温度可达 $5730\sim7730℃$，放出的热量占 21% 左右。

根据阴极区和阳极区可达到的最高温度不同，在手弧焊时可根据不同的情况和不同的需要，选择焊件和电极处于不同的区域。

以上是直流电弧的热量和温度分布情况，而交流电弧由于电源的极性是周期性变化的，所以两个电极区的温度趋于一致（近似于它们的平均值）。

4. 电弧电压

电弧两端（两电极）之间的电压降称为电弧电压。当弧长一定时，电弧电压的分布如图 2-6 所示。用下式表示：

$$U_弧 = U_阴 + U_阳 + U_柱 = U_阴 + U_阳 + bl$$

式中　　$U_弧$——电弧电压，V；

　　　　$U_阴$——阴极电压，V；

　　　　$U_阳$——阳极电压，V；

　　　　$U_柱$——弧柱电压，V；

　　　　b——单位长度的弧柱压降，V/cm；

　　　　l——电弧长度，cm。

焊条电弧焊时，当其他条件一定的情况下，电弧长度决定电弧电压的大小。

二、焊道起头、连接和收尾

1. 操作准备

（1）焊机　直流或交流焊机。

（2）焊条　E4303（J422）型，直径 3.2~4.0mm。

（3）焊件　低碳钢板，规格尺寸为 200mm×100mm×10mm。钢板表面需除锈、去污。

2. 焊道起头操作要领

焊条电弧焊时，由于受到焊条长度的限制，在焊接过程中，产生焊缝接头的情况是不可避免的。常用的焊接接头的连接形式大体可以分为两类：一类是焊缝与焊缝之间的接头连接，称为冷接头；另一类是焊接过程中由于自行断弧或更换焊条时，熔池处在高温红热状态下的接头连接，称为热接头。

（1）冷接头操作技术（见图 2-7）　冷接头在施焊前，应使用砂轮机或机械方法将焊缝处打磨出斜坡形过渡带，在接头前方 10mm 处引弧，电弧引燃后稍微拉长（碱性焊条除外），然后移到接头处，稍作停留，待形成熔池后再继续向前焊接。

① 中间接头，后焊焊缝从先焊焊缝的尾端开始焊接而形成的接头。在弧坑前约 10mm 处引弧，弧长略长于正常焊接弧长，以较快的速度移回弧坑，压低电弧稍作摆动，再向前正常焊接。

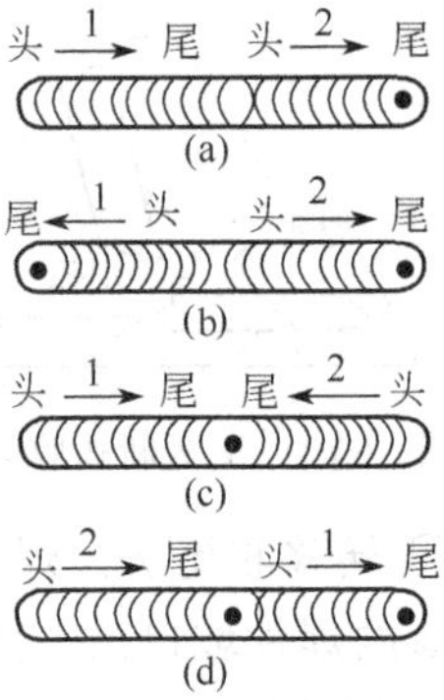

② 相背接头，两焊缝的起头相接，如图 2-8 所示。要求先焊的焊道起头处略低些，接头时在先焊焊道起头处略前一点引弧，并稍微拉长电弧，将电弧移向先焊焊道接头处，使电弧覆盖端头，待起头处焊平后，再向先焊焊道反方向进行焊接。

③ 相向接头，是指两条焊缝的收尾相接。从另一端起弧，焊到前焊道的结尾处，焊接速度略慢些，以填满弧坑处，然后以较快的速度向前焊一段后熄弧。

④ 分段退焊接头，是指先焊焊道的起头与后焊焊道的收尾相接。后焊焊缝靠近先焊焊缝始端时，改变焊条角度，使焊条指向前焊焊缝的始端，拉长电弧，形成熔池后，再压低电弧返回原熔池处收弧。

图 2-8　四种焊接接头方式
1—先焊焊缝；2—后焊焊缝

（2）热接头操作技术　热接头的操作技术可分为两种：一种是快速接头法；另一种是正常接头法。快速接头法是在熔池尚未完全凝固的状态下，将焊条端头与熔渣相接触，在高温热电离的作用下重新引燃电弧的接头方法。适用于厚板的大电流焊接，要求焊工更换焊条的动作要特别迅速而引弧准确。正常接头法是在熔池前方 5mm 处引弧后，将电弧迅速拉回熔池，按照熔池的形状摆动焊条后正常焊接的接头方法。如果等到收弧处完全冷却后再接头，则以采用冷接头操作方法为宜。先焊焊道接头如图 2-9 所示。

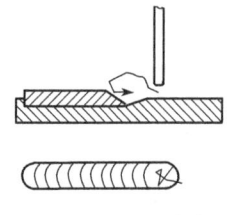

图 2-9　先焊焊道接头

（3）收弧技术　收弧技术是焊接过程中的关键动作，大体可以分为两种操作方法：一种是连弧法收弧技术；另一种是断弧法收弧技术。

① 连弧法收弧技术。连弧法即采用较小的焊接电流和较小直径焊条，在焊接过程中，电弧保持持续稳定的燃烧，在较小的坡口间隙内向前均匀摆动，使焊件背面形成均匀焊缝的方法。该方法操作简单，手法变动小，容易掌握，而且背面成形致密、整齐，内部质量好，力学性能优良；但该方法受坡口间隙限制，接头较为困难，必须快速热连接或用角磨机辅助接头，酸性焊条焊接时其接头困难更为突出。

② 断弧法收弧技术。断弧法即是在焊接过程中通过电弧有节奏的起弧、熄弧，从而控制熔池温度，获得良好的焊缝成形及内部质量的焊接方法。焊缝收弧处应采取反复断弧的方法，待弧坑填满后再熄弧。

一般收弧的基本方法有以下几种。

① 反复断弧收尾法（见图 2-10）。焊条移到焊缝终点时，在弧坑处反复熄弧、引弧数次，直至填满弧坑。此法适用于薄板和大电流焊接时的收弧。不适用于碱性焊条。

② 划圆圈收尾法（见图 2-11）。焊条移到焊缝终点时，在弧坑作圆圈运动，直至填满弧坑再拉断电弧。此法适用于厚板。

③ 回焊收尾法（见图 2-12）。焊条移至焊道收尾处立即停止，但未熄弧，此时适当改变焊条角度，如图 2-12 所示，焊条由 1 转至 2，待填满弧坑后再转到位置 3，然后慢慢断弧。此法适用于碱性焊条。

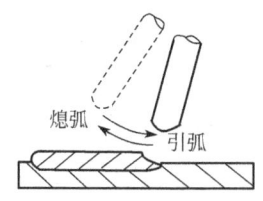

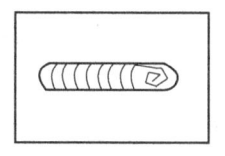

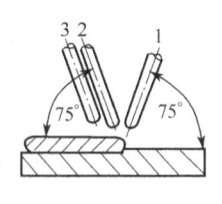

图 2-10　反复断弧收尾法　　　图 2-11　划圆圈收尾法　　　图 2-12　回焊收尾法

④ 转移收尾法。焊条移至焊缝终点时，在弧坑处稍作停留，将电弧慢慢抬高，引到焊缝边缘的焊件坡口内。此法适用于换焊条或临时停弧时的收尾。

3. 操作注意问题

① 在焊道起头时，为减少气孔，可将前几滴熔滴甩掉。操作时采用跳弧焊，电弧有规律地瞬间离开熔池，将熔滴甩掉。但电弧并未中断。

② 焊道接头时，应观察前焊道弧坑，可将前焊道尾部熔渣清除掉后再进行接头焊接。

③ 焊道收尾的划圆圈法和反复断弧法可结合使用。

复 习 题

1. 焊接电弧的构造可分为哪几个区域？其温度如何？

2. 焊条电弧焊时电弧电压主要决定于什么？

3. 焊条电弧焊时焊道的连接一般有几种方式？

项目四　板件平对接 I 形坡口（不开坡口）焊

平对接焊是在平焊位置上焊接对接接头的一种焊接操作方法。对于板厚小于 6mm 的平对接焊缝，可以不开坡口（I 形坡口）而直接进行焊接。

一、焊接电源的极性问题

焊条电弧焊当采用直流电源时，工件和焊条与电源输出端的正负极有两种不同的接法，分别被称为正接法和反接法。

1. 正接法

当工件接电源的正极，焊条接电源的负极时，为正接法，也叫正极性。如图 2-13 所示。

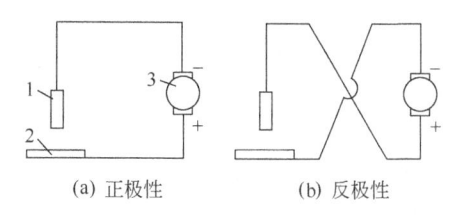

　(a) 正极性　　　　　(b) 反极性　　　　　

图 2-13　焊接电弧的极性　　　　图 2-14　装配及定位焊要求

1—焊条；2—焊件；3—焊机

根据电弧的构造及温度可知，当采用正极性时工件处于电弧的阳极区，温度较高。在采用酸性焊条焊接时，若需要焊件达到较高的温度，譬如焊接厚板及大件时，可采用正接法，以获得较大的熔深。

2. 反接法

当工件接电源的负极，焊条接电源的正极时，为反接法，也叫反极性。采用反极性时，工件处于电源的阴极区，温度较低。在采用酸性焊条焊接薄板和小件时，可采用反接法，以防止烧穿。

以上是使用直流电源焊接时所使用的两种不同的接法，在使用交流电源进行焊接时，由于其极性作周期性变化，不存在极性问题，其焊接熔深介于直流正极性和反极性之间。

值得指出的是，在焊接碱性焊条时，为减小飞溅和防止气孔的产生，应一律采用直流反极性。

本项目为焊接低碳钢薄板，在使用直流电源焊接时应采用直流反极性（或交流电源）。

二、不开坡口平对接焊

1. 焊前准备

（1）焊机　直流或交流手弧焊机。

（2）焊条　E4303（J422）型，直径为 3.2mm 或 4.0mm。

（3）焊件　Q235 钢板或 Q345（16Mn）钢板，规格尺寸为 300mm×125mm×6mm。每组钢板表面除锈去污。

2. 定位焊

定位焊一般要形成最终焊缝金属，因此选用的焊条要与正式焊接用焊条相同。定位焊缝余高不能太大，如定位焊缝有裂纹、未焊透、超高等缺陷，必须铲除或打磨，必要时需重新定位。

装配时，应保证两板对接处平齐，无错边。根部间隙在 1~2.5mm 间，定位焊焊缝于接缝两端。如板厚较小，可间隔 70~100mm 进行多点定位（见图 2-14）。

3. 焊接

（1）焊接电流　采用直径为 3.2mm 焊条焊接时，焊接电流为 120~130A；采用直径为 4.0mm 焊条焊接时，焊接电流为 175~185A。

（2）正面焊缝的焊接　根据板厚选定不同的焊条直径。焊接较薄的板件时选用 ϕ3.2mm 的焊条；焊件较厚时选用 ϕ4.0mm 的焊条。焊接时，采用直线运条或直线往复运条，为获得较大的熔深和宽度，运条速度可慢一些或作微微搅动。焊条角度如图 2-15 所示。正面焊缝应保证熔深达到板厚的 2/3。

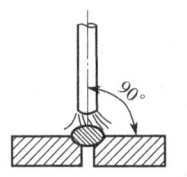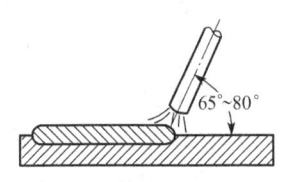

图 2-15　平对接焊操作图

（3）背面焊缝的焊接　正面焊缝焊完后，将焊件翻转，清理熔渣，选择稍大的焊接电流进行焊接，以避免产生未焊透现象。如果在焊接时焊件温度较高，可采用稍大的焊接速度进行焊接。

> 要领：运条过程中，如有熔渣与铁水混合时，可将电弧稍微拉长，同时将焊条角度向前倾斜，利用电弧吹力吹动熔渣，并做向后推送熔渣的动作，动作要快捷，以免熔渣超前产生夹渣缺陷。

厚度在 3mm 以下的薄焊件，焊接时易出现烧穿，装配可不留间隙，定位焊缝可采用多点密集形式。操作中采用短弧和快速直线往复运条法，也可以用分段焊接。必要时可将一头垫起，使其倾斜 5°～10°进行下坡焊，可提高焊接速度，减小熔深，防止烧穿和减少变形。

4. 清理及检测

将完成的焊件焊缝表面及飞溅清理干净，到露出金属光泽。检测焊缝正反面质量。焊缝表面不得有焊瘤、气孔、夹渣、咬边等缺陷。

5. 焊接注意问题

① 定位焊所用的焊条牌号及直径与正式焊接时相同；焊接电流可比正式焊接时大 10%～15%。

② 若正式焊接需要焊前预热，焊后缓冷，则定位焊焊前也要进行相同的预热，焊后也要进行缓冷。

③ 定位焊缝起头和收尾处很接近。容易产生始端未焊透及收尾裂纹等缺陷，正式焊接时必须把有缺陷的定位焊缝剔除重焊。

④ 定位焊应避免在焊件的端、角等应力集中的地方进行；应尽可能避免强制装配而进行定位焊缝的焊接。

复 习 题

1. 焊条电弧焊当采用直流电源时，极性有哪两种？

2. 在采用酸性焊条焊接时，直流电源分别可采用什么极性，为什么？

3. 运条过程中，如有熔渣与铁水混合时应如何处理？

项目五 T 形接头船形焊

T 形接头是常用的焊接接头形式之一，在 T 形接头的焊接中，船形位的焊接较为容易掌握，本项目将作介绍。

一、电弧偏吹的防止

在焊接过程中，有时会出现电弧中心偏离电极轴线的现象，被称为电弧偏吹。

电弧偏吹现象会引起电弧强烈的摆动甚至熄弧，这不仅影响焊接过程的顺利进行，而且会影响焊缝的成形和焊接质量。

1. 引起电弧偏吹的原因

（1）焊条偏心度过大　焊条药皮偏离了焊芯直径方向，为焊条偏心。当偏心度过大时，药皮厚薄不均匀，在焊接过程中熔化快慢不同，药皮薄的一边熔化得快，药皮厚的一边熔化得慢，快熔化的一边电弧外露，造成电弧往外偏吹（如图 2-16 所示）。

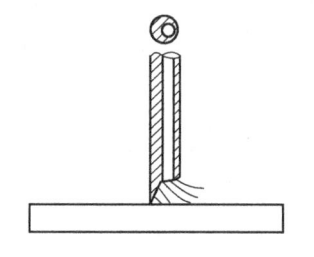

图 2-16　偏心度过大的焊条

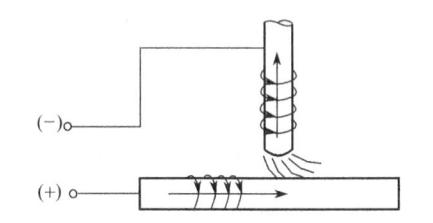

图 2-17　接地线位置不正确引起的电弧偏吹

（2）气流的影响　电弧周围由于热对流或风的影响，都会造成电弧偏吹。

（3）磁偏吹　在直流电弧焊时，因受到焊接回路中所产生的电磁力的作用而产生的电弧偏吹为磁偏吹。它是由于直流电所产生的磁场在电弧周围分布不均匀而引起的电弧偏吹，接地线位置不正确引起的电弧偏吹见图 2-17。

电弧偏吹易造成咬边、未焊透、夹渣等缺陷，应采取相应的措施加以克服。

2. 焊接中常用的减少或防止电弧偏吹的方法

① 焊接时在条件允许的情况下尽量采用交流电源进行焊接。

② 适当改变接地线的位置，一般以接地线在工件中间为好（见图 2-18）。

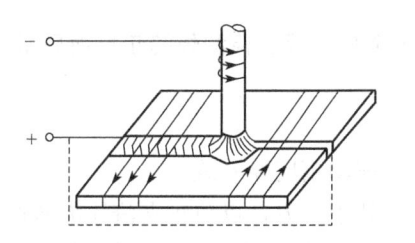

图 2-18　改变焊件接地线位置克服磁偏吹

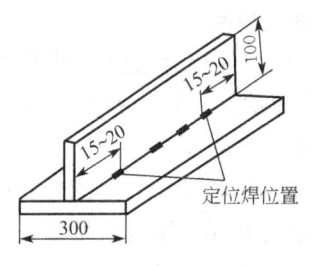

图 2-19　船形焊定位

③ 在焊缝两侧各加一块附加钢板（引弧板及引出板），使电弧两侧磁力线分布均匀并减少热对流的影响。

④ 在焊接间隙较大的对接焊缝时，可在焊缝下加垫板，以防止热对流引起偏吹。

⑤ 在露天操作时，如果有大风则必须用挡板遮挡，在管子焊接时，必须将管口堵住，以防止气流的影响。

⑥ 采用短弧焊接，可以减少气流的影响和磁偏吹的程度。

⑦ 在操作时适当调整焊条角度，使焊条偏吹方向转向熔池。

另外，电弧偏吹与电弧大小有关，焊接电流越大，磁偏吹越严重，故采用小电流焊接对克服磁偏吹有一定的作用。

二、船形位的焊接

1. 焊前准备

（1）焊机　直流或交流手弧焊机（额定电流 300A 以上）。

（2）焊条　E4303（J422）型，直径为 $d=3.2$mm 或 $d=4.0$mm 两种。

（3）焊件　Q235 钢板或 16Mn 钢板，规格尺寸为 250mm×50mm×12mm。在钢板焊接处两侧 20～30mm 范围内除锈、去污。

2. 定位焊

将焊件装配成 90°夹角的 T 形接头，不留间隙，采用正式焊接用焊条进行定位焊，定位焊的位置应在焊件两端的前后对称处，见图 2-19。四条定位焊缝的长度均为 10～15mm。装配完毕须校正焊件，保证立板的垂直度。

3. 第一层的焊接

采用 φ3.2mm 的焊条进行焊接，焊接电流为 110～130A。将 T 形接头焊件翻转 45°放置，如图 2-20 所示，焊接时焊条与两侧钢板之间的夹角为 45°，与焊接方向的夹角为 70°～

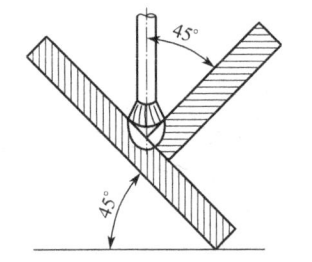

图 2-20　船形焊条角度

80°，焊接时采用锯齿形或月牙形运条，电弧在焊道两侧稍作停留。待 T 形接头一侧焊缝完成后，将焊件翻转至另一侧位置，进行另一侧焊缝的焊接。

4. 第二层的焊接

将第一层焊缝的熔渣去除，改用 $\phi=4.0$mm 的焊条，焊接电流调至 $160\sim180$A，采用与第一层同样的方法焊接第二层焊缝。

> 要领：焊接过程中如遇到电弧偏吹现象，常用的调整方法为及时调整焊条与焊接方向的角度，或者改变接地线的位置以克服电弧偏吹。这也是在生产中经常采用的克服偏吹的方法。

5. 清理及检测

将完成的焊件焊缝表面及飞溅清理干净，到露出金属光泽。检测焊缝正反面质量。焊缝表面不得有焊瘤、气孔、夹渣、咬边等缺陷。

6. 操作注意问题

① 焊接时要尽量控制两侧焊脚的均匀，运条过程摆动幅度要一致。

② 焊接时要观察熔池，始终要控制熔池中的熔渣处于后方，以防止夹渣缺陷的产生。

③ 焊缝表面成形呈下凹形为好，若呈凸起状则说明焊条摆动时两侧停顿不足或焊接速度太慢。

④ 如 T 形接头中两板厚度不同，焊接时应将电弧偏向厚板一侧。

⑤ 焊前如发现焊条偏心应及时更换焊条。

复 习 题

1. 什么是电弧偏吹现象？它对焊接会产生什么影响？

2. 焊接中常用的减少或防止电弧偏吹的方法主要有哪些？

3. T 形接头船形焊时焊接电流、焊条角度和运条方式各如何？

项目六　平角焊

焊条电弧焊时，由于各种操作和工艺上的原因，容易造成焊缝产生各种焊接缺陷。只有对焊条电弧焊常见的缺陷及产生原因进行了解，才能更有效地控制焊接质量，掌握手工电弧焊的技能。

一、焊缝形状和尺寸

本项目对焊缝正面及反面的尺寸有一定的要求，这些要素都是表示焊缝形状特征的尺寸。不同形式的焊缝，其形状参数也不一样。

1. 焊缝宽度

焊缝表面与母材金属交界处叫焊趾。单道焊缝中，焊缝表面两焊趾之间的距离叫焊缝宽度。见图 2-21。

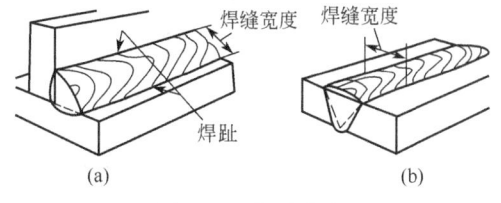

图 2-21　焊缝宽度

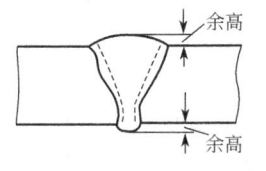

图 2-22　焊缝余高

2. 余高

超出母材表面连线上面的那部分焊缝金属的最大高度叫余高。见图 2-22。

3. 熔深

在焊接接头横截面上，母材金属或前道焊缝熔化的深度叫熔深。见图 2-23。

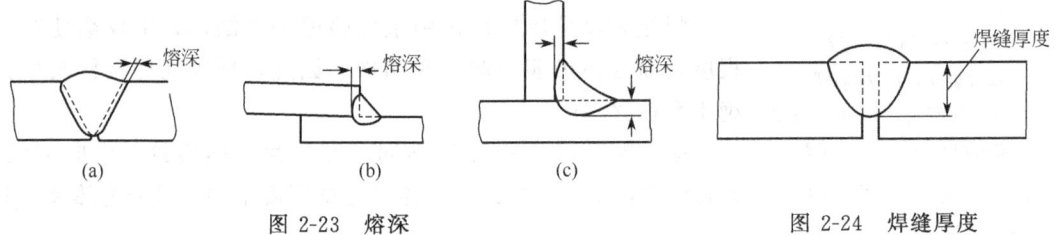

图 2-23　熔深　　　　　　　　　　　图 2-24　焊缝厚度

4. 焊缝厚度

在焊缝横截面中，从焊缝正面到焊缝根部背面的距离叫焊缝厚度。见图 2-24。

5. 角焊缝的形状和尺寸

根据角焊缝的外表形状，可将角焊缝分为两大类，焊缝表面凸起的角焊缝叫凸形角焊缝；焊缝表面下凹的角焊缝叫凹形角焊缝。

角焊缝最重要的形状参数为焊脚尺寸（见图 2-25）。

6. 焊缝成形系数

熔焊时，单道焊缝截面上焊缝宽度（B）与焊缝计算厚度（H）之比，叫焊缝成形系数，见图 2-26。

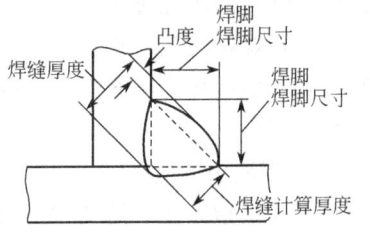

图 2-25　焊脚尺寸

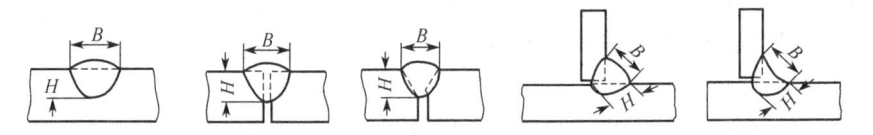

图 2-26　焊缝成形系数

二、焊条电弧焊常见的缺陷及产生原因

焊条电弧焊时如果焊接工艺参数不当或焊接时操作手法不当，容易在焊缝中产生各种焊接缺陷，从而影响焊接质量，应尽量加以防止。常见的焊接缺陷主要有如下几种。

1. 焊缝尺寸不符合要求

主要是指焊缝宽窄不齐、高低不平、尺寸过大或过小以及角焊缝焊脚尺寸不符合要求等（见图 2-27）。

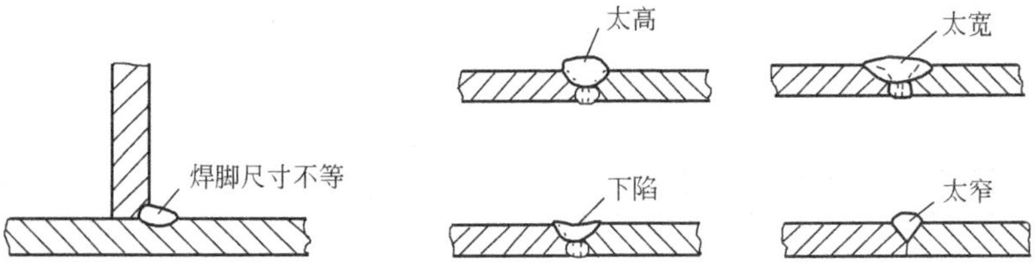

图 2-27　焊缝尺寸不符合要求

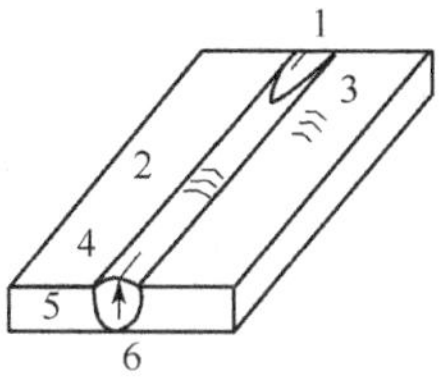

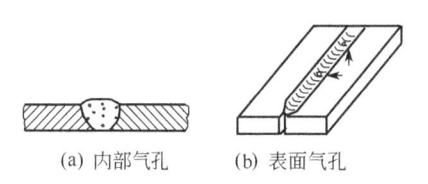

图 2-28　焊接裂纹

1—弧坑裂纹；2—横向裂纹；

3—热影响区裂纹；4—纵向裂纹；

5—熔合线裂纹；6—根部裂纹

产生这些缺陷的主要原因有：

① 焊件坡口尺寸不当或装配不合适；

② 焊接工艺参数选择不当；

③ 运条手法或焊条角度不当。

2. 焊接裂纹

焊接裂纹是焊接结构中最危险的一种缺陷，不仅会使产品报废，而且还可能引起严重事故。因此，裂纹在焊接接头中是绝不允许存在的。

裂纹按其产生的部位不同，可分为纵向裂纹、横向裂纹、熔合线裂纹、根部裂纹、弧坑裂纹和热影响区裂纹等；按产生的温度不同，可分为热裂纹和冷裂纹（见图2-28）。

引起裂纹产生的因素有以下几方面。

（1）焊接结构的设计　焊接结构不合理，焊缝过于集中，从而使焊接应力大大增加；或者焊接结构的刚性过大，使焊接接头所受的应力超过本身的强度极限。

（2）焊接工艺　焊接工艺参数不合理；焊件清理不彻底；对于淬硬倾向大的材料，焊前预热和焊后缓冷的工艺措施选择不当；焊条烘干的温度不够；焊接顺序不适当等，都易导致裂纹的产生。

3. 焊缝中的气孔

气孔是指焊接时熔池中的气泡在凝固时未能及时逸出而残留下来形成的空穴（见图 2-29）。

气孔根据其产生的部位不同，可分为内部气孔和外部气孔；按其分布不同，可分为单个气孔、密集气孔和连续气孔等；按形成气孔的气体种类不同，可分为氢气孔、氮气孔和一氧化碳气孔。

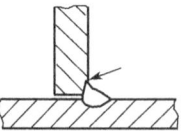

(a) 内部气孔　　(b) 表面气孔

图 2-29　气孔

焊缝中存在气孔，会削弱焊缝的有效工作截面，因此降低了焊缝的力学性能，特别是弯曲和冲击韧性降低得更多，严重时，会使金属结构在工作时遭到破坏。

产生气孔的原因主要有：

① 焊接准备工作不符合要求，如焊条未按规定烘干，焊件在焊前未做好清理工作，熔池中进入水分、油、锈和油漆等；

② 焊接时电弧保护效果不良，药皮脱落，电弧偏吹，运条手法不当，电弧太长或装配间隙过大等。

4. 夹渣

夹渣是指焊后残留在焊缝中的熔渣（见图2-30）。夹渣会降低焊缝的强度，也会造成裂纹，必须防止。

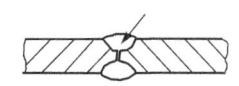

图 2-30　夹渣 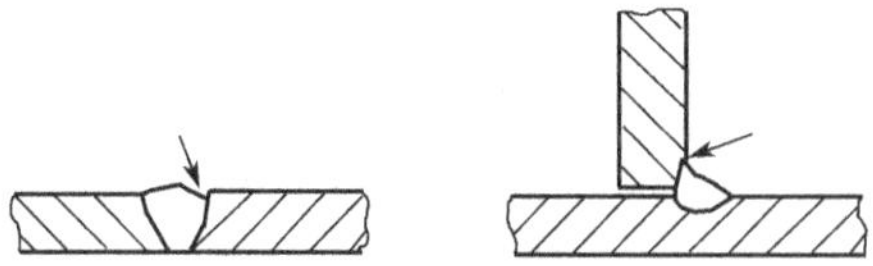　　　　　　　　　　　图 2-31　咬边

造成夹渣的主要原因有：

① 运条不当，熔渣与铁水混合，阻碍了熔渣的上浮；

② 焊接电流太小，使熔池金属凝固太快，熔渣来不及浮出；

③ 焊件边缘、焊层以及焊道间清理不干净；

④ 焊件及焊条的化学成分配合不当。

5. 咬边

咬边是指焊后沿焊趾的母材部分产生的纵向沟槽或凹陷（见图 2-31）。

产生咬边的原因主要有：

① 焊接电流太大；

② 焊接速度或运条方法不当，尤其在立、横、仰焊操作时，焊条角度不当或电弧太长。

6. 未熔合、未焊透、焊瘤和烧穿

未熔合是指焊道与母材之间或焊道与焊道之间，未完全熔化结合部分。未焊透是指接头根部未完全熔透的现象（见图 2-32）。

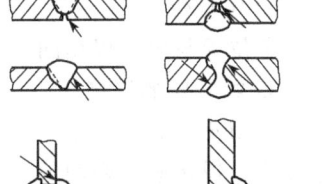
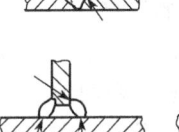

产生未熔合和未焊透的原因有：焊接电流太小；焊接速度太快；坡口角度小，钝边太厚，接头间隙太小；焊条角度或运条方法不当以及电弧太长或电弧偏吹等。未熔合和未焊透使焊缝强度降低，容易引起裂纹。

图 2-32　未熔合与未焊透

焊瘤是指在焊接过程中熔化金属流淌到焊缝以外的未熔化母材上所形成的金属（见图 2-33）。造成焊瘤的原因是因为工艺参数不当和运条手法不当使熔池温度太高造成熔化金属下淌而出现。

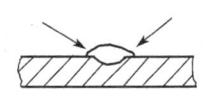

图 2-33　焊瘤

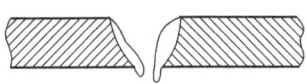

图 2-34　烧穿

烧穿是指焊接过程中熔化金属自坡口背面流出而形成的穿孔性缺陷（见图 2-34）。

造成烧穿的主要原因是焊件局部温度太高，一般是因为焊接电流太大，焊件间隙太大，焊接速度太慢以及电弧在焊缝中某处停留时间过长。

本项目在焊接中易出现的缺陷主要有焊缝尺寸不符合要求、夹渣、咬边、未焊透和气孔等缺陷，应当参照上述情况加以控制和防止。

三、平角焊的焊接

平角焊主要为 T 形接头处于图 2-35 位置的焊接。除了 T 形接头外，搭接接头和角接接头等接头形式也常出现平角焊。平角焊一般在要求焊脚尺寸在 5mm 以下时，可采用单层焊，在要求焊脚尺寸为 6～10mm 时，采用多层焊。

1. 焊前准备

（1）焊机　直流或交流手弧焊机。

（2）焊条　E4303（J422）型，直径为 3.2mm 和 4.0mm 两种。

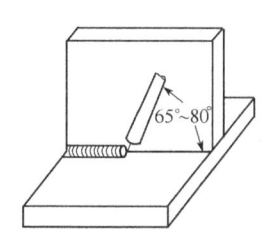

图 2-35 平角焊

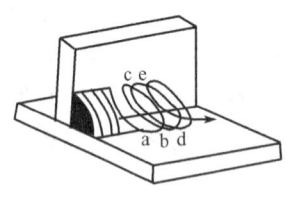

图 2-36 斜圆圈形运条

（3）焊件 Q235 钢板或 16Mn 钢板，$\delta = 8 \sim 12$mm，每组两块，每块长×宽为300mm×100mm。要求在钢板焊接处两侧 20～30mm 范围内除锈、去污。

2. 定位焊

定位焊与船形焊相同。

3. 第一层的焊接

采用 $\phi 3.2$mm 焊条，焊接电流为 130A 左右。焊接时可采用直线运条，焊条位于两板接缝部位。焊接速度要均匀。焊条与平板的夹角为 45°，与焊接方向的夹角为 65°～80°。焊接过程中要始终注视熔池中的情况，一方面要保持熔池在焊接处不上偏或下偏；另一方面要保持熔渣对熔化金属的保护作用，既不超前，也不拖后（超前会引起夹渣，拖后会导致焊缝表面粗糙）。

在第一条焊缝完成之后，翻转焊件进行另一侧焊缝的焊接。

4. 第二层的焊接

在第一层焊缝完成之后，清理焊缝表面的熔渣，更换焊条直径为 4.0mm 的焊条，焊接电流调整至 180A 左右进行第二层焊缝的焊接。焊接时采用斜圆圈形运条（见图 2-36），依靠运条达到所需要的焊脚尺寸。

> 要领：控制角焊缝焊脚尺寸和防止焊缝缺陷的产生，熟练掌握斜圆圈形运条是关键，应多加练习。

5. 操作注意问题

① 焊接过程中应始终注意保持焊条角度的正确。

② 斜圆圈形运条时应注意（如图 2-36 示）：a→b 要慢，焊条作微微往复的前移动作，以防止熔渣超前；b→c 要稍快，以防止熔化金属下淌；c 处稍作停顿，以填加适量的熔滴，避免咬边；c→d 要稍慢，保持各熔池间形成 1/2～2/3 的重叠，以利焊道成形；d→e 稍快，到 e 处稍作停顿。

③ 焊道收尾时要填满弧坑。

④ 焊接过程中要注意焊脚尺寸的一致性。

复 习 题

1. 焊缝的形状和尺寸有哪些？
2. 焊条电弧焊常见的缺陷有哪些？
3. 简述斜圆圈形运条的要领。

项目七 多层多道平角焊

角焊缝中当焊脚尺寸大于 10mm 时，采用多层单道焊会因为焊脚较宽，坡度较大，熔化金属容易下淌，影响焊缝成形。在这种情况下采用多道多层焊较为合适。

一、焊接接头的形式及焊缝的形式

1. 焊接接头的形式

用焊接方法连接的接头（简称接头）称为焊接接头。焊接接头包括焊缝（OA）、熔合区（AB）和热影响区（BC）三部分（见图 2-37）。

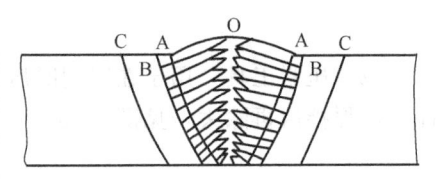

图 2-37　焊接接头

在手工电弧焊中，由于焊件的厚度、结构的形状及使用条件不同，其接头形式和坡口形式也不同。根据国家标准 GB 985—80 规定，焊接接头的基本形式为对接接头、T 形接头、角接接头、搭接接头四种。有时焊接结构还有一些其他类型的接头形式，如十字接头、端接接头、卷边接头、套管接头、斜对接接头、锁底对接接头等（见图 2-38）。

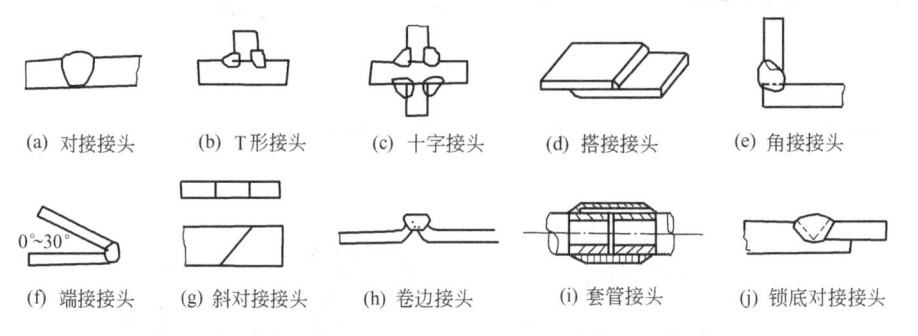

(a) 对接接头　　(b) T形接头　　(c) 十字接头　　(d) 搭接接头　　(e) 角接接头

(f) 端接接头　　(g) 斜对接接头　　(h) 卷边接头　　(i) 套管接头　　(j) 锁底对接接头

图 2-38　焊接接头的形式

2. 焊缝的形式

焊缝是焊件焊接后所形成的结合部分。焊缝按不同分类方法可分为下列几种形式。

（1）按焊缝在空间的位置的不同　可分为平焊缝、立焊缝、横焊缝和仰焊缝四种形式。

（2）按焊缝结合形式不同　可分为对接焊缝、角焊缝和塞焊缝三种形式。

（3）按焊缝断续情况

① 定位焊缝。焊前为装配和固定焊件的位置而焊接的短焊缝，称为定位焊缝。

② 连续焊缝。沿接头全长连续焊接的焊缝。

③ 断续焊缝。沿接头全长具有一定间隙的焊缝，称为断续焊缝。它又可分为并列断续焊缝和交错断续焊缝。断续焊缝只适用于对强度要求不高，以及不需要密封的焊接结构。

二、焊条电弧焊用装配夹具

为保证焊件尺寸，提高装配效率，防止焊接变形所采用的夹具叫焊接夹具。

1. 对焊接夹具的要求

① 应保证装配的尺寸、形状的正确性。

② 使用与调整简便，且安全可靠。

③ 机构简单，制造方便，成本低。

2. 焊条电弧焊常用的装配夹具

（1）夹紧工具　用于紧固装配零件，见图 2-39。

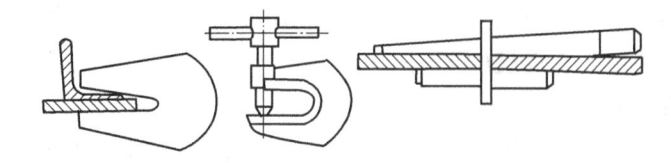

图 2-39　夹紧工具

（2）压紧工具　用于在装配时压紧焊件。使用时夹具的一部分往往要点固在被装配的焊件上，焊接后再除去，见图 2-40。

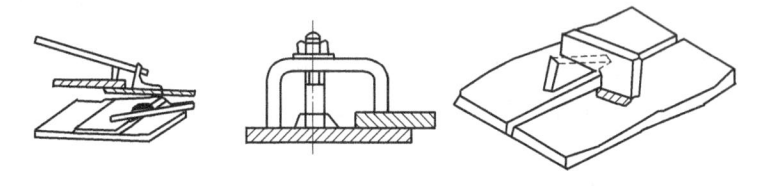

图 2-40　压紧工具

（3）拉紧工具　是将所装配零件的边缘拉到规定的尺寸。有杠杆、螺钉和导链等几种，见图 2-41。

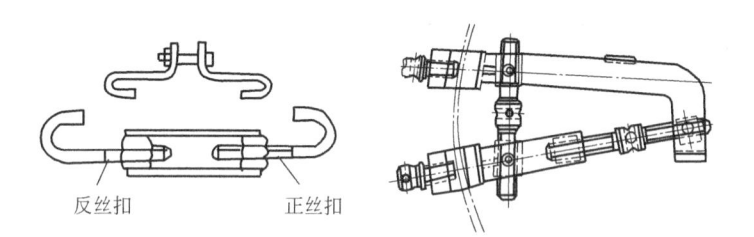

反丝扣　　　　正丝扣

图 2-41　拉紧工具

（4）撑具　是扩大或撑紧配件的一种工具，一般是利用螺钉或正反螺钉来达到，见图 2-42。

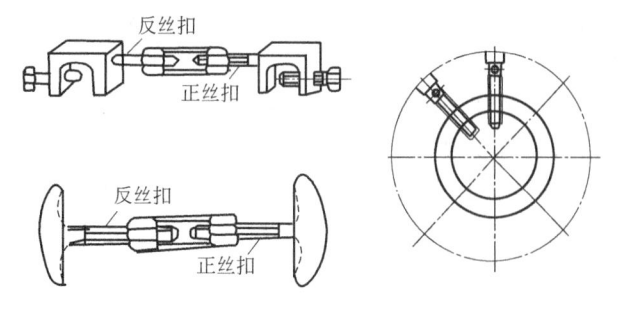

反丝扣

正丝扣

反丝扣

正丝扣

图 2-42　撑具

三、多道多层平角焊的焊接

1. 焊前准备

（1）焊机　直流或交流焊机。

（2）焊条　E4303（J422）型，直径为 3.2mm。

（3）焊件　Q235 钢板或 16Mn 钢板，规格尺寸为 300mm×100mm×12mm。要求钢板在焊接处两侧 20～30mm 范围内除锈去污。

2. 焊接

（1）定位焊　与其他 T 形接头相同。

（2）第一层焊接　与单层焊相同。

（3）第二层焊接　将第一层焊缝表面熔渣清理干净，焊条直径和焊接电流不变，进行第二层共两道焊缝的焊接（见图 2-43）。

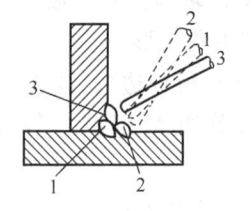
图 2-43　焊条角度

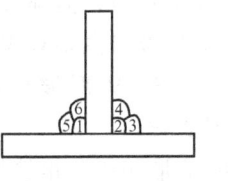
图 2-44　焊道的排列

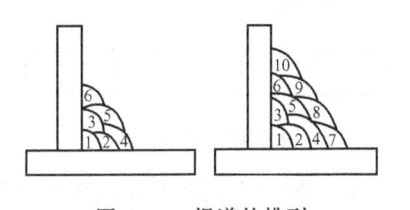
图 2-45　焊道的排列

① 第一道焊缝（总第二道）的焊接。在焊接第二层第一道焊缝时，应使焊缝覆盖第一层焊道的 2/3 以上，并保证这条焊道的下边缘是所要求的焊脚尺寸线。此时焊条角度在45°~55°之间，以使水平板与焊道熔合良好。焊条与焊接方向的夹角为 70°~80°，运条采用斜圆圈形运条（也可采用直线运条），这条焊道应保持平直而且宽窄一致，以获得良好成形的基础。

② 第二道焊缝（总第三道）的焊接。第二道焊缝的焊接应覆盖第一道焊缝的 1/3~1/2，焊条的落点应在第一道焊缝与立板的夹角处，焊条与水平板的夹角为 40°~45°，采用直线运条。

> 要领：多层多道焊中要获得良好的焊缝成形，在同一层焊缝中各焊道之间的搭配是关键。

3. 操作注意问题

① 若 T 形接头采用两面焊时，可采用图 2-44 所示的顺序进行焊接。

② 当焊脚尺寸大于 12mm 时，可采用三层六道，四层十道进行焊接（见图 2-45）。

复　习　题

1. 焊接接头包括哪几部分？焊接接头的形式有哪些？

2. 焊条电弧焊常用的装配夹具有哪些？

3. 焊缝按断续情况可分为哪几种？

项目八　V 形坡口平对接打底焊、填充及盖面焊

焊条电弧焊由于焊接电流的大小以及电弧的能量密度受到一定的限制，焊接时其熔化母材的深度也受到一定的限制。因此，对于较厚工件的接头，为保证焊透，往往在进行焊接之前进行开坡口处理，而坡口的各种形式，为本项目的一项重要内容。

板件对接接头在板厚 6mm 以上时，一般要采用开坡口的形式进行焊接，V 形坡口为常见的一种坡口形式。对于开坡口的焊件，要求单面焊双面成形。锅炉及压力容器等重要构件中，对于直径较小的容器，因无法进入内部施焊，就要求掌握单面焊双面成形技术。本项目将重点学习 V 形坡口平对接焊中打底层的焊接技术。

一、坡口的形式

焊接接头中为保证在焊件厚度方向上的焊透，经常需要采用开坡口。开坡口的方法常用

的有机械加工、火焰加工或电弧加工等几种。在将坡口加工成一定的几何形状之后，还需要在坡口的端部留有一定的钝边，其目的是为了防止烧穿，但钝边的尺寸要保证第一层焊缝焊透。接头中根部还需留有一定的间隙，其目的是为了保证根部能够焊透。

常见的坡口形式主要有以下几种。

1. V形坡口

本项目焊件所加工的即为 V 形坡口。V 形坡口的特点是加工容易，但焊后焊件易产生角变形。

V 形坡口主要有 V 形坡口（不留钝边）、钝边 V 形坡口、单边 V 形坡口和带钝边单边 V 形坡口等几种（见图 2-46）。

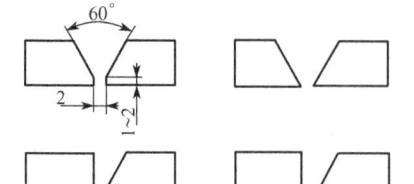

图 2-46　V 形坡口

V 形坡口不仅在对接接头中采用，在 T 形接头和角接接头中也常采用（见图 2-47）。

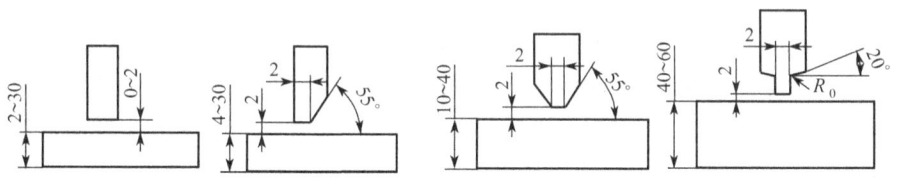

图 2-47　T 形接头

一般来说，当板厚在 7～40mm 之间时，可选用 V 形坡口。

2. X形坡口

X 形坡口也称双面 V 形或双面 Y 形坡口。

与 V 形坡口相比，X 形坡口具有在相同厚度下，能焊着金属量约 1/2，焊后的变形量和产生的应力也小些。主要用于大厚度及要求变形较小的结构中（见图 2-48）。

一般来说，当板厚在 12～60mm 之间时，可采用 X 形坡口。

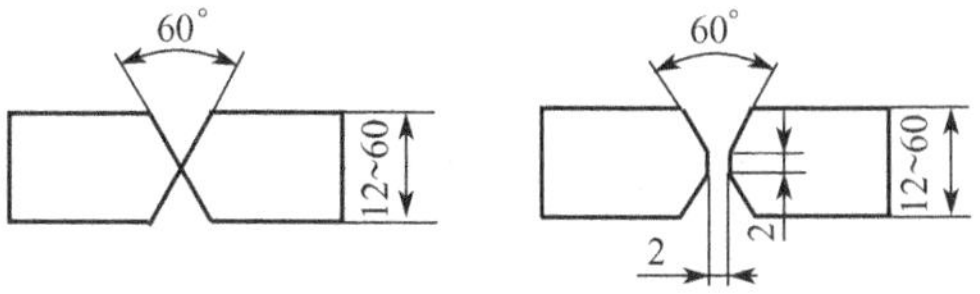

图 2-48　X 形坡口

3. U形坡口

U 形坡口有带钝边 U 形坡口、双 U 形带钝边坡口、带钝边 J 形坡口，如图 2-49 所示。

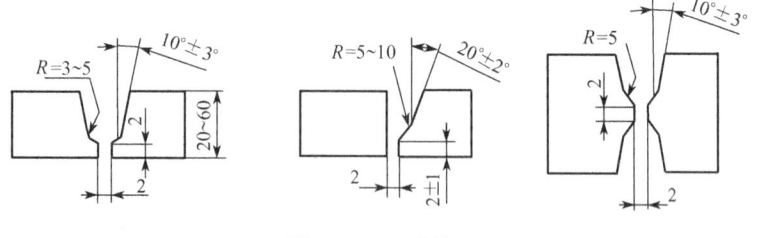

图 2-49　U 形坡口

U 形坡口的特点是焊着金属量少，焊件产生变形也小，焊缝金属中母材所占比例也少，但这种坡口加工较困难，一般用于较重要的焊接结构。

4. 厚板削薄工艺

不同板厚的钢板对接焊接时，如果厚度差 $(\delta - \delta_1)$ 超过 3mm 时，则应在较厚的板上作出单面如图 2-50 的削薄处理，其削薄长 $l \geqslant 3 (\delta - \delta_1)$。

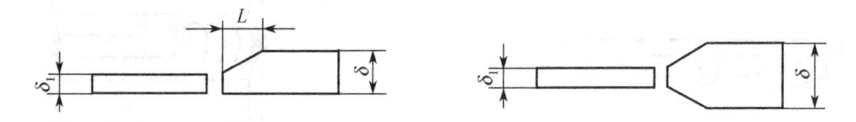

图 2-50　不同板厚的钢板对接

5. 搭接接头的塞焊缝及槽焊缝

搭接接头中当重叠钢板的面积较大时，为保证结构强度，可根据需要选用圆孔塞焊和长孔槽焊缝的形式（见图 2-51），这种形式适合于被焊结构狭小处及密闭的焊接结构。

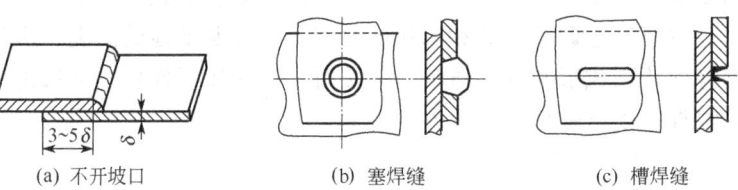

(a) 不开坡口　　　　　(b) 塞焊缝　　　　　(c) 槽焊缝

图 2-51　搭接接头

6. 坡口选择的原则

选择坡口的形式主要应考虑下列几条原则：

① 是否能保证焊件焊透；

② 坡口的形状是否容易加工；

③ 尽可能地提高生产率，节省填充金属；

④ 焊件焊后变形要尽可能小。

二、V 形坡口打底层的焊接

1. 焊前准备

（1）焊机　交流或直流焊机（额定电流在 300A 以上）。

（2）焊条　E4303（J422）、E4315（J427）或 E5015（J507）型焊条，直径为 3.2mm。对于碱性焊条（E4315、E5015）要求在焊前经 350～400℃烘干 2h，焊接时采用直流反极性焊接。

（3）焊件　Q235 或 16Mn 钢板，规格尺寸为 300mm×125mm×12mm，开 V 形坡口。每组两块，共两组。将焊件表面清理干净（除锈、去污），其中一组锉削出 0.5～1.5mm 的钝边。

2. 定位焊

定位焊采用正式焊接用焊条。将两钢板装配成对接接头，其中一组（留有钝边的）在起焊处和终焊处分别预留 3.2mm 和 4.0mm 的间隙（可采用直径为 3.2mm 和 4.0mm 的焊芯夹在焊件两端）；另一组（不留钝边的）在起焊处和终焊处分别预留 3mm 和 3.5mm 的间隙。分别用 E4303（J422）和 E5015（J507）型焊条将组对好的焊件在距端头 20mm 之内进行定位焊，定位焊缝长 10～15mm。

3. 反变形预制

为了减少焊件在焊后的角变形量，在焊前要将焊件预置反变形量。反变形量一般用如下方法制定：用一水平尺置于焊件两侧，中间的间隙刚好放置一根直径为 4.0mm 的焊条为准（见图 2-52）。

4. 打底焊

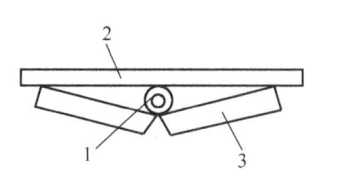

图 2-52　反变形的测定方法

1—焊条；2—水平尺；3—焊件

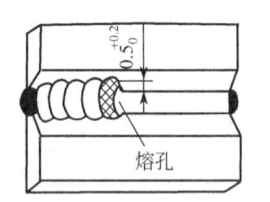

图 2-53　熔孔的位置和大小

打底焊的方法主要有灭弧法和连弧法两种。其中灭弧法采用 E4303（J422）焊条进行焊接；连弧法采用 E4315（J427）或 E5015（J507）型焊条进行焊接。

（1）灭弧法　主要通过调节燃弧和熄弧的时间，来控制熔池的温度、形状和填充金属的薄厚，以获得良好的背面成形和内部质量。焊接时，采用短弧操作，电弧击穿背面时，焊条需要靠近坡口的根部，使电弧作用到焊件的反面。

① 焊接电流。$I=105\sim115A$。

② 引弧。将不留钝边（预留 3.2mm 和 4.0mm 的间隙）的一副试板水平放置，间隙较小的一端作为始焊端（置于左侧）进行焊接。引弧时焊条从定位焊点开始引弧，引弧后迅速将电弧拉长，并作轻轻摆动，先预热始焊部位，时间约 2～3s，然后将电弧压向坡口间隙根部，此时焊条与焊件之间的前倾角为 60°～70°，待听到击穿声后，立即灭弧，使之形成第一个熔孔座（见图 2-53）。

③ 正常焊接。在第一个熔池约有 2/3 的金属处于凝固状态时，迅速在熔池 2/3 位置沿左侧或右侧钝边处引弧击穿施焊 1～2s，然后灭弧。灭弧间断时间约为 1～1.5s，观察熔孔的大小，以两侧钝边熔化 1.5～2mm 为宜。这样左右击穿，直到一根焊条焊完为止。

④ 接头。接头有冷接法和热接法两种方法。

a. 冷接法。更换焊条时，将收弧处的熔渣清理干净，换上焊条后在原熔池前坡口内侧 10～15mm 处引弧（划擦法），并在熔池尾部长弧预热，之后迅速压低电弧沿焊缝方向作横向摆动。当电弧覆盖原熔池时，及时调整焊条与焊接方向的角度为 30°～50°，并将电弧压向背面，使之击穿，然后按正常焊接的方法进行焊接。

b. 热接法。当熔池还处在红热状态时迅速更换焊条，接头时基本无需对接头部位进行预热，焊条角度也无需调整。

⑤ 收弧。当焊条长度只剩 40～50mm 时，要准备作好收弧的动作。收弧前先稍拉长电弧，然后在熔池中轻轻点焊两到三下再将电弧熄灭。

（2）连弧法　将留有钝边（预留 3mm 和 3.5mm 的间隙）的一副试板水平放置，间隙较小的一端作为始焊端（置于左侧）进行连弧法打底焊。

① 焊接电流。$I=85\sim95A$。

② 引弧。在定位焊缝上进行引弧，当焊条运行至定位焊缝尾部时，稍将电弧拉长，预热始焊部位坡口间隙，然后将电弧压向坡口根部，当听到击穿声时，将焊条与焊接方向的倾角变为 55°～65°，并作横向摆动进行焊接。

③ 正常焊接。采用月牙形或锯齿形运条，焊条与焊接方向的倾角变为 55°～65°。运条过程中电弧应在坡口两侧稍作停顿（时间约 0.5s），焊条的端部始终置于距离坡口根部 2～3mm 的地方，焊条在向前运行的过程中要始终与熔池保持贴附状态，保证 2/3 的液态金属送入正面熔池，1/3 的液态金属送入反面熔池。在焊接过程中，若熔池温度升高（熔孔加

大），可适当增加焊条倾斜角度，同时焊条端部距坡口根部的距离加大 0.5mm。

④ 接头。接头有冷接法和热接法两种方法。

a. 冷接法。可用角向磨光机将收弧处焊缝打磨成斜坡状，然后在斜坡前端 10～15mm 处引弧（划擦法），引弧后把电弧移到斜坡顶端并迅速压低电弧，此时焊速不可太快，当焊至斜坡根部时下压电弧，听到击穿声后稍作停顿，焊条作横向摆动，恢复正常焊接。

b. 热接法。在熔池还处在红热状态时迅速更换焊条，在距原熔池 10～15mm 的坡口内侧进行引弧，电弧引燃后迅速移到熔池尾部，压低电弧焊接，焊至坡口根部时下压电弧，听到击穿声后稍作停顿，焊条作横向摆动，恢复正常焊接。

⑤ 收弧。更换焊条时收弧应先将电弧下压，使熔孔稍微增大后再回焊 10～15mm，在坡口的一侧灭弧。焊接结束时收弧与灭弧法相似。

> 要领：平对接打底焊时，判断和控制反面焊缝成形的关键为：
> 听电弧击穿反面的"噗、噗"声（若无"噗、噗"声则为未击穿）
> 以及观察及控制熔孔的大小。

5. 清理及检测

将完成的焊件焊缝表面及飞溅清理干净，到露出金属光泽。检测焊缝正反面质量。焊缝表面不得有焊瘤、气孔、夹渣、咬边等缺陷。

6. 操作注意问题

① 打底焊应将坡口反面的间隙处架空。

② 焊接时当焊条剩余 60～80mm 的长度时，熔化速度加快，应加快焊接速度以及减少燃弧过程中的焊接时间。

③ 随着焊接过程的进行，也应加快焊接速度以及减少燃弧过程中的焊接时间。

三、填充层和盖面层的焊接

开坡口的接头，其焊接往往需要多层或多层多道焊才能完成（见图 2-54），一般来说，V 形坡口焊缝可分为打底层焊缝、填充层焊缝和盖面层焊缝三部分。其中填充层焊缝和盖面层焊缝的焊接对于控制焊接质量和焊缝表面成形十分重要。

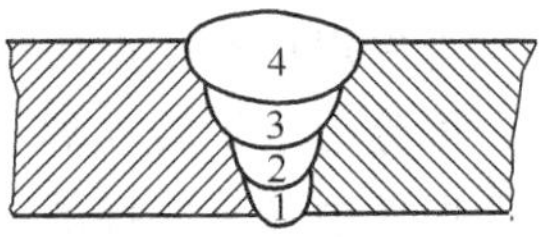

图 2-54　V 形坡口多层焊

1. 填充层的焊接

焊接电流为 180A 左右，焊条角度如图 2-15 所示。运条采用锯齿形运条，焊接时，焊条摆幅适当增大，在坡口两侧停留时间稍长一些，保证坡口两侧有一定的熔深，使填充层的焊道表面稍向下凹。

最后一道填充层焊缝的高度应低于母材表面 0.5～1.5mm。最好略呈凹形，注意不能熔化坡口两侧的棱边，便于盖面层焊接时能够看清坡口。

接头时焊接方法如图 2-9 所示，注意电弧不需向下压。

> 要领：填充层电弧在两侧需停留足够的时间，防止焊缝呈凸起形，最后一道填充焊道不可超出坡口棱边是关键。

2. 盖面层的焊接

盖面层焊接电流与填充层相同或略小，其焊条角度、运条方法以及接头方法与填充层相同。焊条摆动时幅度要比填充层大，且注意摆动幅度的一致，运条速度均匀。

焊接时要注意观察坡口两侧变化情况，注意控制每次焊条摆动至两侧时熔化幅度的一致性，以确保焊缝宽度的一致性。运条时电弧在坡口两侧稍作停顿，以便焊缝两侧边缘熔合良好，避免产生咬边。

3. 清理及检测

将完成的焊件焊缝表面及飞溅清理干净，到露出金属光泽，检测焊缝尺寸。尺寸要求主要有：

① 正面焊高≤3.5mm；

② 背面焊高≤3mm；

③ 焊缝高低差≤2mm；

④ 焊缝比坡口每侧增量 0.5～2.0mm；

⑤ 焊缝宽差≤3mm。

焊缝表面不得有焊瘤、气孔、夹渣、咬边等缺陷。

4. 操作注意问题

① 焊接前应检查面罩玻璃是否清晰，若不清晰则应更换玻璃。

② 焊缝起头处（15mm 以内）可适当拉长电弧，减慢焊速。

③ 焊接过程中如遇电弧偏吹，可调整焊条角度，必要时焊条与焊接方向的角度可增大至大于 90°。

④ 收弧处注意填满弧坑。

复 习 题

1. 常见的坡口形式主要有哪几种？

2. 简述坡口选择的原则。

3. 焊接过程中如何判断开坡口焊缝反面成形的效果？

项目九　大径管水平转动焊

管件焊接在生产中应用十分广泛。管件焊接按焊接时焊件的固定方式和焊件空间位置不同，可分为水平转动焊、垂直固定焊和水平固定焊等几种。本项目进行操作的水平转动焊为管件焊接中较易掌握的一种。

对焊条电弧焊质量的控制，除了对焊工操作熟练程度有较高的要求外，生产中对焊接工艺参数的正确选择也尤其重要。本项目将对焊接工艺参数对焊接质量的影响和如何正确选择焊接工艺参数进行介绍。

一、焊接工艺参数

从前面的项目可知，对于不同的焊件，在焊接过程中要保证获得良好的焊缝质量，除了需要掌握正确的操作方法之外，还需要在操作时选择一些物理量，如选择不同的焊接电流和焊接速度等。这些物理量为焊接工艺参数。

焊接工艺参数（焊接规范），是指焊接时为保证焊接质量而选择的各项物理量的总称。

正确选择焊接工艺参数是焊接生产上不可忽略的一个重要问题，是获得优质焊接接头和较高生产率的关键。焊条电弧焊的焊接工艺参数通常包括：焊条选择、焊接电流、电弧电压、焊接速度、焊接层数等。焊接工艺参数的选择除需要一定的经验外，还需要掌握其基本原则。

1. 焊条的选择

焊条选择包括焊条牌号选择及焊条直径选择两方面内容。

（1）焊条牌号选择 不同种类的焊条具有不同的牌号，其选择通常可根据被焊金属的化学成分、力学性能、工作环境等方面的要求，以及焊接结构承载情况和弧焊设备的条件等综合考虑。选择合适的焊条牌号，可保证焊缝金属的化学成分和力学性能要求。

（2）焊条直径选择 一般来说，较大的焊条直径可提高焊接的生产率，但焊条直径过大，又会影响焊接质量。焊条直径的选择与以下因素有关。

① 焊件的厚度。厚度较大的焊件应选择直径较大的焊条；反之，薄小的焊件应选择较小直径的焊条。焊条直径与焊件厚度之间的关系的参考数据见表2-4。

表 2-4 焊条直径与焊件厚度之间的参考数据

焊件厚度/mm	≤1.5	2	3	4～5	6～12	≥12
焊条直径/mm	1.5	2	3.2	3.2～4	4～5	4～6

② 焊缝的位置。在板厚相同的条件下，平焊位置选用的焊条直径应较大，其他位置应较小，立焊时最大可采用 $\phi 4mm$ 焊条，仰焊、横焊时为避免熔化金属下淌，得到较大的熔池，一般应选 $\phi 4mm$ 以下的焊条。

③ 焊接层数。多层焊时为保证第一层焊道根部焊透，打底焊应选用直径较小的焊条进行焊接，其他各层可选用较大直径的焊条。

④ 接头形式。T形接头与搭接接头不存在全焊透问题，可选用较大的焊条直径，以提高生产效率。

2. 焊接电流

焊接时，适当加大焊接电流，可加快焊条熔化速度，从而提高焊接生产率。但过大的焊接电流会造成焊缝的咬边、焊瘤、烧穿缺陷，而其接头的金属组织还会因过热而发生性能变化；电流过小时，则易形成夹渣、未焊透等缺陷，降低接头的力学性能。焊接时选择焊接电流的主要依据是焊条直径、焊缝位置和焊条类型，另外还应考虑焊件厚度、接头形式和焊接层数等。焊接时凭经验来合理调节焊接电流也很重要。

（1）根据焊条直径选择 焊接生产中，当确定了焊条直径这一工艺参数之后，也就限定了焊接电流的适用范围。其范围一般可采用下面的经验公式获得

$$I_h = (35 \sim 55)d$$

式中 I_h——焊接电流，A；

d——焊条直径，mm。

在确定了焊接电流的范围之后，可以再采用试焊的方法，进一步确定具体和准确的焊接电流值。试焊的方法具体如下。

① 看飞溅。电流过大时，电弧吹力大，焊接熔池较大，可看到较大颗粒的铁水向熔池外飞溅，焊接时爆裂过大；电流较小时，电弧吹力小，熔渣与铁水分不清。

② 看焊缝成形。电流大时，熔深大，焊缝金属较低，且波纹粗糙，焊缝两侧易咬边；电流小时，熔深浅，焊缝窄而高，两侧与母材熔合不好；电流适中时，焊缝与母材呈圆滑过渡。

③ 看焊条熔化状况。电流大时，焊条熔化了大半根时，其余部分易发红，严重时药皮脱落；电流过小时，焊条易粘在焊件上。

④ 听声音。过大的电流有较大的爆裂声，过小的电流爆裂声小，适中的电流其声音像

煎鱼声。

（2）根据焊缝位置选择　相同直径的焊条，在平焊位焊接可选择较大的焊接电流，在其他位置焊接时应选择稍小的焊接电流（一般比平焊时小 10％～15％）。

（3）根据焊条类型选择　在其他条件相同时，碱性焊条使用的电流应比酸性焊条小。

3．电弧电压的选择

焊条电弧焊的电弧电压主要由电弧长度决定。焊接过程中，电弧过长会使电弧燃烧不稳定，飞溅增大，焊缝成形不易控制，所以一般采用短弧焊接（焊道起始段有时要拉长电弧），所谓短弧焊一般认为焊接时弧长为焊条直径的 0.5～1.0 倍。

4．焊接速度的控制

焊接速度是指焊接时单位时间内完成焊缝的长度。焊条电弧焊的焊接速度是由操作者在焊接过程中决定的，一般凭经验来灵活掌握。

5．焊接层数的确定

对于厚度较大的焊件，往往需要多层焊或多道多层焊来完成。一般每层焊缝的厚度为焊条直径的 0.8～1.2 倍。根据焊件的厚度和每层焊缝的厚度可确定焊接总层数。焊接重要结构时，每层焊缝的厚度最好不大于 4mm。

二、管件的焊接

1．焊前准备

（1）焊机　交流或直流焊机。

（2）焊条　E4303（J422）型，直径为 3.2mm。

（3）焊件　20 号无缝钢管，规格为 φ159mm×6mm，长度为 250mm，V 形坡口，坡口面角度为 30°，每组二段管件。

2．装配及定位

使用正式焊接用焊条进行定位焊，三点定位，应保证两管件的同心度。如图 2-55 所示。

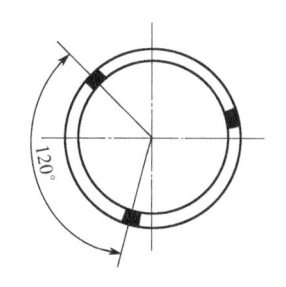

图 2-55　定位焊位置

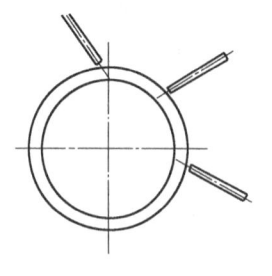

图 2-56　焊条角度

3．打底焊

焊接电流为 90～100A，采用灭弧焊法焊接，要求单面焊双面成形，焊条角度如图 2-62 所示。起焊处为管件 3 点处，终焊点为 12 点处。待第一段焊缝焊完后，将管件转动 90°，重新进行第二段焊缝的焊接，直至焊完一周焊缝。

将定位焊缝处作为始焊点（3 点），在该点引弧，先用长弧加热，然后将焊条伸到坡口根部，压低电弧，作横向摆动，待坡口根部击穿形成第一个熔孔后立即灭弧，如此往复，直至焊至 12 点处。接头时先在收弧处前端 15mm 左右处引弧，然后将电弧移至接头处焊缝后侧 10mm 左右处用稍长的电弧进行横向摆动向前焊接，焊条到达接头焊缝前端坡口根部时将电弧压低击穿坡口根部。当焊接至环形焊缝最后封闭接头处前端 10mm 左右时采用连弧焊接，待封闭接头完成后再继续向前焊接 10mm 左右再熄弧。

4. 盖面焊

焊接电流为 90A，采用连弧焊，锯齿形运条或月牙形运条，焊接顺序与打底焊时相同。

焊接过程中要注意电弧运至坡口两侧边缘时应稍作停顿，以保证焊缝与母材熔合良好，焊接时要注意溶渣情况，如果出现熔渣超前，应迅速调整焊条角度。

接头时应先在弧坑前端 10～15mm 处引弧，用长弧烘烤后再进行接头；封闭接头应使焊缝超过起头焊缝（重叠）10mm 然后灭弧。

> 要领：管件焊接时，焊条角度在焊接过程中不断地进行改变为保证焊缝良好成形的关键。

5. 清理及检测

将完成的焊件焊缝表面及飞溅清理干净，到露出金属光泽。检测焊缝正反面质量。焊缝表面不得有焊瘤、气孔、夹渣、咬边等缺陷。

6. 操作注意问题

① 定位焊缝应保证焊透。

② 焊接时焊钳的握法可以采用正握法，也可以采用反握法。

③ 打底焊时为保证接头质量，可用角向磨光机将收弧处打磨成斜坡状，然后进行接头。

复 习 题

1. 什么是焊接工艺参数？
2. 焊条电弧焊的焊接工艺参数主要有哪些？
3. 焊条电弧焊时如何选择焊接电流？

项目十　管板插入式俯位焊

管板接头为管件与板件连接所形成的接头，是锅炉与压力容器的基本接头形式之一。管板焊接根据接头中坡口形式不同，可分为插入式管板和骑座式管板两类。

管板焊接实际上是 T 形接头的一种特例，其中插入式管板的焊接是较容易掌握的一种形式，本项目将作重点介绍。

管板焊接常用的焊接方法有焊条电弧焊和气体保护焊，焊条电弧焊焊接时，焊条对焊接质量有很大的影响。对焊条组成和作用的了解，具有十分重要的意义。

一、焊条的组成及作用

焊条电弧焊时，焊条作为焊接材料，一方面，在熔化后作为填充金属过渡到熔池，与液态的母材熔合形成焊缝金属；另一方面，它也是电弧焊中的电极。因此，焊条不仅影响电弧的稳定性，而且直接影响焊缝金属的化学成分和力学性能。

焊条的组成如图 2-57 所示。焊条是由焊芯（金属芯）和药皮两部分组成的。在焊条的前端有 45°左右的倒角，主要是为了便于引弧。在尾部有一段裸焊芯，约占焊条总长的 1/16，便于

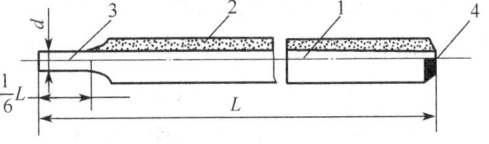

图 2-57　焊条组成示意图

1—焊芯；2—药皮；

3—夹持端；4—引弧端

焊钳夹持并有利于导电。焊条的直径（焊芯的直径）通常有 2mm、2.5mm、3.2mm 或 3mm、4mm、5mm、5.8mm 等几种，常用焊芯的是 ϕ3.2mm、ϕ4.0mm、ϕ5.0mm 三种，其长度一般在 250～450mm 之间。

1. 焊芯

焊芯在焊接过程中作为填充金属，约占焊缝金属的 50％～70％。焊芯是在焊条中被药皮覆盖的金属芯，它一般是一根具有一定长度及直径的钢丝。制作焊芯用的焊丝都是经过特殊冶炼的，并规定了它的牌号与成分。当作为焊接用的专用焊丝，用于制造焊条，就是焊芯，若用于埋弧焊、电渣焊、气焊以及气体保护焊等焊接方法时，则称为焊丝。

（1）焊芯中主要的合金元素　焊芯中主要的合金元素有碳、锰、硅、铬、镍、硫、磷等。各种合金元素在焊接过程中所起的作用各不相同，对焊接质量的影响也不相同，其中硫和磷属于有害的杂质元素。

（2）焊芯的分类及牌号

① 焊芯的分类。焊芯是根据国家标准"焊接用钢丝"（GB 1300—77）的规定分类的，用于焊接用的钢丝可分为碳素结构钢、合金结构钢和不锈钢三类。

② 焊芯牌号的含义。焊芯的牌号前用"焊"字注明，以表示焊接用钢丝，它的代号是"H"，其后的牌号表示法与钢号表示法一样。末尾注有"高"字（字母用"A"表示），说明是高级优质钢，硫、磷等杂质元素的含量低（不大于 0.030％）；末尾注有"特"字（字母用"E"表示），说明是特级钢材，其硫、磷含量更低（不大于 0.025％）；末尾未注字母的，说明是一般钢，含硫、磷量不大于 0.04％。现举例如下：

H08MnA

H——焊接用钢丝；

08——含碳量为 0.08％；

Mn——主要合金元素为 Mn，含量 1％左右；

A——高级优质钢。

H08Mn2Si

H——焊接用钢丝；

08——含碳量为 0.08％；

Mn2——主要合金元素 Mn 含量 2％左右；

Si——主要合金元素 Si 含量 1％左右；

国家标准 GB 1300—77 规定的焊接用钢丝有 44 种。

2. 药皮

（1）焊条药皮的作用　涂在焊芯表面上的涂料层称为药皮。药皮在焊接过程中起着重要的作用。

① 机械保护作用。机械保护主要有气保护和渣保护两重作用。气保护作用主要为焊条药皮在熔化后产生大量的气体，笼罩着电弧区和熔池，把熔化金属和空气隔绝开来，从而防止空气中的氧、氮侵入；渣保护是指药皮被电弧高温熔化后形成熔渣，覆盖着熔滴和熔池金属，不仅可隔绝空气，而且还可减缓冷却速度，保证焊缝质量。

② 冶金处理和渗合金作用。在电弧的高温作用下，焊缝金属中的某些合金元素会被烧损（氧化或氮化），使焊缝的力学性能降低，通过药皮中加入铁合金或纯合金元素，使之随着药皮的熔化而过渡到焊缝金属中去，以弥补合金元素烧损和提高焊缝金属力学性能，被称

为药皮的渗合金作用。

③ 改善焊接工艺性能。主要是使电弧稳定燃烧、飞溅少、焊缝成形好、易脱渣和熔敷效率高等。

（2）焊条药皮的组成　焊条药皮是由各种矿物类、铁合金和金属类、有机物及化工产品（水玻璃）等原料组成。焊条药皮的组成成分相当复杂，一种焊条药皮的配方中，组成物有七八种之多，其中焊接过程中所起的作用见表 2-5。

表 2-5　药皮各种组成物的作用

组成物	稳弧剂	造渣剂	造气剂	脱氧剂	合金剂	稀释剂	黏结剂	增塑剂
作用	改善焊条引弧性能，提高电弧稳定性	形成熔渣，产生机械保护作用和冶金处理作用	造成保护气氛，有利于熔滴过渡	对熔渣和焊缝金属进行脱氧	向焊缝掺入合金成分	降低熔渣的黏度，增加熔渣的流动性	将药皮粘在焊芯上	改善涂料的塑性和滑性，便于涂压

二、酸性焊条与碱性焊条

本项目可采用 E4303 或 E5015 两种焊条进行焊接。在焊接时两种焊条所表现出来的性能是不同的。焊条按药皮熔化后熔渣的特性不同，可分为酸性焊条和碱性焊条两大类，E4303 和 E5015 焊条就分别属于酸性焊条和碱性焊条。

1. 酸性焊条

酸性焊条熔渣的主要成分是酸性氧化物（SiO_2、Fe_2O_3）及其在焊接时易产生的氧化物。此类焊条在焊接过程中对氧、硫、磷等有害元素的去除不明显，故焊缝的力学性能较低。

2. 碱性焊条

碱性焊条熔渣的主要成分是碱性氧化物（如大理石、萤石等），并含有较多的铁合金，焊接时大理石（$CaCO_3$）分解产生的 CO_2 作为保护气体。此类焊条在焊接过程中合金元素烧损少、脱氧也较完全，因此焊缝的力学性能和抗裂性能较好，可用于合金钢和重要碳钢结构的焊接。

酸性焊条与碱性焊条的比较见表 2-6。

表 2-6　酸性焊条与碱性焊条的比较

项　目	酸　性　焊　条	碱　性　焊　条
(1)药皮特性	氧化性强	还原性强
(2)电弧稳定性	电弧稳定,可交直流两用施焊	药皮中有氟化物,电弧稳定性变差,直流反接施焊
(3)焊接电流	可采用较大的电流	较同规格的酸性焊条小 10%左右
(4)电弧长度	宜长弧操作	短弧操作,否则易出现气孔
(5)脱渣性能	脱渣性好	坡口内第一层脱渣难,其后各层脱渣易
(6)焊接烟尘	焊接时烟尘少	焊接时烟尘较多
(7)合金元素过渡	差	好
(8)焊缝成形	成形好,熔深浅	成形一般,易堆高,熔深较深
(9)抗裂性能	较差	好
(10)含氢量	含氢量高,易产生"白点"影响塑性	含氢量低
(11)韧性	常低温冲击韧性一般	常低温冲击韧性较高
(12)气孔敏感性	不敏感	敏感
(13)熔渣形状	呈玻璃状	呈结晶状

三、插入式管板的焊接

1. 焊前准备

（1）焊机　直流电弧焊机。

（2）焊条　E4303（J422）型或E5015（J507）型，直径为3.2mm。E5015焊条焊前进行350～400℃烘干，保温2h。

（3）焊件　管件为20钢，φ57mm×3.5mm，长度为100mm；板件为20钢或Q235钢，规格尺寸为100mm×100mm×10mm，中心开φ60mm的通孔，并加工成45°的坡口。要求焊前在焊接处周围20～30mm范围内除锈、去污，至露出金属光泽。

2．装配与定位

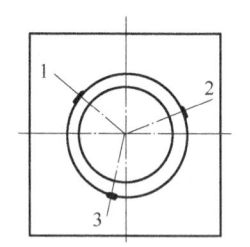

图2-58　定位焊缝位置

使用正式焊接用的焊条进行定位焊，定位焊缝的位置如图2-58所示1、2、3点。也可以仅仅采用焊点1和焊点2作为定位焊缝。

3．第一层焊接

使用E4303焊条焊接时，焊接电流为120～130A，使用E5015焊条焊接时，焊接电流为115～125A。采用直线运条，连弧焊。焊条与板件之间的夹角为45°～50°，与焊接方向的夹角为80°～85°，焊接过程中要不断地转动手臂和手腕，以保持焊条角度的一致。

4．第二层焊接

清除第一层焊缝熔渣，进行第二层焊缝的焊接。第二层焊缝可用单道完成，也可用二道完成。

（1）单道焊　焊接电流比第一层减少5～10A，连弧焊，采用斜圆圈运条，运条方式与平角焊项目相同。

（2）多道焊　采用稍小的焊接电流，分二道完成焊缝。

> 要领：环形角焊缝的焊接在焊接时手臂和手腕的转动是保证焊接质量的关键，可通过不开焊机练习达到熟练。

5．清理及检测

将完成的焊件焊缝表面及飞溅清理干净，到露出金属光泽。检测焊缝正反面质量。焊缝表面不得有焊瘤、气孔、夹渣、咬边等缺陷。

焊缝两侧的焊脚尺寸应保持一致。

6．操作注意问题

① 管件插入式管板的焊接如采用二道焊接第二层，应注意第一道和第二道焊缝的接头不要重叠。

② 管件插入式管板的焊接过程中，要不断地转动手臂和手腕，以保持焊条角度的一致。

复 习 题

1．焊芯的分类如何？

2．试比较酸性焊条与碱性焊条的特性。

3．焊条药皮的作用有哪些？

项目十一　骑座式管板俯位焊

骑座式管板焊接与插入式管板焊接的不同之处在于骑座式管板要求单面焊双面成形。生产中常用的是骑座式管板垂直固定（俯位）和水平固定（全位置）焊两种。本项目操作的内容为骑座式管板焊接。

本项目所使用的焊条型号分 E4303 和 E5015 两种，这两种焊条分别为酸性焊条和碱性焊条的典型。有关焊条的分类、焊条型号的编制方法以及焊条的储存和保管将在本项目作介绍。

一、焊条的分类及焊条型号的编制法

1. 焊条的分类

焊条按用途不同，可分为低碳钢、低合金高强度钢焊条（简称结构钢焊条）、不锈钢焊条、铬钼耐热钢焊条、堆焊焊条、低温钢焊条、铸铁焊条、镍及镍合金焊条、铜及铜合金焊条、铝及铝合金焊条九大类；按药皮熔化后的熔渣特性不同可分为酸性焊条和碱性焊条两大类。

2. 焊条型号的编制方法

（1）按国家标准 GB/T5117—1995 规定碳钢焊条的编制方法

① 字母"E"表示焊条。

② 前两位数字表示熔敷金属抗拉强度的最小值，单位为×10MPa。

③ 第三位数字表示焊条的焊接位置，"0"及"1"表示焊条适用于全位置焊（平、横、立、仰焊），"2"表示焊条适用于平焊及平角焊，"4"表示焊条适用于向下立焊。

④ 第三位和第四位数字组合时表示焊接电流的种类及药皮类型。

现以本项目中所采用的两种焊条加以举例说明。

E4303

E——焊条；

43——熔敷金属抗拉强度最小值为 430MPa；

0——焊条适用于全位置焊接；

03——焊条药皮为钛钙型，采用交、直流电流焊接。

E5015

E——焊条；

50——熔敷金属抗拉强度最小值为 500MPa；

1——焊条适用于全位置焊接；

15——焊条药皮为低氢钠型，采用直流反接焊接。

（2）按国家标准 GB/T 5118—1995 规定低合金钢焊条型号的编制方法 低合金钢焊条的编制方法与碳钢焊条基本相同，只是在 E×××× 后面以短划"-"与前面数字分开，后缀字母为熔敷金属的化学成分代号。如还具有附加化学成分时，附加化学成分直接用元素符号表示，并以短划"-"与前面后缀字母分开。

例如：E5018-A1

E——焊条；

50——熔敷金属抗拉强度最小值为 500MPa；

1——焊条适用于全位置焊接；

18——焊条药皮为铁粉低氢型，采用交流或直流反接焊接；

A1——熔敷金属化学成分代号。

（3）按国家标准 GB/T983—1995 规定不锈钢焊条型号的编制方法　按熔敷金属的化学成分、药皮类型、焊接位置及电流种类划分。其编制方法为：字母"E"表示焊条，"E"后面的数字（通常是三位）表示熔敷金属的化学成分分类代号。若有特殊要求的化学成分，则用该成分元素符号表示，并接在数字后面。需要附加说明时，也用代号接在数字或元素符号的后面。最末尾两位数字 15、16、17、25 或 26 表示药皮类型、焊接位置及电流种类。见附录 A。

焊条药皮类型及焊接电流类型在焊条型号后面附加如下代号表示：15 表示碱性焊条，适用于直流反接焊接；16 表示焊条为碱性或其他类型药皮，适用于交流或直流反接焊接。

例如：

E347-15（奥 307）

E——焊条；

347——表示熔敷金属的化学成分分类代号；

15——表示碱性低氢型焊条，适合于全位置焊接，直流反接。

二、骑座式管板焊接

1. 焊前准备

（1）焊机　直流电弧焊机。

（2）焊条　E4303（J422）型或 E5015（J507）型，直径为 3.2mm。E5015 焊条焊前进行 350～400℃烘干，保温 2h。

（3）焊件　管件开 45°坡口，板件中心开 φ50mm 通孔，管件与板件各一只为一组，共两组。两组分别用 E4303（φ2.5mm、φ3.2mm 两种）和 E5015（φ2.5mm、φ3.2mm 两种）焊条进行焊接。

2. 装配与定位焊

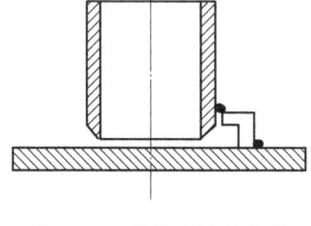

图 2-59　采用连接板定位

使用正式焊接用焊条和焊接工艺参数进行定位焊，定位沿圆周方向均布 3 处，其中一组定位可采用连接板在坡口外进行装配点固，如图 2-59 所示；另一组采用击穿定位。

3. 打底焊

打底焊可采用灭弧法和连弧法两种方法进行焊接。

（1）灭弧法打底焊　采用 E4303φ2.5mm 的焊条进行焊接，焊接电流为 85～95A。

① 引弧。采用划擦法引弧，引弧点在距始焊位置 10～15mm 的板件坡口一侧，引弧后适当拉长电弧，在始焊部位进行适当预热，然后再压低电弧，进行焊接。开始时电弧的 2/3 在板件坡口处，1/3 在管件坡口处。当实现上下两端的根部连接后，快速进行间断灭弧焊 2～3 次后，节奏放慢，开始正常焊接。

② 正常焊接。焊接过程中焊条与板件和焊接方向的夹角如图 2-60 所示。每次送给液体金属的时间在 1.5～2s 之间，间断灭弧时间为 1～1.5s。焊接时坡口上侧（管件）熔孔的尺寸要超出间隙 1～1.5mm。电弧达到坡口根部时应适当停顿，焊接电弧的 1/3 在坡口外侧燃烧，2/3 在坡口内侧燃烧。

如果焊接时出现坡口上侧的熔孔尺寸太大时，要及时在上侧尖角处补充一滴液体金属。

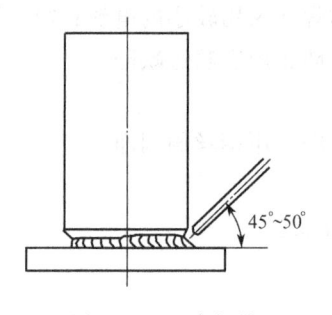

图 2-60　正常焊接

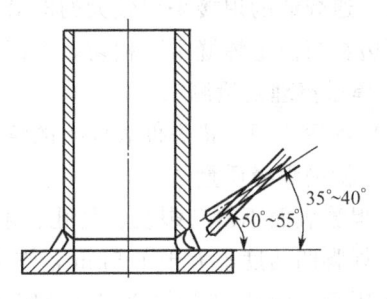

图 2-61　焊条角度

③ 接头。接头的方法有热接法和冷接法两种。采用热接法时，更换焊条要迅速，熔池尚处在红热状态时，立即重新引弧，起弧点在原熔池前方 10～15mm 处，引弧后快速将电弧移至原熔池上，将电弧压低到根部，形成新的熔孔后，恢复正常焊接。冷接法时，先对焊缝收弧处作清理，可将原收弧处打磨成斜坡状，在电弧重新引燃后先对原熔池处作 1.5～2s 的预热，然后将电弧向板件根部斜向下焊接，在听到击穿声后立即灭弧，恢复正常焊接。

④ 收弧。骑座式管板打底焊收弧也即封闭接头的焊接。一般应先将原起焊处打磨成斜坡状，焊接时待焊至距起焊处 4～5mm 处时采用连弧焊，焊条与板件的倾角为 40°～50°，并将电弧下压作斜锯齿运条摆动，在接上接头后继续向前焊 10mm 左右再灭弧。

（2）连弧法打底焊　采用 φ2.5mm 的焊条进行焊接，焊接电流为 70～80A。

① 引弧。在坡口内板件一侧划擦引弧。引弧后，先用长弧稍加预热，然后将电弧压低至板件坡口根部，形成局部焊缝后，焊条移向管件一侧搭接焊，实现上下两端的根部连接后将焊条稍向前倾，并将电弧压向背面，形成第一个熔孔，此时应稍作停顿，随后可进入正常焊接。

② 正常焊接。采用斜锯齿形上下摆动运条，焊条角度如图 2-61 所示。

焊接时当运条至板件坡口根部时，稍作停顿，电弧移向管件一侧时动作要快，当管件一侧击穿后，应使电弧向外端上移，并稍作停顿，然后迅速压向板件一侧根部。电弧的 2/3 作用于熔池，1/3 作用于坡口根部。熔孔的大小一般为 0.5～1.2mm，板件一侧为 0.5mm，当出现熔孔尺寸太大时，应及时在上侧尖角处补充一滴液体金属，并加大摆动幅度；当熔孔尺寸太小时，电弧应向背面压焊。

③ 收弧。收弧前，将焊条沿坡口上侧边缘回焊 10～15mm，并逐渐将电弧提起灭弧。

要领：打底层焊接时电弧偏向于板件一侧是保证良好成形和防止缺陷产生的关键。

4. 盖面焊

盖面焊可采用单道盖面和二道盖面两种方法。

（1）单道盖面焊　将灭弧法打底的工件焊缝表面的熔渣和飞溅清理干净后，采用焊条（焊接电流为 115～135A）进行焊接。焊接时焊条与板件的夹角为 50°～60°，采用斜圆圈形运条或锯齿运条，焊接时注意熔池上下边缘熔化情况和焊脚尺寸。

（2）二道盖面焊　将前道焊缝清理干净后，采用焊条（焊接电流为 110～125A），自下而上进行两道焊接，运条方式为直线运条，焊条与板件成 70°～80°的夹角，焊接时注意电弧与板件和管件熔合情况。

　　第一道焊缝的焊接采用较大的电流，第二道焊缝的焊接采用较小的电流；第二道焊缝熔池的下边缘与前道焊缝中心相切，上部电弧紧贴管件，防止产生咬边缺陷。

　　5. 焊后清理及检测

　　(1) 焊后清理　将焊件表面上的熔渣和飞溅清理干净，用钢丝刷刷净。

　　(2) 检测焊缝质量

　　① 焊缝表面不得有裂纹、气孔、未熔合、夹渣和焊瘤。

　　② 焊脚凹凸度不大于 1.5mm，焊脚为 5～7mm。

　　③ 用管子内径 85% 的通球做通球试验。

　　6. 操作注意问题

　　① 焊接过程中要不断进行手臂和手腕的转动，以保证正确的焊条角度。

　　② 焊道接头若采用冷接头，则必须进行打磨。

　　③ 二道盖面层时，若有必要，可采用斜圆圈形运条。

　　④ 盖面层焊缝应注意两侧焊脚尺寸的一致性。

三、焊条的储存和保管

　　1. 对焊条的基本要求

　　焊条在焊接过程中应具有良好的工艺性能和保证焊后焊缝金属所需的化学成分、力学性能以及特殊的性能要求。对此，对焊条应具有如下的具体要求：

　　① 电弧容易引燃，电弧燃烧稳定，再引弧容易；

　　② 药皮应均匀熔化，无成块脱落现象；

　　③ 焊接过程中不应有过多的烟雾或过大的飞溅；

　　④ 保证熔敷金属具有一定的抗裂性，所需的力学性能和化学成分；

　　⑤ 焊后焊缝成形正常，熔渣容易清除；

　　⑥ 焊缝射线探伤不低于钢焊缝射线照片底片等级分类法所规定的二级标准。

　　2. 焊条的储存和保管

　　焊条是极易返潮变质的材料，所以应加强储存和保管的措施。

　　① 焊条必须在干燥和通风良好的室内存放，且应放于架子上，架子离地面高度和离墙面的距离不少于 300mm。焊条发放应做到先入库的先使用。

　　② 对于受潮、药皮变色、焊芯有锈的焊条须经烘干后进行质量评定，各项性能指标合格后才能入库。存放一年以上的焊条，发放前也应做各种性能试验。

　　③ 焊条在使用前应进行烘干，酸性焊条视受潮情况在 75～150℃ 烘干 1～2h；碱性焊条应在 350～400℃ 烘干 1～2h；烘干的焊条应存放在 100～105℃ 保温桶内，随用随取。

　　④ 低氢型焊条一般在常温下超过 4h 应重新烘干，重新烘干的次数不宜超过 3 次。

复 习 题

　　1. 焊条 E4303 和 E5015 中各字母和数字的含义是什么？

　　2. 简述对焊条的基本要求。

　　3. 简述骑座式管板焊接打底焊的操作要领。

项目十二　立角焊

　　立角焊指焊件位于立焊位置时的焊接操作。如图 2-62 所示。立角焊通常是由下向上进行施焊。立角焊在生产中有较多的应用。

一、焊接热循环

立角焊的焊接过程中，控制熔池的温度变化对焊接质量十分重要。对焊接熔池温度的控制，也是对焊件温度的控制，也是对焊件上各点温度的控制。在焊接热源的作用下，焊件上某点的温度随时间变化的过程，称为该点的焊接热循环。

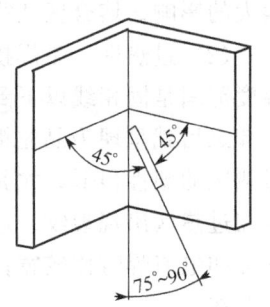

图 2-62　立角焊

在焊缝两侧距焊缝远近不同的各点，所经历的热循环不同。当热源向该点靠近时，该点的温度随之升高，至达到最大值，随着热源的离开，温度又逐渐降低，整个过程可以用一条曲线来表示，叫热循环曲线（见图 2-63）。显然，距焊缝越近的各点，加热达到的最高温度越高，越远的各加热点的最高温度越低。

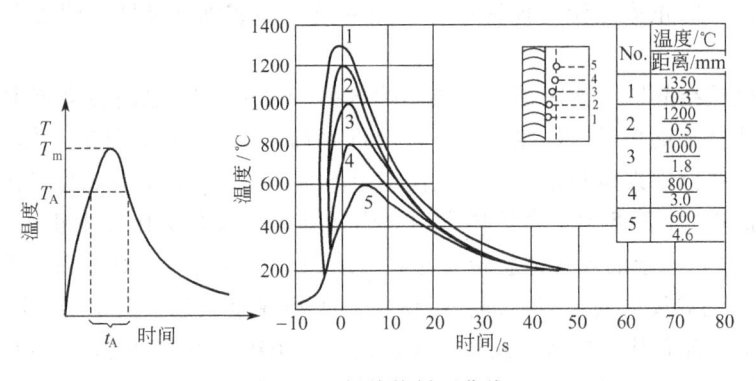

图 2-63　焊接热循环曲线

焊接热循环的主要参数是加热速度、最高温度 T_m、在相变温度 T_A 以上停留的时间 t_A 和冷却速度。

二、焊接热影响区

1. 焊接热影响区

焊接热影响区对焊缝附近的母材在组织和性能上有较大的影响。焊接热影响区就是指在焊接过程中，母材因受热的影响（但未熔化）而发生金相组织和力学性能变化的区域。焊接热影响区的组织和性能，基本上反映了焊接接头的性能和质量。

2. 焊接热影响区的组织和性能

现以低碳钢和不易淬火钢（如 16Mn、15MnV、15MnTi 等）为例，讨论其热影响区的组织和性能。根据其组织特征可分为熔合区、过热区、正火区和不完全重结晶区四个小区（见图 2-64）。

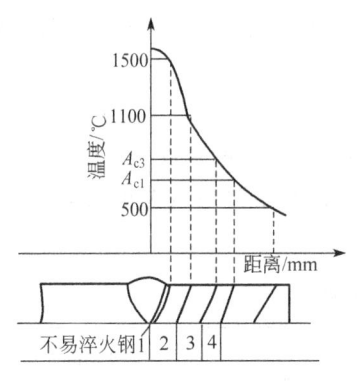

图 2-64　焊接热影响区组织

1—熔合区；2—过热区；

3—正火区；4—不完全重结晶区

（1）熔合区　熔合区是指在焊接接头中，焊缝向热影响区过渡的区域。它在焊缝金属与母材相邻的熔合线附近，又称半熔化区，温度处于铁碳合金状态中固相线和液相线之间。在靠近母材的一侧，其金属组织处于过热状态，塑性差。在各种熔化焊的条件下，该区的范围很窄，甚至在显微镜下也很难分辨出来，但对焊接接头的强度、塑性有很大的影响。熔合区往往是使焊接接头产生裂纹或局部脆性破坏的发源地。

（2）过热区　是焊接热影响区中，具有过热组织或晶粒显著粗大的区域。过热区所处的温度范围是固相线以下到1100℃左右的区间内。在这样高的温度下，奥氏体晶粒严重长大，冷却之后就呈现为晶粒粗大的过热组织。在气焊和电渣焊的条件下，可能出现魏氏体组织。过热区的塑性很低，尤其冲击韧性要降低20%～30%。如果在焊接刚性较大的结构时，常会在过热区出现裂纹。过热区的范围宽窄与焊接方法、焊接工艺参数和母材的板厚等有关。气焊和电渣焊时比较宽；手工电弧焊和埋弧自动焊时比较窄；真空电子束焊时，过热区几乎不存在。

（3）正火区　正火区的温度范围在A_{c3}～1000℃之间。钢被加热到A_{c3}以上稍高的温度后冷却，将发生结晶，即常温时的铁素体和珠光体全部转变为奥氏体，然后在空气中冷却，使金属内部重新结晶，而获得均匀而细小的铁素体和珠光体，因此，正火区的金属组织即获得相当于热处理时的正火组织，该区也称为相变重结晶或细结晶区，即力学性能可略高于母材。

（4）不完全重结晶区　该区是焊接热影响区处于A_{c1}～A_{c3}之间温度范围的区域。对于低碳钢和某些低合金钢来说，焊接时当加热温度稍高于A_{c1}，首先是珠光体转变为奥氏体。当温度升高时，部分铁素体开始逐步向奥氏体中溶解，温度越高，铁素体就溶解得越多，直到A_{c3}时，铁素体则全部溶解于奥氏体之中。当冷却时，又从奥氏体中析出细小的铁素体，直至冷却到A_{c1}时，残余的奥氏体就转变为共析组织——珠光体。对不完全重结晶来说，由于处于A_{c1}～A_{c3}的温度区间，有一部分组织发生了相变重结晶，而始终未溶入奥氏体的铁素体不发生转变，晶粒比较粗大。所以这个区的金属组织是不均匀的，一部分是经过重结晶的晶粒细小的铁素体和珠光体，另一部分是粗大的铁素体。由于晶粒大小不同，所以力学性能也不均匀。

以上四个区是焊接热影响区的主要组织特征。除此之外，如母材事先经过冷加工变形或由于焊接应力而造成的变形，在A_{c1}以下，将发生再结晶过程，在金相组织上也有明显的变化。

焊接热影响区宽度的大小，对于间接判断焊接接头的质量有很大的意义。除了由于组织变化引起的性能差别外，还在焊接接头产生应力和变形。一般来说，焊接热影响区越窄，则焊接接头中内应力越大，越容易出现裂纹；焊接热影响区越宽，则变形越大。因此在工艺上，应在焊接接头中内应力尚不足以促使产生裂纹的条件下，尽量减小焊接热影响区的宽度，这对整个焊接接头是有利的。

由于焊接热影响区宽度的大小取决于焊件的最高温度分布情况，因此，焊接工艺参数、焊件大小和厚薄、金属材料的物理性质和接头形式等，对焊接热影响区的宽度有不同程度的影响。焊接方法对热影响区宽度的影响也很大，不同焊接方法的热影响区宽度比较见表2-7。

表 2-7　不同焊接方法的热影响区宽度比较

焊接方法	各段平均尺寸/mm			总宽度/mm
	过热段	正火段	不完全重结晶段	
手工电弧焊	2.2	1.6	2.2	6.0
埋弧自动焊	0.8～1.2	0.8～1.7	0.7	2.5
电渣焊	18.0	5.0	2.0	25.0
气焊	21.0	4.0	2.0	27.0

三、立角焊的操作

1. 焊前准备

（1）焊件 低碳钢板，$\delta=8\sim10\text{mm}$，其中一块长×宽为 300mm×150mm，另一块长×宽为 300mm×80mm。

（2）焊条 E4303 型或 E5015 型，直径为 3.2mm。

（3）焊机 BX3-300 型焊机或 ZX5-400 型焊机。

（4）焊前清理 将焊件待焊处 20mm 范围内除锈、去污，至露出金属光泽。

2. 装配定位

将宽度为 80mm 的钢板垂直置于宽度为 150mm 的钢板的中央，两端定位焊固定，定位焊缝长度为 10～15mm。

3. 第一层焊接

（1）焊接电流 $I=100\sim115\text{A}$。

（2）焊条角度 焊条与两板间左右夹角为 45°，焊条下倾角为 75°～90°。焊接过程中利用电弧的吹力对熔池产生向上的推力，使熔滴顺利过渡并托住熔池金属（避免下淌）。

（3）焊钳的握法 握焊钳的方法分正握法和反握法（见图 2-65）两种。一般在操作方便的情况下采用正握法；当焊接部位距离地面较近时可采用反握法。

（4）第一层焊接 立角焊第一层焊接一般采用灭弧法直线运条。当使用酸性焊条焊接时也可采用挑弧法直线运条（短弧挑弧法），挑弧法的动作要领为：焊接时当熔池温度升高时，立即将电弧沿焊接方向（上方）挑起（不熄弧），让熔池中的熔化金属

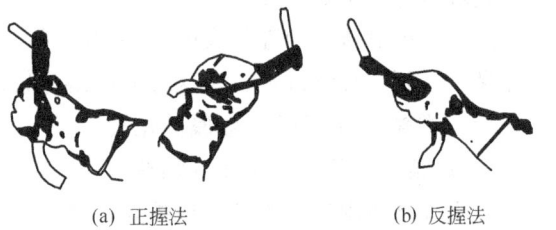

(a) 正握法　　(b) 反握法

图 2-65 正握法和反握法

冷却；当熔池的颜色由亮变暗时，再将电弧有节奏地移动到熔池上，形成新的熔池。如此往复循环，直至焊完整根焊条。

（5）接头处理 接头时应在原熔池上方 10mm 左右引燃电弧，然后将电弧移至原熔池处，采用稍长的电弧稍加预热后进行接头，再正常焊接。

（6）收弧 收弧可采用反复熄弧-燃弧的方法进行。

4. 其余各层的焊接

第一层焊接完成后，将焊缝表面的熔渣和飞溅清理干净，采用月牙形或锯齿形运条方法连弧焊其余各层焊缝。为避免咬边等焊接缺陷，在运条过程中，焊条在中间运条要稍快，在两侧应稍作停顿，保持每个熔池外形的边缘平直，两侧饱满。

> 要领：立角焊焊接过程控制熔池形状是控制焊缝成形的关键。当熔池温度过高时，熔池下边缘轮廓逐渐凸起变圆（见图 2-66），此时可加快运条节奏，同时让焊条在焊缝两侧多停留一些时间。

5. 焊后清理及检测

① 焊后将焊件表面上的熔渣和飞溅清理干净，用钢丝刷刷净。

(a) 正常

(b) 温度稍高

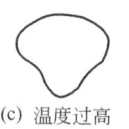
(c) 温度过高

图 2-66　熔池形状与熔池温度的关系

② 要求两侧的焊脚尺寸达到 10mm。焊缝应无明显的咬边、夹渣、焊瘤等缺陷。

6. 操作注意事项

① 焊件应牢固可靠地固定于操作台上，防止脱落，以免伤人。

② 若使用碱性焊条，应在焊前进行 350～400℃烘干。

③ 焊脚应对称分布在两板间。

④ 表面应波纹均匀，宽窄一致，接头处无脱节现象。

复 习 题

1. 什么是焊接热循环？

2. 立焊时握焊钳的方法有哪几种？各适应于什么情况？

3. 立角焊时如何控制焊缝的成形？

4. 简述挑弧法运条的要领及其适用的场合。

项目十三　Ⅰ形坡口立对接焊

立对接焊是指对接接头焊件处于立焊位置时的焊接操作。立对接焊通常是由下向上进行施焊。在薄板对接或间隙较大的薄件焊接时，也采用由上向下施焊。由上向下施焊时薄件不易烧穿，有利于焊缝成形，但这种方法熔深较浅。

一、焊条（或焊丝）金属的熔化

1. 焊条（或焊丝）金属的加热

熔化极电弧焊时，焊条（或焊丝）具有两个作用，它们既作为电极，熔化后又作为填充金属直接过渡到熔池。焊接时，加热并熔化焊条或焊丝的热量有：电阻热、电弧热、化学热。在一般情况下化学热仅占 1%～3%，因此可忽略不计。

（1）电阻加热　当电流通过焊条或焊丝时，将产生电阻热。电阻热的大小取决于焊条（或焊丝）的伸出长度、电流密度和焊条（或焊丝）金属的电阻率。

从导电的接触点到焊条（或焊丝）末端的长度称为伸出长度，即通电部分的长度。伸出长度的长度越大，则通电的时间增加，电阻热加大；电流密度增加，电阻热也加大。

焊条（或焊丝）的电阻热还取决于焊条（或焊丝）金属本身的电阻率和直径。如不锈钢焊条的电阻率比低碳钢焊条大。因此在同样电流密度的条件下所产生的电阻热也大。同种材料的焊条（或焊丝）其直径越大，则电阻越小，相对产生的电阻热也就减少。

过高的电阻热将给焊接过程带来不利的影响，如焊条电弧焊时过高的电阻热将使焊条药皮在进入熔化前就发红变质，失去保护和冶金作用；自动焊时，过高的电阻热将使焊丝断开而影响焊接。为了减少过高的电阻热所带来的不利影响，在焊接过程中采取以下措施。

① 限制焊条（或焊丝）的伸出长度。焊条电弧焊时焊条不能过长，特别是在采用细直径焊条时，更要限制其长度。例如，直径 5mm 的焊条，其最大长度为 450mm，而直径为 2.5mm 的焊条，其最大长度为 300mm。但同样直径的不锈钢焊条，其长度还要短一些。如直径 5mm 的不锈钢焊条，长度为 400mm。埋弧自动焊及气体保护焊时，在焊接工艺参数的

选择中对焊丝伸出的长度都有一定的限制。

②限制焊接电流密度值。对于一定直径的焊条（或焊丝），在生产中应根据工艺要求选用合适的电流值，绝不能单纯为了提高效率而选用过高的电流值。埋弧自动焊及 CO_2 气体保护焊，由于焊丝伸出长度比焊条长度短得多，所以同样直径的焊丝可以选用比焊条电弧焊大得多的电流值，这样就大大提高了生产率。不锈钢焊条由于本身材料的电阻率大，所以选用电流应比同样直径的碳钢焊条小一些。

（2）电弧加热　电弧产生的热量仅有一部分来熔化焊条（或焊丝），大部分热量是用来熔化母材、药皮或焊剂，还有相当一部分热量消耗在辐射、飞溅和母材传热上。焊条电弧焊与埋弧自动焊时电弧的耗热情况见表 2-8。

表 2-8　焊条电弧焊和埋弧自动焊的耗热比较/%

焊接方法	熔化焊丝	熔化母材	母材传热	熔化药皮或焊剂	辐射	飞溅
焊条电弧焊	23	30	8	7	22	10
埋弧自动焊	27	45	3	23	1	1

由表 2-8 可知，埋弧自动焊时热的辐射散失和飞溅损失极小，虽然用于熔化焊剂的热量损耗较大，但用于熔化焊丝和母材的热量仍然很高，因此埋弧焊的生产率比焊条电弧焊高得多。

2. 焊条（或焊丝）金属熔化

焊条（或焊丝）金属受到电阻热和电弧热加热以后开始熔化。表示金属熔化特性的主要参数是熔化速度（熔焊过程中，熔化电极在单位时间内熔化的长度或质量）。

在正常焊接工艺参数内，熔化速度与焊接电流成正比，即

$$g_m = G/t = a_p I$$

式中　g_m——焊条或焊丝金属的熔化速度，g/h；

　　　G——融化的焊丝质量，g；

　　　t——电弧燃烧时间，t；

　　　I——焊接电流，A；

　　　a_p——焊条（或焊丝）的熔化系数，g/A·h。

焊条的熔化系数（熔焊过程中，单位电流、单位时间内，焊芯及焊丝的熔化量）是表示熔化快慢的一个参数。如果忽略电阻对金属加热的影响，当焊条（或焊丝）材料及其直径一定时，其熔化系数为一常数，此时熔化速度和电流成线性关系，如图 2-67 所示。

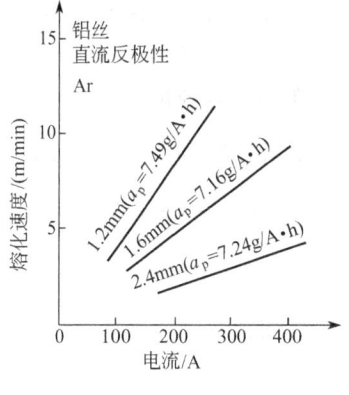

图 2-67　铝合金焊丝熔化速度
和电流的关系

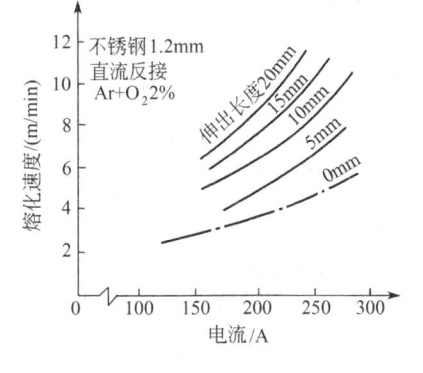

图 2-68　不锈钢焊丝熔化速度
和电流的关系

不锈钢焊丝的熔化速度与电流的关系不是直线线性关系，而是随着电流的增加，融化速度曲线上升（见图2-68），原因是不锈钢的电阻率较大，伸出长度的电阻热不能忽略不计。

二、I形坡口立对接焊

1. 焊前准备

（1）焊件 低碳钢板，规格尺寸为 300mm×100mm×6mm。

（2）焊条 E4303 型或 E5015 型，直径为 3.2mm。

（3）焊机 BX3-300 型焊机或 ZX5-400 型焊机。

（4）焊前清理 将焊件待焊处 20mm 范围内除锈、去污，至露出金属光泽。

2. 装配定位

将两块钢板两端对齐，在同一平面上形成对接接头，预留 0～2mm 间隙，用正式焊接用焊条将两端定位焊固定，定位焊长度为 10～15mm。

3. 第一层焊接

（1）焊接电流 $I=90～105A$。

（2）焊条角度 焊条与左右板夹角为 90°，下倾角为 60°～80°（见图2-69）。

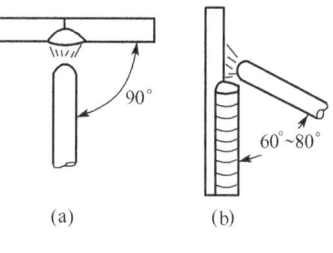

图 2-69 立焊焊条角度

（3）运条手法 为控制熔池温度，避免熔池金属下淌，一般采用灭弧法或挑弧法运条。

① 灭弧法。灭弧法运条一般在装配间隙较大时的第一层焊接时采用，其操作手法与立角焊时类似。应当注意的是，在焊缝起头和接头处，由于焊件温度偏低，可采用长弧预热的方法提高焊接处的温度。其具体方法为：在起焊处拉长电弧（不超过 6mm），对焊件进行预热，此时的熔滴让其滴下，不要进入熔池，在焊接处有熔化迹象时，将电弧压低，逐渐推向待焊处，保证焊件良好熔合。

② 挑弧法。一般为根部间隙不大的第一层焊缝采用，其操作手法与立角焊类似。

4. 第二层焊接

第二层焊接应选用稍小的焊接电流。运条方法为锯齿形或月牙形连弧焊。

焊接时要根据熔池的形状和温度合理运用焊条摆动幅度、摆动频率和控制焊条上移速度。摆动幅度应根据要求的焊缝宽度和熔池宽度决定；摆动频率直接影响焊缝成形，一般来说，在摆动频率高时焊缝波纹较细、焊缝平整，摆动频率低时波纹较粗、成形不光滑；当熔池温度偏高时，需要加快焊条上移速度，反之则应降低焊条的上移速度。

> 要领：焊接时控制焊缝成形主要是通过控制焊条摆动幅度、摆动频率和焊条上移速度得以实现。

在第一层焊缝焊完后，将焊件翻转，进行反面的焊接。

5. 焊后清理及检测

① 焊后将焊件表面上的熔渣和飞溅清理干净，用钢丝刷刷净。

② 焊缝应无明显的咬边、夹渣、焊瘤等缺陷。

6. 操作注意问题

① 在第一层焊缝焊完后，可使焊件稍作冷却，然后再进行第二层的焊接。

② 完成后的焊件不可对焊缝表面进行打磨、锤击等，应保持焊缝表面原始状态。

③ 焊接过程中应注意将焊件夹牢，以免落下伤人。

复 习 题

1. 焊接时当焊条只剩下小半根时，熔化速度加快，运条手法应作如何改变？

2. 立对接焊时如何控制焊缝成形？

项目十四　板件立对接 V 形坡口打底焊

一、熔滴过渡的作用力

熔滴是电弧焊时，在焊条（或焊丝）端部形成的、向熔池过渡的液态金属滴。熔滴通过电弧空间向熔池转移的过程称为熔滴过渡。熔滴过渡对焊接过程的稳定性、焊缝成形、飞溅及焊接接头的质量有很大的影响，因此了解熔滴过渡对于掌握熔化极焊接工艺是很重要的。

金属熔滴向熔池过渡的形式，大致可分为三种，即粗滴过渡、短路过渡、喷射过渡。

为什么熔滴向熔池过渡会有上述这些不同的形式呢？这是作用于液体金属熔滴上的外力不同的缘故。在焊接时采用一定的工艺措施，就可以改变熔滴上的作用力，也就使熔滴按人们所需要的过渡形式自焊条向熔池过渡。

1. 熔滴的重力

任何物体都会因为本身重力而具有下垂的倾向。平焊时，金属熔滴的重力起促进熔滴过渡的作用。但是在立焊和仰焊时，熔滴的重力阻碍了熔滴向熔池过渡，成为阻碍力。

2. 表面张力

液体金属像其他液体一样具有表面张力，即液体在没有外力作用时，其表面积会尽量减小，缩成圆形。对液体金属来说，表面张力使熔化金属成为球形。

焊条金属熔化后，其液体金属并不马上掉下来，而是在表面张力的作用下形成球滴状悬挂在焊条末端。随着焊条不断熔化，熔滴体积不断增大，直到作用在熔滴上的作用力超过熔滴与焊芯界面间的张力时，熔滴才脱离焊芯过渡到熔池中去。因此表面张力对平焊时的熔滴过渡并不利。

但表面张力在仰焊的其他位置焊接时，却有利于熔滴过渡。其一是熔池金属在表面张力作用下，倒悬在焊缝而不易滴落；其二，当焊条末端熔滴与熔池金属接触时，会由于熔池表面张力的作用，而将熔滴拉入熔池。表面张力越大焊芯末端熔滴越大；液体金属温度越高，其表面张力越小。在保护气体中加入氧化性气体（$Ar-O_2$、$Ar-CO_2$），可以显著降低液体金属的表面张力，有利于形成细颗粒熔滴向熔池过渡。

3. 电磁力

从电工学里知道，两根平行的载流导体若它们通过的电流方向相同，则这两根导体彼此相吸引。使这两根导体相吸引的力叫做电磁力，方向是从外向内，电磁力的大小与两根导体上的电流的乘积成正比，即通过导体的电流越大，电磁力越大。

在焊接时，可以把带电的焊丝及焊丝末端的液体熔滴看做是由许多载流导体组成的，如图 2-70 中箭头所示。根据上述的电磁效应的原理，不难理解，焊丝及熔滴上同样受四周向中心的径向收缩力，因此称为电磁压缩力。电磁压缩力使焊条的横截面积具有缩小的倾

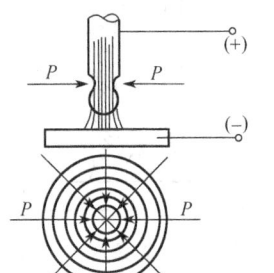

图 2-70　磁力线在熔
滴上的压缩作用

向，电磁压缩力作用在焊条的固态部分是不起作用的，但是对焊条端部的液体金属来说却具有很大的影响，促使熔滴很快形成。在球形的金属熔滴上，电磁力垂直作用于其表面，电流密度最大的地方将在熔滴的细颈部分，这部分也将是电磁压缩作用最大的地方。因此随着颈部逐渐变细，电流密度增大，电磁压缩力也随之增强，促使熔滴很快地脱离焊条端部向熔池过渡，就保证了熔滴在任何空间位置都能顺利过渡到熔池。

在焊接电流较小或焊接电流较大的两种情况下，电磁压缩力对熔滴过渡的影响是不同的。焊接电流较小时，电磁力很小，焊丝末端的液体金属主要受到 2 个力的影响，一个是表面张力，另一个是重力。因此，随着焊丝不断熔化，悬挂在焊丝末端的液体熔滴的体积不断增大，当体积增大到一定的程度，其作用力足以克服表面张力的时候，熔滴便脱离焊丝，在重力作用下落向熔池。这种情况下熔滴的尺寸往往是较大的，这种大熔滴通过电弧间隙时，常使电弧短路，产生较大的飞溅，电弧燃烧非常不稳。焊接电流较大时电磁压缩力就比较大，相比之下，重力所起的作用就很小，液体熔滴主要是在电磁压缩力的作用下，以较小的熔滴向熔池过渡，而且方向性较强，不论是平焊位置或仰焊位置，熔滴金属在熔池压缩力作用下，总是沿着电弧轴线自焊丝向熔池过渡。

焊接时，一般焊条（或焊丝）上的电流密度都比较大，因此电磁力是焊接过程中促使熔滴过渡的一个主要作用。在气体保护焊时，通过调节焊接电流的密度来控制熔滴尺寸，是工艺上的一个主要手段。

焊接时电弧周围的电磁力，除了上述的作用以外，还能产生另一个作用力，这就是由于磁场强度分布不均匀而产生的力。因为焊条金属的电流密度大于焊件的电流密度，因此在焊条上所产生的磁场强度要大于焊件上所产生的磁场强度，产生了一个沿焊条纵向的电场力。它的作用方向是由磁场强度大的地方（焊条）指向磁场强度小的地方（焊件），所以无论焊缝的空间位置如何，始终是有利于熔滴向熔池过渡的。

4. 极点压力

在焊接电弧中的带电微粒主要是电子和正离子，由于电场的作用，电子向阳极运动，正离子向阴极运动，带电粒子撞击在两极的辉点上，产生了机械压力，称为极点压力。它是阻碍熔滴过渡的力，在直流正接时，阻碍熔滴过渡的是正离子的压力。反接时，阻碍熔滴过渡的是电子的压力。由于正离子比电子的质量大，所以正离子流的压力要比电子流的压力大。因此，反接时容易产生细颗粒过渡，而正接时则不容易，这就是极点压力不同的缘故。

5. 气体的吹力

在手工电弧焊时焊条药皮的熔化稍微落后于焊芯的熔化，在药皮的末端形成有个小端尚

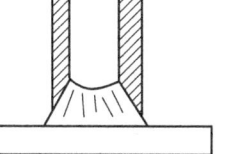

未熔化的"喇叭"形套管，如图 2-71 所示。套管内有大量的药皮造气剂分解产生的气体及焊芯中碳元素氧化生成的 CO 气体，这些气体因加热到高温，体积急剧膨胀，并顺着未熔化套管的方向，以挺直（直线的）而稳定的气流冲击，把熔滴吹到熔池中去。无论焊缝的空间位置怎样，这种气流都将有利于熔滴金属的过渡。

图 2-71 焊条端部套管

二、板件立对接 V 形坡口打底焊

1. 焊前准备

（1）焊件 低碳钢板，规格尺寸为 300mm×125mm×12mm，开 30°V 形坡口，每组两块，共两组。

（2）焊条 E4303 或 E5015 型，直径为 3.2mm。

（3）焊机　BX3-300 型焊机或 ZX5-400 型焊机。

（4）焊前清理　将焊件待焊处 20mm 范围内除锈、去污，至露出金属光泽。

2. 定位焊

其中一组用锉刀在坡口处加工出 0.5～1.0mm 的钝边，另一组不加工钝边；加工钝边的一组焊件在两板间留有 3.2mm（始焊端）和 4.0mm（终焊端）的间隙，另一组焊件在两板间留有 3mm（始焊端）和 3.8mm（终焊端）的间隙并用正式焊接用焊条将两端定位焊固定，定位焊长度为 10～15mm。两板组对时要注意不可有错边。将焊件置于工位架上，准备焊接。

3. 焊接

打底层的焊接方法一般有灭弧法焊接和连弧法焊接两种。

用加工钝边的一组进行灭弧法焊接。

（1）焊接电流　$I=100～110A$。

（2）焊条角度　焊条与试板两侧的夹角为 90°，下倾角为 60°～70°，如图 2-72 所示。

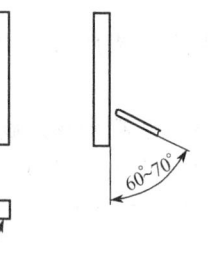

图 2-72　焊条角度

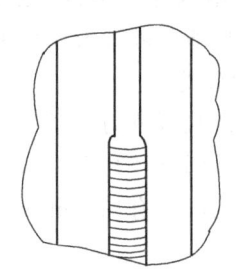

图 2-73　打底焊

（3）引弧　于始焊端定位焊缝上部 10～20mm 处引弧，然后迅速将电弧移回到定位焊缝上，采用稍长的电弧预热焊件 2～3s 后，再将电弧压向坡口根部，当听到电弧击穿声后即向左右两侧作月牙形摆动，然后将电弧熄灭，形成第一个熔孔座。焊接时采用一点击穿法。焊缝如图 2-73 所示。

（4）正常焊接　在第一个熔孔座形成后立即灭弧，当熔池的颜色由亮变暗时，再将电弧引燃，如此重复引弧-击穿-灭弧，直至一根焊条焊完为止。

（5）接头

① 热接法。在一根焊条将要焊完之前应先将熔孔作大一点，然后灭弧。热接法更换焊条要迅速，在尚处于红热状态时，立即在熔池上端 10～15mm 处引弧，然后将电弧退至原熔池处进行预热，之后将电弧缩短，压向根部，并作横向摆动，当形成熔孔后，不要立即灭弧，应连续摆动几下再灭弧。

② 冷接法。冷接法要注意在长弧预热原熔池时要从原熔池的下端 10mm 处开始预热，并适当加长预热的时间。其他与热接法相同。

> 要领：焊接时每滴熔滴的送进，焊条都应在熔池上方作月牙形摆动，电弧要 2/3 对准熔池，1/3 对准熔孔。

将不加工钝边的一组焊件连弧打底焊，焊接时应选用较小的焊接电流，运条时在始焊处、中间位置和终焊处应采用不同的焊条下倾角。

（6）收弧　收弧可采用反复灭弧-引弧法或回焊法进行灭弧处理。

4. 清理与检测

① 焊后将焊件表面上的熔渣和飞溅清理干净，用钢丝刷刷净。

② 焊缝不应出现未焊透、未熔合、焊瘤、咬边、夹渣等焊接缺陷。

5. 操作注意事项

① 在采用碱性焊条焊接时引弧方法应采用划擦法。

② 打底焊的接头尽量采用热接法。

③ 接头和收弧处容易产生气孔，应严格按照操作要领进行焊接。

复 习 题

1. 影响熔滴过渡的作用力有哪些？

2. 简述立对接灭弧法打底焊的操作要领。

项目十五　板件立对接 V 形坡口填充和盖面焊

一、焊缝中气孔的种类及形成原因

焊接时，熔池中的气泡在凝固时未能及时逸出，而残留下来所形成的空穴，称为气孔。

1. 气孔的分类

气孔按其形状可分为球形气孔、条虫状气孔、针状气孔、椭圆形及旋涡状气孔。气孔的大小从显微尺寸到直径几个毫米都有；气孔按其分布有单个气孔、密集气孔及连续气孔等；气孔按其产生的部位有内气孔和外气孔；按形成气孔的主要气体分为氢气孔、一氧化碳气孔、氮气孔等。

焊缝中存在气孔，会削弱焊缝的有效工作截面，因此降低了焊缝的力学性能，使焊缝金属的塑性，特别是弯曲和冲击韧性降低得更多。气孔严重时，会使金属结构在工作时遭到破坏。

2. 焊缝中气孔的形成

气孔的形成一般是经历四个过程：气体的吸收过程；气体的析出过程；气孔的长大过程；气泡的上浮过程；最后形成气孔。

（1）气孔的吸收　在焊接过程中，熔池周围充满着成分复杂的各种气体，这些气体主要来自于：空气；药皮和焊剂的分解及它们燃烧的产物；焊接上的铁锈、油漆、油脂受热后产生的气体等。气体分子在电弧高温作用下，很快被分解成原子状态，并被金属熔滴所吸附，不断地向液体熔池内部扩散和溶解，气体基本上以原子状态溶解到熔池金属中去。而且温度越高，金属中溶解的气孔量越多。当铁处于液体状态时，氢和氮容易溶解到铁中去，并且随着温度的升高，氢和氮在铁中的溶解度也提高。

在焊接钢材时，由于熔池温度可达 1700℃ 左右，熔滴的温度会升高，因此在电弧空间如有氢、氮存在则会溶入铁中，是形成气孔的前提之一。

（2）气体的析出

气体的析出是指气体从液体金属内析出，并形成气泡，随着焊接过程中熔池金属温度的降低，气体在液体金属中的溶解度也相应减小，因而一部分气体要析出，此时析出的气体极易被吸附在熔池底部成长柱状晶粒的表面上，产生气泡的核心。

（3）气泡的长大

由于熔池温度的不断降低，析出气体不断被凝固的晶粒所吸附，气泡内部压力大于阻碍气泡长大的外界压力，气泡不断长大。

（4）气泡的上浮

在气泡核形成之后，又经过一个短暂的长大过程，当气泡长大到一定尺寸时，开始脱离结晶表面的吸附而上浮。

从上述 4 个过程中，可分析得知在焊缝中形成气孔的原因：

① 熔池中溶入大量的气体是形成气孔的先决条件之一；

② 当熔池底部出现气泡并长大到一定程度时，如阻碍气泡长大的外界压力大于或等于气泡内压力时，气泡便不再长大，而尺寸太小不足以使气泡脱离结晶表面的吸附，无法上浮，此时便可能形成气孔；

③ 当气泡长大到一定尺寸开始上浮时，如果上浮的速度小于金属熔池的结晶速度，那么气泡就可能残留在凝固的焊缝金属中，成为气孔；

④ 如果在熔池金属中出现过饱和气体状态的温度过低或在焊缝结晶后期产生气泡，则容易形成气孔。

二、立对接填充焊

1. 焊前准备

（1）焊件　项目十四中完成打底焊后的试板。要求清除熔渣以及去除（用打磨等方法）正面焊缝接头处凸起的焊缝。

（2）焊条　E4303 或 E5015 型，直径为 3.2mm。

（3）焊机　与项目十四相同。

2. 填充层的焊接

（1）焊接电流　$I=105\sim115A$。

（2）焊条角度　焊条与左右板夹角为 90°，与板的下夹角为 55°～65°。

（3）引弧　在始焊点上方 10～15mm 处引弧，然后将电弧下移至始焊点，开始预热和焊接。

（4）正常焊接　填充层的焊接一般采用月牙形或锯齿形运条连弧焊。填充层焊接时焊条摆动幅度要比打底焊时宽，电弧要尽量控制得短一些，电弧运至坡口两侧时要稍作停顿，使熔池成椭圆形，以保证焊缝与母材熔合良好和避免夹渣。填充层一般需要焊两层。焊完后的焊缝表面高度应比母材表面低 1～1.5mm，且表面要平整。

> 要领：为保证控制好熔池形状和焊缝成形，填充层焊缝焊接过程中焊条的下倾角应随着焊件温度的升高而逐渐减小。

（5）接头与收弧　与连弧法打底焊时基本相同，只是预热时间和摆动幅度加大。

3. 操作注意事项

① 填充层焊接时应注意电弧不可破坏坡口边缘的棱边。

② 填充层焊缝应不出现表面凸起状，以平整或略呈凹陷形为好。

三、盖面层的焊接

1. 焊接

（1）焊接电流　$I=95\sim105A$。

（2）焊条角度　下倾角较填充层增大 10°～15°。

（3）焊接　施焊方法与填充层基本相同，但焊条横向摆动的速度要更加均匀，摆动幅度要加大，要保证熔宽的一致。电弧运至坡口两侧时要将电弧进一步压低，并作停顿，以防止产生咬边缺陷。

盖面层焊接完成后不要立即清渣,以减缓冷却速度,待焊件温度降低到室温后,再进行清理。

> 要领:(1)盖面层的焊接防止咬边,电弧在熔池的两侧压低并作停顿为关键(见图 2-74);(2)控制焊缝宽度的一致,应注意在每次电弧运至边缘时熔化母材的量要保持一致。

2. 清理与检测

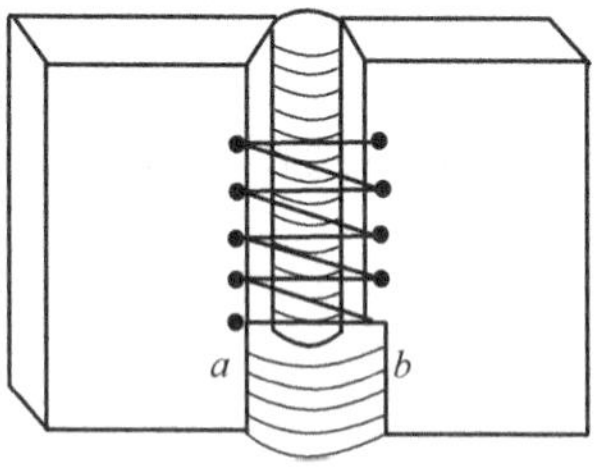

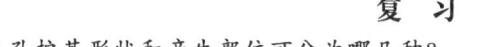

图 2-74 盖面层运条

① 焊后将焊件表面上的熔渣和飞溅清理干净,用钢丝刷刷净。

② 焊缝不应有咬边、未熔合、焊瘤、夹渣、气孔等焊接缺陷。焊缝正面余高为 0~4mm;余高差为 ≤2mm;焊缝每侧增宽为 0~2.5mm;宽度差为 ≤2mm;直线度为 ≤2mm。

3. 操作注意事项

① 盖面层焊缝接头换焊条要尽可能快,采用热接头时接头要准确到位,以保证焊缝的美观和质量。

② 盖面层焊缝完成后,要注意焊件保持其原始状态,不得修磨。

复 习 题

1. 气孔按其形状和产生部位可分为哪几种?
2. 简述气孔形成的过程。
3. 简述立对接焊填充层的操作要领。
4. 简述立对接焊盖面层的操作要领。

项目十六 中厚板 V 形坡口立对接焊质量控制与标准

中厚板 V 形坡口立对接焊不仅是焊条电弧焊基本技能的一项典型项目,同时也是焊工考试、锅炉与压力容器考试中的典型试题,要求对其质量控制(焊接工艺、操作要领)和质量检测标准作细致的了解和掌握。

一、影响焊缝中形成气孔的因素

1. 不同气体的影响

焊缝中气体的形成往往是几种气体共同作用的结果,在某种情况下,则往往以某一种气体为主。焊接时,起主要影响的气体是一氧化碳、氢和氮。

(1)一氧化碳的影响 在焊接铁碳合金时,电弧气氛中一氧化碳的含量很多,其主要来源于焊丝金属、药皮、保护气体(如二氧化碳保护焊)和熔池。

在焊接熔池中,产生一氧化碳的途径主要有两个,即碳被空气中的氧直接氧化和通过冶金反应生成。方程式如下:

$$C+O \rule[0.5ex]{2em}{0.4pt} CO$$
$$FeO+C \rule[0.5ex]{2em}{0.4pt} CO+Fe-Q$$

由上反应式可知,碳被氧化的反应是吸热反应,当温度升高,反应向着生成一氧化碳的方向进行。上述两个反应在熔滴过渡和在熔池中都能进行。

一氧化碳不溶解在液体金属中，而且一般一氧化碳在熔池金属温度较高的时候形成，所以大部分来得及以气泡形式从液态金属中逸出。但是由于熔池金属在整个结晶过程中会出现碳及氧化亚铁的偏析，尽管到达结晶后期，熔池温度已下降，而局部区域碳及氧化亚铁的浓度增加，能促使上述反应继续进行，生成一氧化碳。随着温度的继续下降，金属液体的黏度增大了，吸热反应又加速熔池金属的结晶速度，因而使一氧化碳气泡来不及逸出而形成气孔。一氧化碳气孔，一般沿结晶方向呈长条形，在内部呈椭圆形。

（2）氢的影响 焊接时，电弧区中氢的主要来源是药皮或焊剂中过多的水分，焊接表面的铁锈、油污、水分等杂质及钢材冶炼时的残留氢。

由于铁锈是氧化铁的水化物（通式为 $mFe_3O_4 \cdot nH_2O$），在电弧焊接的条件下，以结晶水形式存在的水分，便产生大量的水蒸气，并使铁氧化产生氢气。

$$Fe + H_2O = FeO + H_2$$
$$3FeO + H_2O = Fe_3O_4 + H_2$$
$$2Fe_3O_4 + H_2O = 3Fe_3O_4 + H_2$$

当液态金属具有足够高的温度时，氢以原子或正离子的形式溶入，扩散至熔池金属中，是焊接有铁锈金属容易产生氢气孔的主要原因。

高温时溶入熔池的氢，在熔池金属的冷却过程中，其溶解度急剧下降，致使金属液体呈氢的过饱和状态，这时便有氢析出。析出的氢原子在遇到非金属夹渣时，在其表面积聚形成气泡，剧烈地向外排出。氢气孔一般在表面呈旋涡形，内部呈球形。

（3）氮的影响 氮主要来自空气。氮引起气孔的原因与氢相似，也是随着温度降低，溶解度急剧降低的缘故。

氮气孔一般是在电弧区没有得到有效的保护，受到空气侵入时才会出现，在正常情况下很少会形成氮气孔。

（4）氧的影响 氧的主要来源是空气和药皮中高价氧化物的分解。适量的氧能减少氢气孔的生成，氧原子在高温时能与氢原子结合成稳定的化合物（OH），而 OH 不溶于金属。

$$MnO + H = Mn + OH$$
$$MgO + H = Mg + OH$$
$$SiO_2 + H = SiO + OH$$

可见大量的氢原子被氧束缚，从而减少了产生氢气孔的可能。

2. 药皮和焊剂的影响

在药皮和焊剂中萤石（CaF_2）的存在可提高抗锈性，这是因为萤石中的氟能与氢化合生成稳定的化合物氟化氢，它不溶解于液体金属而直接从电弧空间扩散至空气中，从而减少了氢气孔。

如药皮和焊剂中含有萤石时，可防止氢气孔的产生。

$$CaF_2 + 3SiO_2 = 2CaSiO_3 + SiF_4$$
$$SiF_4 + 3H = 3HF + SiF$$

如果没有 CaF_2，当 SiO_2 达到一定的含量时，也具有抗锈的能力。因为 SiO_2 是酸性氧化物，熔化在熔渣中的氧化亚铁是碱性，两者便生成了复合化合物（$FeO \cdot SiO_2$），使 FeO 减少，也减少产生 CO 气孔的可能。

此外，有些氧化物，如 MnO、MgO 等，由于在高温时锰和镁对氧的亲和力小于氢和氧的亲和力，因而使形成的 OH 在高温稳定存在，减少了氢气孔生成的可能性。

3. 焊接方法的影响

(1) 埋弧自动焊 埋弧自动焊接熔池的熔深大,焊速也大。因此产生气孔的倾向较大。但只要正确选择焊接工艺参数,仍能获得优质的焊缝。

(2) 气焊 气焊火焰有较多的氧气和乙炔,能生成较多的CO,但由于气焊熔池相对存在的时间较长,所以产生气孔的倾向反而比电弧焊小。

(3) 惰性气体保护焊 惰性气体保护焊时,如由于某种原因,熔池未保护好,使空气侵入电弧区,便会导致气孔。

4. 焊接速度及冷却速度的影响

一般生产经验证明,当焊接速度较大,同时熔池的冷却速度也较大时,就容易产生气孔。这是由于气泡由焊缝溢处,很大程度上决定于熔池存在的时间 t。

$$t = L/v = kUI/v$$

式中　L——熔池的长度,mm;

　　　v——焊速,m/h;

　　　I——焊接电流,A;

　　　U——电弧电压,V;

　　　k——常数。

由上式可知,当电弧功率不变时,焊速越大,则 t 越小,即减少了熔池存在的时间,增加了产生气孔的倾向;当速度不变,增加电弧功率,会使熔池存在的时间增长,减少生成气孔的倾向。一般为防止气孔的生成,焊速增加,相应地增加电弧功率。

影响焊缝中形成气孔的元素还有很多,如电弧长度和电源极性等。电弧长度过长,会产生大量的气孔;手工电弧焊时,采用直流反接可减少产生氢气孔的可能,因为氢气实际上是以正离子形式溶入熔池,当熔池处于阴极时,弧柱空间的氢正离子在熔池表面遇到电子,使之复合为氢原子,从而阻碍了氢的溶解。

二、防止产生气孔的方法

1. 消除产生气孔的各种来源

① 仔细清除焊件上的脏物,在焊缝两侧 20～30mm 范围内进行除锈、去污。

② 焊丝不应生锈,焊条、焊剂要清洁,并按规定烘干焊条或焊剂,其含水量不超过 0.1%。

③ 焊条或焊剂要合理存放,防止受潮。

2. 加强熔池的保护

① 焊条药皮不要脱落,焊剂或保护气体送给不能中断。

② 采用短弧焊接,电弧不得随意拉长,操作时适当配合动作,以利于气体逸出,注意正确引弧;操作时发现焊条偏心要及时倾斜焊条,保持电弧稳定。

③ 装配间隙不能过大。

3. 正确执行焊接工艺规程

① 选择适当的焊接工艺参数,运条速度不能太快。

② 对导热快、散热面积大的焊件,若周围环境温度低时,应进行预热。

三、板对接立焊的质量要求与评分标准

板对接立焊的质量要求,不仅焊缝外观尺寸符合要求,而且应避免产生各种焊接缺陷,同时焊接接头应具有良好的力学性能。具体见表2-9。

表 2-9　板对接立焊的质量要求与评分标准

检查项目		配分	标准	实测结果	检测人	得分
外观检测	正面焊缝高度(h)	4	$0 \leqslant h \leqslant 3$			
	背面焊缝高度(h)	4	$0 \leqslant h \leqslant 2$			
	正面焊缝高度差(h_1)	4	$0 \leqslant h_1 \leqslant 2$			
	焊缝每侧增宽	4	$0.5 \sim 2.5$			
	焊缝宽度差(c_1)	4	$0 \leqslant c_1 \leqslant 2$			
	咬边	4	$F \leqslant 0.5$ $0 \leqslant L \leqslant 5$			
	内凹	4	$F \leqslant 0.5$ $L \leqslant 5$			
	未焊透	4	无			
	焊后角变形	4	$0° \leqslant \theta \leqslant 3°$			
	错边量	4	无			
	焊瘤	10	无			
X 射线探伤(GB 3323—87)		30	级片			
弯曲试验	正弯	7	合格			
	背弯	8	合格			
其他	各种规格焊条头>5mm	2	无或只有一根			
	安全生产	10	无人身、设备事故			

注：表中"F"为缺陷深度，"L"为缺陷累计长度。

复　习　题

1. 影响焊缝中形成气孔的因素有哪些?

2. 防止气孔产生的措施有哪些?

3. 试制定板件形接头立角焊的工艺。

项目十七　I形坡口横对接焊

横对接焊是指对接接头焊件处于垂直位置而接口为水平位置的焊接操作。

一、焊接残余变形的分类及产生原因

焊接热过程是一个不均匀加热的过程，在焊接过程中出现应力和变形，焊后导致焊接结构产生焊接残余应力和焊接残余变形。

焊接残余变形的分类，一般可按基本变形形式和焊接结构变形形式划分。按基本变形形式可分为纵向变形、横向变形、弯曲变形、角变形、波浪变形和扭曲变形等几种;按焊接结构变形形式可分为局部变形和整体变形。焊接结构的局部变形是指其某一部分发生的变形，它主要包括角变形和波浪变形两种。这种变形对结构影响较小，也易于矫正。局部变形的形式如图 2-75 所示。焊接结构的整体变形是指整体发生形状和尺寸的变化，它包括纵向和横向变形、弯曲变形及扭曲变形等，如图 2-76 所示。现在就焊接残余变形的几种基本形式，来分析产生残余变形的原因。

1. 纵向及横向变形

(1) 纵向变形　焊后产生的纵向变形主要是纵向缩短。焊缝的纵向收缩量随焊缝长度的增加而增加。另外，母材线膨胀系数大，其焊后焊缝纵向收缩量也大，如不锈钢和铝的焊后收缩量就比碳钢大；多层焊时，第一层引起的收缩量最大，这是因为焊第一层时焊件的刚性较小。

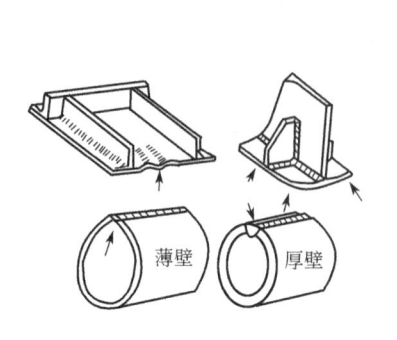

图 2-75 焊接结构局部变形的几种形式

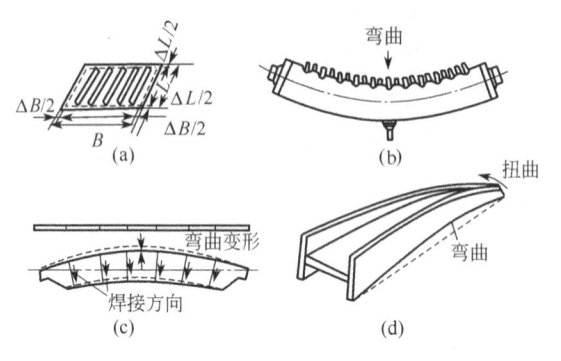
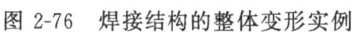

图 2-76 焊接结构的整体变形实例

如果焊件在夹具固定的条件下焊接，其收缩量可减小 40%～70%，但焊后将引起较大的焊接应力。

（2）横向变形 焊后产生的横向变形主要是横向缩短。图 2-77 所示为焊件上温度的分布曲线，由于是不均匀加热，且因钢板自重的原因，使焊缝和母材的受热部在膨胀和冷却收缩时受到拘束，与纵向焊接变形原因类似，最终导致焊后产生横向缩短。一般对接的横向收缩，随板厚增加而增加；同样板厚，坡口角度增大，横向收缩量也增大。

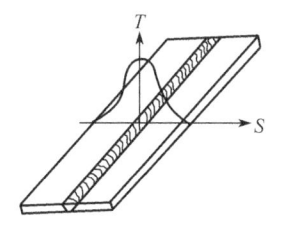

图 2-77 焊件沿横向的温度分布

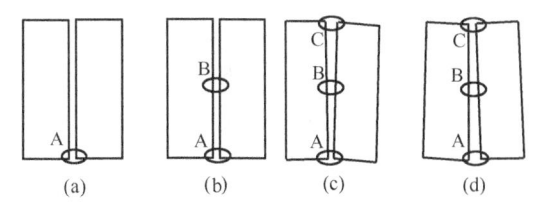

图 2-78 焊接先后对焊件横向变形的影响

在生产实践中，同样焊接一条对接直缝，如果在焊接次序和方向上不同，会出现不同的横向焊接残余变形。在同一条直焊缝中，最后焊的部分横向变形最大。图 2-78 所示为两块留有一定间隙而被固定在钢板的一端，焊上焊点 A，相当于整条焊缝的始焊部位。由于此时能自由伸缩，钢板冷却后的间隙变化不大 [见图 2-78（a）]；在焊第二点 B 时，由于钢板的上端尚能移动（钢板可以 A 点为支点转动），在受热膨胀时，上端间隙被撑大，由于焊点 B 及附近的金属没有受到明显的压缩变形，所以在冷却收缩后，间隙也没有明显缩小 [见图 2-78（b）]；当第三点 C 焊上去时，由于焊点 C 及其附近的金属受热膨胀已不能像焊前两点那样较自由地伸缩，它受到 A、B 两焊点的阻碍，在受热膨胀时，焊点 C 及附近受热金属均受到了压缩 [见图 2-78（c）]。这样在冷却后，C 点及附近金属就出现了较大的横向收缩变形 [见图 2-78（d）]。

2. 弯曲变形

弯曲变形常见于焊接梁、柱、管道等焊件，对这类焊接结构的生产造成较大的危害。弯曲变形的大小以挠度 f 来度量，f 是焊后焊件中心轴的最大距离，如图 2-79 所示。挠度越大，即弯曲变形越大。

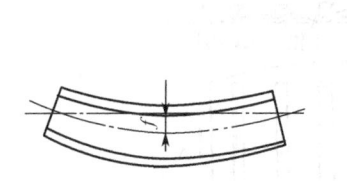
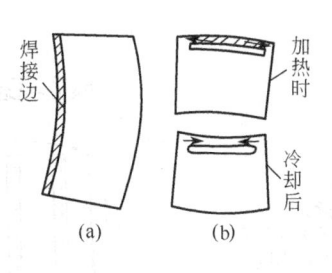
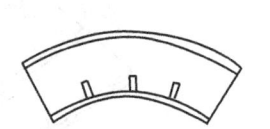

图 2-79 弯曲变形的挠度　　图 2-80 由纵向收缩变形　　图 2-81 由横向收缩变形
　　　　　　　　　　　　　　　 造成的弯曲变形　　　　　　 造成的弯曲变形

（1）由纵向收缩变形造成的弯曲变形　图 2-80（a）为钢板单边施焊后产生的弯曲变形，这是由直缝纵向收缩引起总体弯曲变形的一个实例。图 2-80（b）用来说明这类弯曲变形产生的机理，图中一块不太大的焊件，在一边开一条长腰圆形孔，使边缘留一条较窄的金属条，焊件的加热集中在边缘内（图中斜线区域）。假设加热很均匀，而且无热的传导，这种情况就如同钢板在两端固定的状态下加热。在加热时，金属条膨胀受阻，产生压缩塑性变形；冷却后，由于加热区金属力求收缩，结果造成了如图 2-80 中所示的弯曲，这是一种理想情况下的弯曲变形。实际上，在整块钢板边缘施焊时，焊接加热的热量有相当一部分被传递到邻近金属中，但是它的基本原理是相似的，焊后产生向焊缝一边的弯曲变形。

（2）由横向收缩变形造成的弯曲变形　图 2-81 所示为一工字梁，其下部有肋板，由于肋板角的横向收缩，就使焊件产生向下弯曲的弯曲变形。

3. 角变形

图 2-82 所示为几种焊接接头的角变形。在焊接（单面）较厚钢板时，在钢板厚度方向上的温度分布是不均匀的，温度高的一面受热膨胀较大，另一面膨胀小甚至不膨胀。由于焊接面膨胀受阻，出现了较大的横向压缩塑性变形；在冷却时就产生了在钢板厚度方向收缩不均匀的现象，焊接一面收缩大，另一面收缩小。这种在焊后由于焊缝的横向收缩使得两连接件间相对角度发生变化的变形叫角变形。

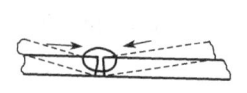
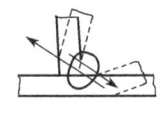
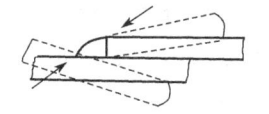

图 2-82 几种焊接接头的角变形

4. 波浪变形

波浪变形如图 2-83 所示，容易在薄板焊接结构中产生。有两种产生原因：一种是由于薄板结构焊接时，纵向和横向失去稳定而造成的波浪变形［见图 2-83（a）］；另一种是由于角焊缝的横向收缩引起角变形形成的。图 2-83（b）所示为船体隔舱结构焊后产生的波浪变形。

5. 扭曲变形

扭曲变形如图 2-84 所示。它产生原因较复杂：装配质量不好，即在装配之后焊接之前的焊件位置和尺寸不符合图样的要求；构件的零部件形状不正确，而强行装配；焊件在焊接时位置放置不当；焊接次序、方向不对等。图 2-84（c）为 T 形梁的扭曲变形，是因为没有进行对称焊接，造成整体焊缝在纵向和横向的应力和变形。

通过对上述几种基本变形形式的分析可知，产生焊接残余变形的根本原因是焊后焊缝的

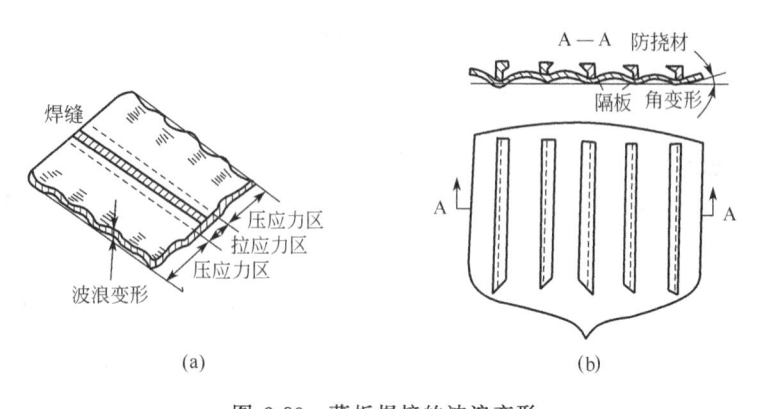

图 2-83 薄板焊接的波浪变形

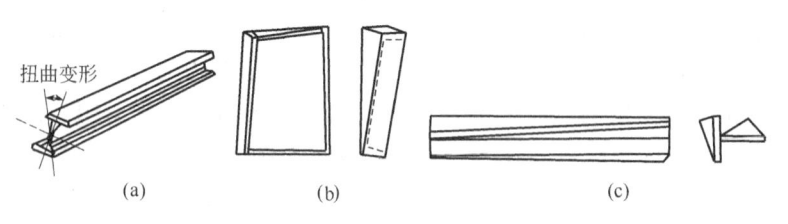

图 2-84 薄板焊接的扭曲变形

纵向和横向应力。

二、I 形坡口横对接焊

1. 焊前准备

（1）焊件 低碳钢或 16Mn 钢板，规格尺寸为 300mm×100mm×5mm，每组两块。

（2）焊条 E4303 型或 E5015 型，直径为 3.2mm。

（3）焊机 BX3-300 型焊机或 ZX5-400 型焊机。

（4）焊前清理 将焊件待焊处 20mm 范围内除锈、去污，至露出金属光泽。

2. 装配定位

将两块钢板两端对齐，在同一平面上形成对接接头，预留 0～2mm 间隙，两端定位焊固定，定位焊长度为 10～15mm。

3. 第一层焊接

（1）焊接电流 $I=105～115A$。

（2）焊条角度 焊条下倾角为 75°，与焊接方向成 70°左右的夹角，如图 2-85 所示。

（3）运条方法 采用直线往复运条法。

（4）焊接 引弧时在定位焊缝前 10～15mm 处进行引弧，然后将电弧移回定位焊缝处，用长弧作适当预热后再改为短弧正常焊接。

焊接过程中要时刻注意观察熔池的温度变化，若温度偏高，可通过适当调整焊条角度或采用灭弧法来控制熔池的温度，以防止咬边、烧穿等缺陷。焊接时要注意熔渣与铁水的分离，以防止产生夹渣。

4. 第二层焊接

第二层焊接一般采用多道焊，可采用两道或三道焊缝（自下而上）进行盖面。焊接时应选择稍小的焊接电流。

其第一道焊缝应紧靠第一层焊缝的下侧，焊接时适当减小下倾角；第二道焊缝应压在第

一道焊缝的 (1/2)～(1/3) 的宽度处，焊接时应适当增加焊条下倾角，同时适当增加焊接速度。第二道焊缝的成形如图 2-86 所示。

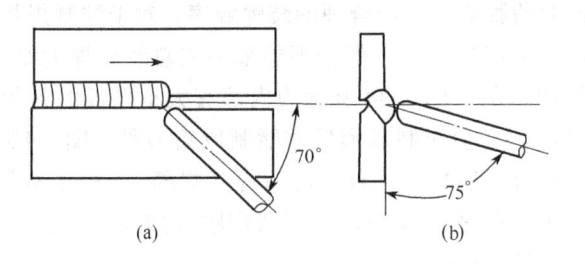
(a)

(b)

图 2-85 第一层焊接的焊条角度

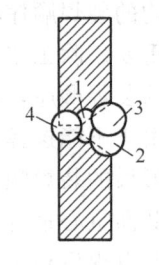

图 2-86 第二道焊缝的成形

5. 背面封底焊

将焊件翻转，背面熔渣清除干净，采用比第一层稍大的焊接电流，用直线运条法焊接背面焊缝、封底焊。

> 要领：多层多道横焊焊缝表面的成形，主要靠控制好同一层中各道焊缝的搭配得以实现。从第二道焊缝开始，焊接时应观察和控制熔池的下沿，以接近前一道焊缝的最高凸起部位为宜。

6. 清理与检测

将正、反面焊缝表面的熔渣及飞溅清理干净，焊缝表面质量，不应有咬边、夹渣和焊瘤等缺陷。

7. 操作注意事项

① 操作时应牢固地将焊件固定于离地面 80cm 的高度，防止焊件脱落伤人。

② 若使用碱性焊条，应在焊前进行 350～400℃ 烘干。

③ 横对接焊运条方式，除了直线运条以外，也可采用斜圆圈运条。

复 习 题

1. 常见的焊接残余变形有哪些种类？

2. 试分析横对接焊可能产生哪些焊接残余变形？

3. 横对接焊时，采用多道焊如何控制焊缝表面的成形？

项目十八 中厚板 V 形坡口横对接打底焊

对于中等厚度以上的钢板，横对接焊时一般采用 V 形坡口、K 形坡口、单边 V 形坡口等几种形式，如图 2-87 所示。横对接焊时坡口的特点是下面的焊缝不开坡口或坡口角度小于上面的焊件，这样有助于避免焊接时熔化金属下淌，有利于焊缝成形。本项目将学习 V 形坡口的打底焊（单面焊双面成形）。

一、控制焊接残余变形的措施

控制焊接残余变形，可从焊接结构设计时考虑，如在保证结构足够强度的前提下，适当采用冲压结构来代替焊接结构，以减少焊缝的数量和尺寸；尽量使焊缝对称布置，以使焊接时产生均匀的变形，防止弯曲变形。

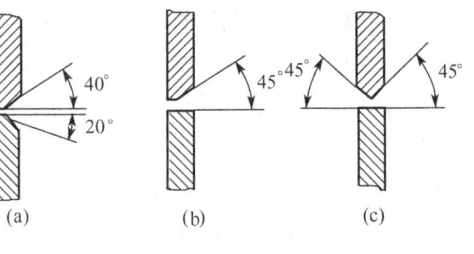
(a)   (b)   (c)

图 2-87 横对接焊的坡口形式

本项目主要介绍焊接施工时，控制焊接残余变形的工艺措施。

1. 选择合理的装焊顺序

焊接结构的装焊顺序将给结构带来较大的影响，采用合理的装焊顺序，对于控制焊接残余变形尤为重要。除工字梁采用先装后焊的实例外，对于那些不能采用先总装后焊的结构，应选择较佳的装焊顺序，以达到控制变形的目的。图 2-88 所示为内部有大小隔板的封闭箱形梁结构，由于不能选择先总装后焊的方法，必须先制成形后才能制成箱形梁。图 2-89 所示为"Ⅱ"形梁的装焊顺序。先将大小隔板与上盖板装配好，随后焊接焊缝 1，由于焊缝 1 几乎与盖板截面重心重合，故无太大的变形；按图示装焊，不仅结构刚性加大，而且 2、3 焊缝对称，所以焊后整个封闭箱形梁的弯曲变形很小。

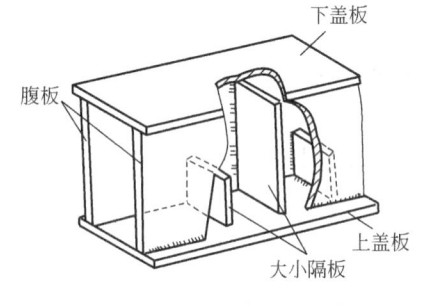

图 2-88　封闭的箱形梁结构

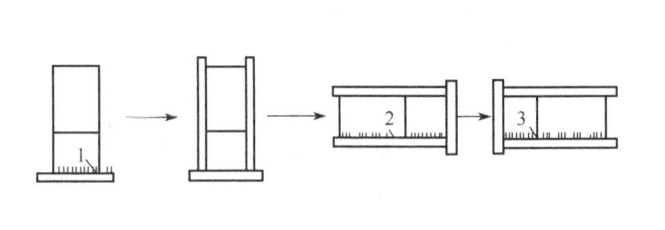

图 2-89　"Ⅱ"形梁的装焊顺序

2. 采用不同的焊接方向和顺序

（1）对称焊接　由于焊接总有先后，而且随着焊接过程的进行，结构的刚性也在不断地提高。所以，一般先焊的焊缝容易使结构产生变形，即使焊缝对称的结构，焊后也还会出现变形现象。对称焊的目的，是用来克服或减少由于先焊焊缝在焊件刚性较小时造成的变形。图 2-90 所示的圆筒体的对接焊缝，是由两名焊工对称地按图中顺序同时施焊的对称焊接。

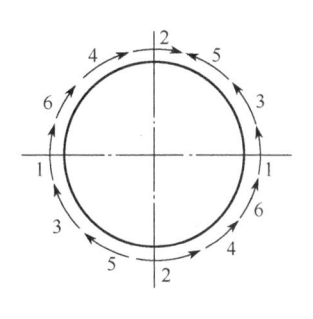

图 2-90　圆筒体对称焊接顺序

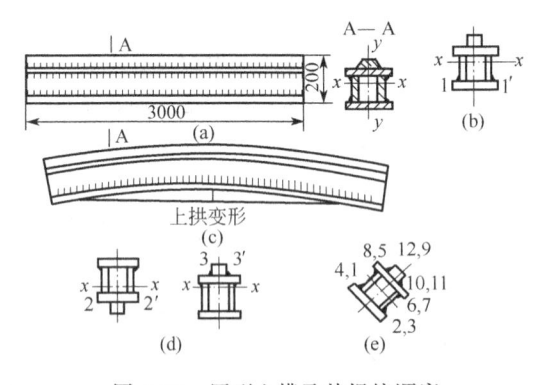

图 2-91　压型上模及其焊接顺序

（2）不对称焊缝先焊焊缝少的一侧　对于不对称焊缝的结构，采用先焊焊缝少的一侧，后焊焊缝多的一侧，使后焊的变形足以抵消前一侧的变形，以使总体变形减小。图 2-91(a) 所示为压力机的压型上模结构，由于其焊缝不对称，将出现总体下挠弯曲变形（即向焊缝多的侧弯曲）。如按图 2-91(b) 所示先焊接 1 和 1'，即先焊接焊缝少的一侧，焊后会出现如图 2-91(c) 所示的上拱变形。接着按图 2-91(d) 所示焊接焊缝多的一侧 2、2' 以及 3、3' 焊缝，焊后收缩足以抵消先前产生的上拱变形，同时由于先前结构的刚性已增大，也不致使整体结构产生下挠弯曲变形。当只有一个焊工操作时，可按图 2-91(e) 所示的顺序，进行船形位置的焊接，这样焊后变形最小。

（3）采用不同的焊接顺序　对于结构中的长焊缝，如果采用连续的直通焊，将会造成较大的变形，除焊接方向因素外，焊缝受到长时间加热也是一个主要原因。如果在可能的情况下，将连续焊改成分段焊，并适当地改变焊接方向，使局部焊缝造成的变形适当减小或相互抵消，达到减少总体变形的目的。图 2-92 所示为焊接焊缝采用不同焊接顺序的示意图，分段退焊法、分中分段退焊法、跳焊法和交替焊法，常用于长度为 1m 以上的焊缝；长度为 0.5～1m 的焊缝可用分中对称焊法；交替焊法在实际中很少使用；退焊法和跳焊法的每段焊缝长度一般以 100～300mm 较为适宜。

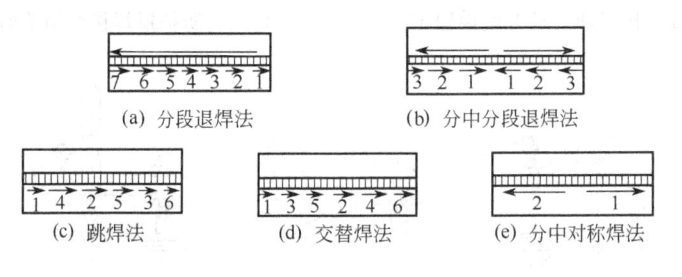

(a) 分段退焊法　　　　　　　　(b) 分中分段退焊法

(c) 跳焊法　　　　(d) 交替焊法　　　　(e) 分中对称焊法

图 2-92　不同焊接顺序的焊接法

采用分段焊法后，由于接头增多，应注意焊缝接头的质量。

3. 反变形法

根据生产中已发生变形的规律，预先把焊件人为制成变形，使变形与焊后发生的变形方向相反且数值相等，达到防止产生残余变形的方法，称为反变形法。

反变形法在实际生产中使用较为广泛，图 2-93 所示为工字梁的反变形法焊接。如图 2-93 (a) 所示，焊后工字梁上下两盖板会出现角变形。为减少校正的工作量，可在焊前先将盖板预制成反变形（压制而成），如图 2-93(b) 所示，其反变形量与其焊后变形量相等。然后按图 2-93(c) 所示的装配角度和焊接顺序焊接，能较大程度地防止焊后变形。由于盖板的反变形采用了压制成形，已产生了塑性变形，所以这种反变形法也称为塑性反变形法。在实践中，各种尺寸的工字梁盖板的反变形量，都有不同的经验数据，而且随着焊接方法的不同而不同。

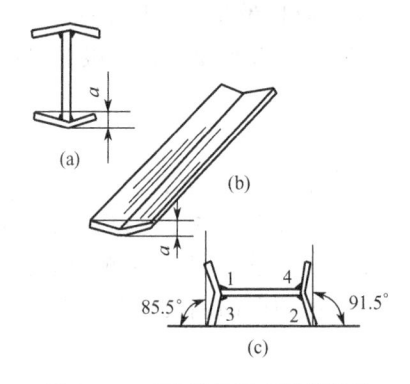

图 2-93　工字梁的反变形焊接法

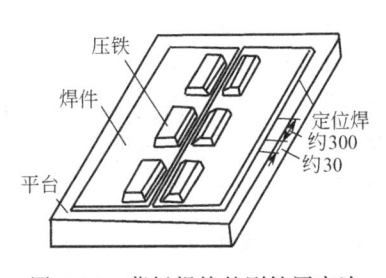

图 2-94　薄板焊接的刚性固定法

4. 刚性固定法

图 2-94、图 2-95、图 2-96 所示为几种不同焊接结构采用刚性固定法的实例。对于一般比较简单的焊接结构，为防止变形采用通用的装焊夹具来加强结构的刚性。图 2-97 所示为几种手动、气动、磁力夹具的结构简图，它们均适用于薄板、中厚板的焊接刚性固定，其中

图 2-97(a)、(e) 还适用于厚板结构。

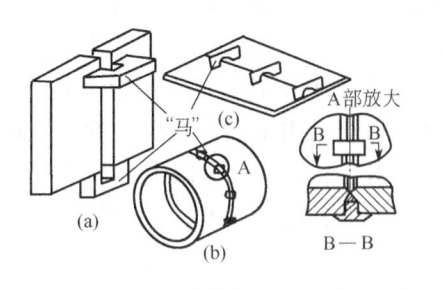

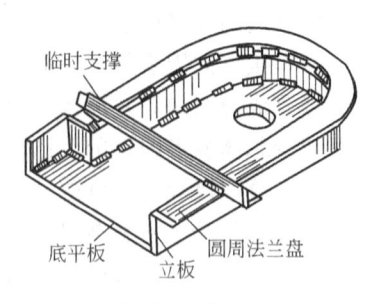

图 2-95　钢板对接焊加"马"刚性固定　　　图 2-96　防护罩焊接时用临时支撑的刚性固定

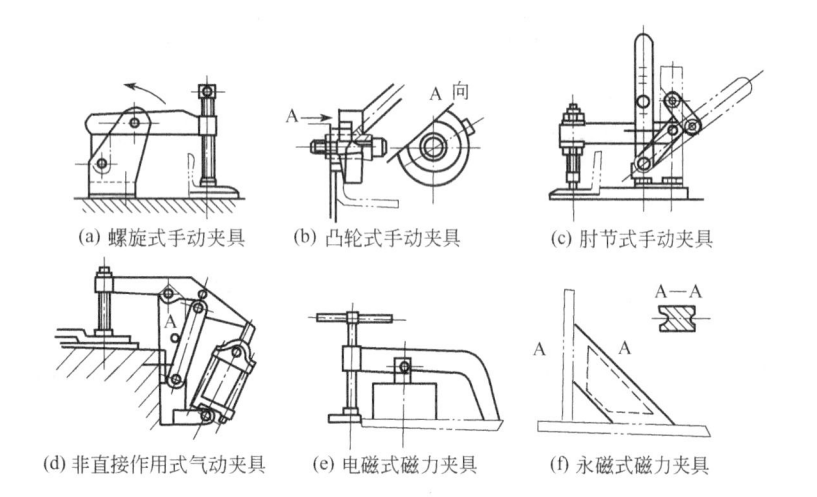

(a) 螺旋式手动夹具　　　(b) 凸轮式手动夹具　　　(c) 肘节式手动夹具

(d) 非直接作用式气动夹具　　　(e) 电磁式磁力夹具　　　(f) 永磁式磁力夹具

图 2-97　通用装焊夹具举例

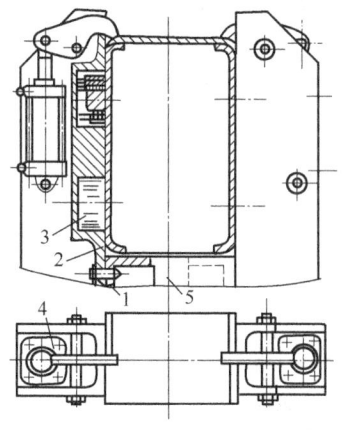

图 2-98　箱形梁专用装焊夹具

在生产实践中，对于大批量生产具有固定形状的焊接结构，可采用专用夹具。它是按焊接形状设计的，不仅在焊接生产时产生刚性固定作用，控制焊后变形，同时能符合快速装卸的要求，以适应批量生产。图 2-98、图 2-99、图 2-100 所示分别为箱形梁、汽车横梁、平板对接的专用夹具。

5. 散热法

散热法又称强迫冷却法，是把焊接处的热量迅速散走，使焊缝附近金属受热区域大大减小，以达到减少焊接残余变形的目的。图 2-101 为将工件浸入水中进行焊接。但散热法不适用于具有淬火倾向的钢板，否则在焊接时易产生裂纹。

二、V 形坡口横对接打底焊

1. 焊前准备

(1) 焊件　低碳钢板，规格尺寸为 300mm×125mm×12mm，开 30°V 形坡口，每组两块，共两组。其中一组用锉刀加工出 1～1.5mm 的钝边。

(2) 焊条　E4303 或 E5015 型，直径为 3.2mm。

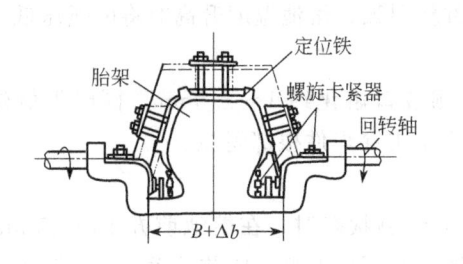

图 2-99　汽车横梁专用装焊夹具

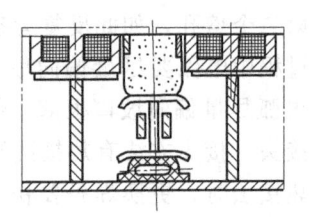

图 2-100　平板对接专用电磁平台

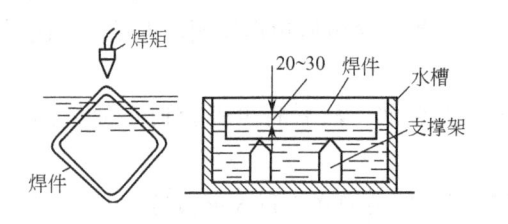

图 2-101　散热法焊接

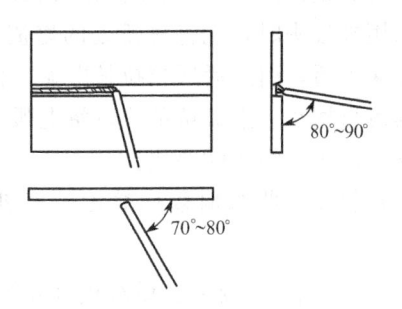

图 2-102　灭弧焊焊条角度

（3）焊机　BX3-300 型焊机或 ZX5-400 型焊机。

（4）工件清理　将焊件待焊处 20mm 范围内除锈、去污，至露出金属光泽。

2. 定位焊

将清理后的焊件（两块）放置于平台上，加工出 1～1.5mm 的钝边的一组留出 3.2mm（始焊端）和 4mm（终焊端）的间隙，预留 8°～10°的反变形；不加工用钝边的一组留出 2.5mm（始焊端）和 3.2mm（终焊端）的间隙，预留 4°～5°的反变形，试板两端定位焊焊牢。

3. 灭弧法焊接

将留有钝边和间隙较大的一组焊件置于工位架上，进行灭弧法打底焊接。

（1）焊接电流　100～110A。

（2）焊条角度　与焊接方向的夹角为 70°～80°；与焊件下板的夹角为 80°～85°（见图 2-102）。

（3）引弧　自间隙小的一端始焊，在始焊端引弧，电弧引燃后稍稍拉长，预热 2～3s 后，压低电弧作上下斜拉摆动（见图 2-103）。当焊至坡口间隙部位时，将电弧推向背面，此时焊条角度由预热焊时的与焊接方向成 70°～80°调整为 40°～50°（见图 2-104），当形成一个可从坡口上侧清晰观察到的熔孔后，立即灭弧。

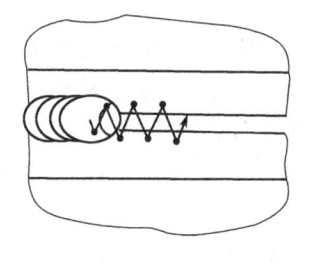

图 2-103　灭弧焊运条

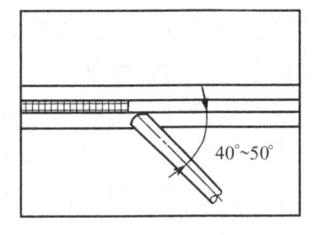

图 2-104　引弧时焊条角度

（4）正常焊接　灭弧后待熔孔颜色变暗时，重新引弧，熔池温度升高时将电弧压低，击穿后形成第二个熔孔，如此反复运条焊接。

焊接过程中电弧要尽量偏向坡口上侧，使上侧坡口熔化约 1～1.5mm，同时下侧熔化 0.5mm。电弧尽量偏向坡口根部，使 1/2 的电弧用于击穿焊件根部间隙。

（5）接头　接头方法有热接法和冷接法两种。

采用热接法时，更换焊条要快，在熔池尚处于红热状态时，在熔池前方 10～15mm 的坡口边缘上侧引弧，然后立即将电弧拉回熔池上端，并压低电弧，向前移动，当听到电弧击穿的声音后稍作停顿，形成新的熔孔后立即断弧。

采用冷接头时，先将收弧处的熔渣和飞溅清理干净，然后在熔池前方约 10～15mm 的坡口边缘引弧，引弧后适当拉长电弧，再拉回到原灭弧部位稍后 10mm 的地方，压低电弧，作斜锯齿形摆动，至弧坑部位时将电弧压向反面，听到击穿声后稍作停顿、灭弧。再次引弧要迅速，比正常焊接时要快。

（6）收弧　收弧时须向熔池轻轻补充几滴液态金属，然后将电弧拉向正面熔池后侧灭弧。

> 要领：横对接打底焊防止熔池下坠的关键在于每次灭弧后再次引弧焊接的时间要少于立焊约 0.5～1s，这样可有效地控制熔池温度，缩短液态金属和熔渣凝固的时间。

4.连弧法焊接

连弧法焊接采用不加工钝边和预留间隙较小的一组焊件进行焊接。

（1）焊接电流　95～110A。

（2）焊条角度　与焊接方向成 75°～80°夹角；与焊件下倾角为 55°～65°（见图 2-105）。

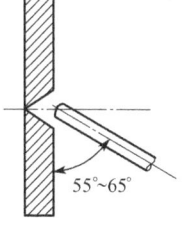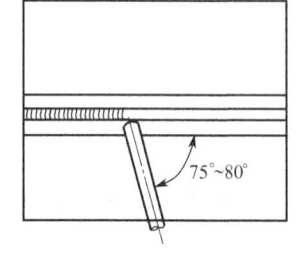

（3）引弧　与灭弧焊相同。

（4）正常焊接　采用斜锯齿运条。焊接时焊条要作上下摆动，运条至坡口两侧时稍作停顿，在坡口上侧停留时间要比下侧停留时间稍长。注意熔孔尺寸，应保持熔孔深入上侧坡口不大于 1mm，深入下侧坡口不大于 0.5mm。焊接过程中如出现熔孔增大时，应迅速回焊 10～15mm，并加大焊条与焊接方向的

图 2-105　连弧焊焊条角度

倾斜角度和加大焊条上下摆动的幅度，压低电弧向前焊接，待熔孔的尺寸恢复正常后，焊条的角度和摆动的幅度也随之恢复正常。焊接过程中应使电弧的 1/3 作用于熔池的前端，击穿坡口根部，2/3 覆盖在熔池上。

（5）接头　接头方法同样有热接法和冷接法两种。

采用热接法焊接时，在原灭弧处引弧然后压低电弧，沿坡口上边缘向前直线运条，至坡口根部时压低电弧并向背面顶一下，听到击穿声后稍作停顿，然后恢复正常焊接。

采用冷接法焊接时，先将原灭弧处焊缝用角向磨光机打磨成斜坡状，然后在前端 10～15mm 处引弧（划擦法），引弧后立即压低电弧，作小幅摆动，至坡口根部时电弧下压，击穿后稍作停顿，待形成新的熔孔后恢复正常焊接。

（6）收弧　收弧时焊条由坡口下侧运至上侧，并在边缘回焊 10～15mm，然后灭弧。

5.焊后清理和检测

① 焊后将焊件表面上的熔渣和飞溅清理干净，用钢丝刷刷净。

② 焊缝不应出现未焊透、未熔合、焊瘤、咬边、夹渣等焊接缺陷。

6. 操作注意问题

① 采用碱性焊条焊接时引弧方法应采用划擦法。

② 打底焊的接头尽量采用热接法。

③ 接头和收弧处容易产生气孔，应严格按照操作要领进行焊接。

④ 采用碱性焊条进行打底焊时，应尽量采用连弧焊法。

复 习 题

1. 控制焊接残余变形的措施有哪些？

2. 灭弧法横对接打底焊如何防止熔池下坠？

3. 灭弧法和连弧法横对接打底焊时收弧的方法有何不同？

项目十九 中厚板 V 形坡口横对接填充及盖面焊

一、焊接检验简介

焊接检验是保证焊接产品质量的重要措施，在焊接结构生产的过程中，每道工序都进行质量检验，及时消除该工序可能产生的焊接缺陷，这样做比产品加工完后再来消除缺陷更加节约时间、材料和劳动力，既降低了成本，又保证了焊接产品的质量。所以，焊接检验是焊接结构制造过程中自始至终不可缺少的重要工序。

焊接检验包括焊前检验、焊接过程中检验和成品检验。完整的焊接检验能保证不合格的原料不投产，不合格的零件不组装，不合格的组装不焊接，不合格的焊缝必返工，不合格的产品不出厂，层层把住质量关。

1. 焊前检验

焊前检验是焊接检验的第一个阶段，包括检验焊接产品图样和焊接工艺规程等技术文件是否齐全；检验焊接基本金属、焊丝、焊条型号和材质是否符合设计或规定的要求；检验其他焊接材料，如埋弧自动焊焊剂的牌号、气体保护焊保护气体的纯度和配比等，是否符合工艺规程的要求；检验焊接坡口的加工质量和焊接接头的装配质量，是否符合图样要求；检验焊接设备及其他辅助工具是否完好，接线和管道连接是否符合要求；检验焊接材料是否按工艺要求去进行去锈、烘干和预热等，焊前检验还是对焊工操作水平的鉴定。焊接接头很大程度上取决于焊工的技术水平，因此，焊工在担任重要的或有特殊技术要求的产品焊接前，应进行必要的考核。焊工考核分为理论和实际操作两部分，经鉴定合格后，才能上岗操作。焊前检验的目的是预先防止和减少焊接时产生缺陷的可能性。

2. 焊接过程中检验

焊接过程中检验是焊接检验的第二个阶段，主要是依靠焊工在整个操作过程中来完成，它包括检验在焊接过程中设备的运行是否正常、焊接工艺参数是否正确；焊接夹具在焊接过程中夹紧的情况是否牢固；在施行埋弧自动焊时焊剂的衬垫效果，以及电渣焊冷却成形滑块在移动时是否出现漏渣；在操作过程中可能出现的未焊透、夹渣、气孔、烧穿等焊接缺陷等。焊接过程中检验的目的，是为了防止由于操作原因或其他特殊因素的影响而产生的焊接缺陷，且便于及时发现并加以去除。认真进行焊接过程中的检验，对于确定在成品检验时发现缺陷的性质，能提供一定的依据。

3. 成品检验

成品（包括焊接零部件）检验是焊接检验的最后阶段。焊接结构在生产过程中，虽然经过焊前检验和焊接过程中的检验，但由于影响焊接质量的因素很多，如由于焊接过程外界因素的变化或焊接工艺参数的不稳定等，都可能导致焊接缺陷的产生。为了保证焊接质量，对成品必须进行质量检验。

焊接检验可分为非破坏性检验和破坏性检验两大类。每大类具体的检验的方法有很多，应根据产品的使用要求和图样的技术条件进行选用。

二、横对接填充焊

1. 焊前准备

（1）焊件　项目十九中完成打底层后的试板。将焊件表面的熔渣和飞溅等清理干净，尤其要注意坡口下侧与焊缝的清理。

（2）焊条　同项目十九。

（3）焊机　同项目十九。

2. 焊接

填充层焊接采用多道焊，共焊两层，第一层自下而上焊两道；第二层自下而上焊三道。

（1）焊接电流　$I=120\sim130A$。

（2）运条方式　直线或直线往复连弧焊。

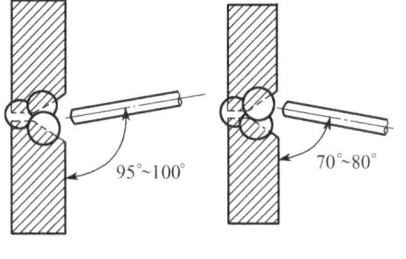

图 2-106　填充焊焊条角度

（3）焊条角度　焊条与焊接方向成 70°～80°夹角；第一道与试板下倾角为 95°～100°；第二道与试板下倾角为 70°～80°（见图 2-106）。

（4）焊接过程　第一层焊接时，第一道焊缝要特别注意打底层焊缝下侧边缘的熔合情况，应保证其充分熔合，以防止焊缝内部产生夹渣等缺陷；第二道焊缝应使电弧尽量深入夹角内部，可适当加大电流，保证焊透。

第二层焊接时，第一道焊缝的焊接要注意焊缝不可超出坡口边缘的棱边，同时注意焊缝表面应略低于母材；第二道焊缝焊接时焊条下倾角为90°；第三道焊缝注意焊缝上边缘不可超出坡口棱边。

要领：保证填充层焊缝内部质量的关键是使打底层焊缝的下边缘和上边缘充分熔合，其中每层焊缝的最后一道焊缝一定要减小焊条下倾角。

三、横对接盖面焊

1. 焊接

盖面层焊接同样采用多道焊，自下而上共需焊四道焊缝完成。

（1）焊接电流　$I=95\sim105A$。

（2）运条方式　与填充层焊接时相同。

（3）焊条角度　如图 2-107 所示，随着焊道由下而上，焊条与试板下夹角逐渐减小。

（4）焊接过程　焊接时需要采用较短的电弧进行焊接。焊

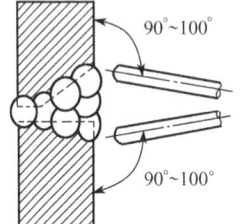

图 2-107　盖面焊焊条角度

第一道焊缝时，熔池应达到坡口下边缘超过棱边 1～2mm，使母材与焊缝充分熔合，同时要避免咬边等缺陷。第二道焊缝和第三道焊缝焊接时，要注意焊道与前一道焊缝的搭配，熔池的下边缘应处于前一道焊缝的最高处。第四道焊缝焊接时尤其要注意压低电弧，防止咬边缺陷，同时要使坡口上边缘熔化1～2mm。

> 要领：横对接焊盖面层中最低处一道焊缝和最高处一道焊缝的焊接是控制质量的关键。最低处一道焊缝（第一道）为其他几道焊缝的基础，必须保证其直线度和与母材的充分熔合；最高处一道焊缝（第四道）易产生咬边，务必压低电弧进行焊接。

2. 焊后清理及检测

① 将焊件表面上的熔渣和飞溅清理干净，用钢丝刷刷净。

② 焊缝不应有咬边、未熔合、焊瘤、夹渣、气孔等焊接缺陷。焊缝正面余高为 0～4mm；余高差为≤2mm；焊缝每侧增宽为 0～2.5mm；宽度差为≤2mm；直线度为≤2mm。

3. 操作注意问题

① 焊接过程中如出现熔渣超前可通过调整焊条角度加以控制。

② 第一道焊缝和最后一道焊缝焊接时可适当加快焊接速度。

③ 焊道之间的搭配为焊缝表面成形的关键。

复 习 题

1. 为什么说焊接检验是保证焊接产品质量的重要措施？

2. 焊接检验一般包括哪几部分？

3. 横对接填充焊和盖面焊时焊条角度的变化有何特点？

项目二十 中厚板 V 形坡口横对接焊质量控制与标准

一、线能量

焊条电弧焊的各项焊接工艺参数，对焊接质量具有很大的影响，在选择焊接工艺参数时，不仅要注意单个参数的正确选择，而且要综合考虑各项工艺参数对焊接质量的影响。例如，焊接电流增大时，虽然热量增大，但不能说加到焊接接头上的热量就增大，因为还要看焊接速度的变化情况。当焊接电流大时，如果焊接速度也相应增加，则焊接接头所得到的热量就不一定大，故对焊接接头的影响就不大。因此，焊接工艺参数的大小要综合考虑，即用线能量来表示。

线能量是指焊接能源输入给单位长度焊缝上的能量。电弧焊时，焊接能源是电弧。如果将焊接电弧看作是全部电能转换为热能时，则电功率为

$$q_0 = I_h U_h$$

式中　q_0——电弧功率，即电弧在单位时间内所析出的能量，J/s；

　　　I_h——焊接电流，A；

　　　U_h——电弧电压，V。

实际上电弧所产生的热量不可能全部都用于加热熔化金属，而总有一些损耗，例如飞溅带走的热量，辐射、对流到周围空间的热量，熔渣加热和蒸发所消耗的热量等。所以电弧功率中有一部分能量损失，余下热量用于加热焊件，真正用于焊件的有效功率为

$$q = \eta I_h U_h$$

式中　η——电弧有效功率系数；

　　　q——电弧有效功率。

在一定条件下是一个常数，主要决定于焊接方法，各种电弧焊方法的电弧有效功率系数见表 2-10。焊接线能量应为

$$\frac{q}{v} = \frac{\eta I_h U_h}{v}$$

式中　$\dfrac{q}{v}$——线能量，J/cm；

　　　v——焊接速度，cm/s。

表 2-10　各种电弧焊方法的电弧有效功率系数

弧焊方法种类	η	弧焊方法种类	η
直流焊条电弧焊	0.75～0.85	CO_2 气体保护焊	0.75～0.9
交流焊条电弧焊	0.65～0.75	钨极氩弧焊	0.65～0.75
埋弧自动焊	0.8～0.9	熔化极氩弧焊	0.7～0.8

例　有一批低碳钢焊接构件，钢板的厚度为 12mm，采用不开坡口埋弧自动焊，焊接工艺参数为：焊丝直径 4mm；焊接电流 550A；电弧电压 36V；焊接速度 32m/h。试计算焊接时的线能量。

解　$I = 550A$；$U = 36V$；$v = 32m/h = 0.89cm/s$；

查表得知 η 值为 0.8～0.9，取 $\eta = 0.85$。

$$q/v = \eta I_h U_h / v = 0.85 \times 550 \times 36 / 0.89 = 18910 \text{（J/cm）}$$

答　焊接时线能量为 18910J/cm。

线能量对焊接接头会产生一定的影响。对于不同的钢材，线能量的最佳范围也不相同，需要通过一系列试验来确定合适的线能量和焊接工艺参数。此外还应指出，线能量的数据相同，而其中的 I、U、v 数值不一定相同，这些参数如配合不合理，还是不能得到良好性能的焊缝。因此要在合理的焊接工艺参数范围内反复试焊，才能确定最佳的线能量。

二、板对接横焊的质量要求与评分标准（见表 2-11）

表 2-11　板对接横焊的质量要求与评分标准

	检查项目	配分	标准	实测结果	检测人	得分
外观检测	焊缝高度(h)	14	$0 \leqslant h \leqslant 3$			
	焊缝高度差(h)	5	$0 \leqslant h \leqslant 2$			
	焊缝每侧增宽	14	0.5～2.5			
	焊缝宽度差(c_1)	5	$0 \leqslant c_1 \leqslant 2$			
	咬边	16	$F \leqslant 0.5$ $0 \leqslant L \leqslant 5$			
	错边量	5	无			
	焊后角度	6	$0° \leqslant \theta \leqslant 3°$			
	焊缝边缘直线度(f)	10	$0 \leqslant f \leqslant 2$			
	气孔、夹渣、未熔合、焊瘤	15	无			
其他	各种规格焊条头 50	5	无或只有一根			
	安全文明生产	5	无人身、设备事故			

注：表中"F"为缺陷深度，"L"为缺陷累计长度，"f"为焊缝边缘的直线度。

复　习　题

1. 什么是线能量？

2. 焊条电弧焊时，采用 E4303、φ4.0 焊条进行焊接，焊接电流为 180A，电弧电压为 25V，焊接速度为 12cm/min，电弧有效功率系数为 0.8，试计算焊接线能量是多少？

项目二十一　大直径管对接垂直固定焊

当管件直径大于 108mm 时，称为大直径管。管对接垂直固定焊其焊接位置为横对接焊的一种特例。其特殊性在于：在焊接过程中要不断地根据管子的曲率移动焊工的身体，并调整焊条位置和角度。

管对接固定焊按管件的位置不同，可分为垂直固定、水平固定和斜 45°固定三种形式，其中垂直固定管焊接技术为较容易掌握的一种。

一、焊接非破坏性检验

焊接非破坏性检验，是指在不损坏被检查材料或成品的性能、完整性的条件下，进行检测缺陷的方法。它包括外观检验、致密性检验和无损探伤检验。

1. 外观检验

焊接接头的外观检验，是一种简便而又应用广泛的检验方法，是产品检验的一个重要内容。这种方法亦使用在焊接过程中，如厚壁焊件多层焊时，每焊完一层焊道时进行检查，防止前道焊层的缺陷被带到下一层焊道中去。

焊接接头的外观检验是以肉眼观察为主，一般可借助标准样板、量规，必要时可利用放大镜进行观察。外观检验的主要目的是为了发现焊接接头的表面缺陷，如焊缝的外气孔、咬边、焊瘤、烧穿及焊接裂纹、焊缝尺寸偏差等。检验前，必须将焊缝附近 10～20mm 焊件上的飞溅和污物清除干净。外观检验应特别注意焊缝有无偏离，表面有无裂纹、气孔等缺陷。

2. 致密性检验

致密性检验是用来检验焊接盛器、管道、密闭容器上焊缝或接头是否存在不致密缺陷的方法，如焊缝中有贯穿性的裂纹、气孔、夹渣、未焊透及疏松组织等，会导致上述焊接结构不致密，致密性检验就能及时发现这类缺陷。常用的致密性检验方法有气密性试验、氨气试验、煤油试验、水压试验和气压试验等。

（1）气密性试验　在密闭容器中，通入远低于容器工作压力的压缩空气，在焊缝外侧涂上肥皂水，如果焊接接头有穿透性缺陷时，由于容器内外气体差，肥皂水就有气泡出现。

（2）氨气试验　向被试容器通入含 1%体积（在常压下）氨气的混合气体，并在容器的外壁焊缝表面贴上一条比焊缝略宽，用 5%硝酸汞水溶液浸过的纸带，当将混合气体加压至所需的压力值时，若焊缝或热影响区有不致密的地方，氨气就会透过这些地方，并作用在浸过硝酸汞水溶液试纸的相应部位上，致该处呈现出黑色斑纹，根据这些斑纹便可确定焊接接头的缺陷部位。这种方法比较准确、迅速，同时可在低温下检查焊缝的致密性。

（3）煤油试验　在焊缝表面（包括热影响区）涂上石灰水溶液，待干燥后便呈现有白色带状，再在焊缝的另一面仔细涂上煤油。由于煤油的黏度和表面张力很小，渗透性很强，具有透过极小的贯穿性缺陷的能力，当焊缝及热影响区上存在贯穿性缺陷时，煤油能渗过去，使石灰的一面显示出明显的油斑或带条状油迹。

煤油试验的持续时间与焊件板厚、缺陷的大小及煤油量有关，一般为 15～20min。

（4）水压试验　用于对焊接容器进行整体致密性和强度检验，一般是超载检验。试验用的水温，碳钢不低于 5℃，其他合金钢不低于 15℃。若环境温度分别低于上述温度时，试验用水必须分别保持上述温度要求。

试验时，将容器灌满水，彻底排尽空气，并用水压向容器内加压。试验压力一般为产品工作压力的 1.25 倍。在升压过程中，应按照规定逐级上升，中间应作短暂停压，当水压达到试验压力最高值后，应持续停压一定时间，随后再将压力缓慢降到产品的工作压力，并沿着焊缝边缘 15～20mm 的地方，用圆头小锤轻轻敲击，同时对焊缝仔细检查，当发现有水珠、细水流或有潮湿现象，表明该处焊缝不致密，应标注出来，待容器卸压后作返修处理。

（5）气压试验　气压试验和水压试验一样，检验在压力下工作的焊接容器和管道的焊缝致密性。气压试验是比水压试验更为灵敏和迅速的试验，同时试验后的产品不需作排水处理。但是，气压试验比水压试验的危险性大。试验时，先将气压加至产品技术条件的规定值，然后关闭进气阀，停止加压，用肥皂水涂在焊缝上，检查焊缝是否漏气，并检查工作压力表数值是否有下降。如没有漏气或压力值下降，则该产品合格，否则应找出缺陷部位，待卸压后进行返修、补焊。

3. 无损探伤检验

无损探伤检验是非破坏性检验的一种特殊方式，它利用渗透（荧光检验、着色检验）、磁粉、超声波、射线等方法，来发现焊缝表面的细微缺陷及存在于焊缝内部的缺陷，这类检验方法，已在重要的焊接结构中被广泛使用。

（1）荧光检验　荧光检验是发现焊缝表面缺陷的一种方法，检验的对象是不锈钢、铜、铝及镁合金等非磁性材料。荧光检验也可用来检验焊缝的致密性。它是利用浸透矿物油的氧化镁粉在紫外线的照射下，能发现黄绿色荧光的特性而进行检验。

检验时，先将被检验的焊件预先浸在煤油和矿物油的混合液中数分钟，由于矿物油具有很好的渗透能力，能渗进极细微的裂纹，当焊件取出待表面干燥后，缺陷中仍留有矿物油。此时撒上氧化镁粉末，并将焊缝表面的氧化镁粉末清除干净，在暗室内，用水银石英灯发出的紫外线照射，这时残留在表面缺陷内的荧光粉就会发光，显示了缺陷的状况。

（2）着色检验　着色检验的原理与荧光检验相似，不同处是着色检验是用着色剂来取代而荧光粉显现缺陷。

检验时，将擦干净的焊件浸没在着色剂中，随后将焊件表面擦净并涂以显现粉，这时浸入裂纹的着色剂，遇到显现粉，便会显现出缺陷的位置和形状。

（3）磁粉检验　磁粉检验是用来探测焊缝表面细微裂纹的一种检验方法，是利用在强磁场中，铁磁性材料表层缺陷产生的磁场吸附磁粉的现象，而进行检验的一种方法。

（4）超声波检验　超声波检验可探测大厚度焊件内部缺陷，是利用超声波（频率超过 20000Hz，人耳听不到的高频率声波）在金属内部直线传播，当遇到两种介质的界面时，发生反射和折射的原理，来检验焊缝中的缺陷。

超声波检验的灵敏度高，操作灵活方便，但对缺陷性质的辨别能力差，且没有直观性。检验时要求工件表面平滑光洁，并需涂上一层牛油为介质。由于焊缝表面不平，不能用直探头来探测内部缺陷，故一般采用斜探头探伤方法，在焊缝两侧磨光面上进行检测。

（5）射线检验　是检验焊缝内部缺陷准确而又可靠的方法之一，它可以显示出缺陷在焊缝内部的形状、位置和大小。

① 射线检验的原理：是利用 X 射线和 γ 射线及其高能射线，能程度不同地透过不透明

物体和使照相底片感光的性能，来进行焊接检验。另外，由于射线通过不同物质的时候，能不同程度地被吸收掉，如金属密度越大，厚度越大，射线被吸收的就越多。因此，当射线被用来检验焊缝时，在缺陷处和无缺陷处被吸收的程度不同，使得射线透过接头后，射线强度的衰减有明显的差异。射线作用在胶片上，使胶片上相应部位的感光程度也不一样。由于缺陷吸收的射线小于金属材料所吸收的射线，所以通过缺陷处的射线对胶片感光较强，冲洗后的底片，在缺陷处的颜色较深，无缺陷处的颜色较淡。通过对底片上影像的观察、分析，便能发现焊缝内有无缺陷及缺陷的种类、大小与分布情况。

② 射线检验时对缺陷的识别。用 X 射线和 γ 射线对焊缝进行检验，一般只应用在重要的结构上。这种检验由专业人员进行，但作为焊工应具备一定的评定焊缝透视底片的知识，能够正确判断缺陷的种类和部位，对做好返修工作是有利的。

经射线照射后，在胶片上一条淡色影像即是焊缝，在焊缝部位中显示的深色条纹或斑点就是焊接缺陷，其尺寸、形状与焊缝内部实际存在的缺陷相当。

未焊透在胶片上是一条断续或连续的黑色直线；裂纹在胶片上一般呈略带曲折的黑条细条纹，有时也呈现直线条纹，轮廓较分明，两端较为尖细，中部稍宽；气孔在胶片上多呈现为圆形或椭圆形黑点，其黑度一般为中心部较大，分布不一致，有密集的，也有单个的；夹渣在胶片上呈现为不同形状的点或条状。

射线检验评定焊缝的质量，可按国家标准 GB 3323—2005 的规定进行。按此标准，焊缝质量分为四级：一级焊缝内不应有裂纹、未熔合、未焊透、条状夹渣；二级焊缝内不应有裂纹、未熔合、未焊透；三级焊缝内不应有裂纹、未熔合及双面焊和加垫板单面焊中的未焊透，不加垫板的单面焊中的未焊透允许长度与条状夹渣三级评定长度相同。焊缝缺陷超过三级者为四级。在标准中，对各级焊缝允许存在的气孔（包括点状夹渣），按焊件板厚规定了点数及直径；对允许存在的条状夹渣的二、三、四级焊缝，规定了单个条状夹渣的长度、间距及夹渣的总长度。产品应达到的射线检验等级，根据产品设计要求而定。

表 2-12 为几种无损探伤方法的比较。

表 2-12 几种无损探伤方法的比较

检验方法	能探出的缺陷	可检验的厚度	灵敏度	判断方法	备　注
着色检验荧光检验	贯穿表面的缺陷（如微细裂纹、气孔等）	表面	缺陷宽度小于 0.01mm，深度小于 0.03～0.04mm 者检查不出	直接根据着色溶液在吸附显影剂上的区别，确定缺陷的位置。深度不能确定	焊接接头表面一般不需加工，有时需打磨加工
磁粉检验	表面及近表面的缺陷	表面及近表面	比荧光法高；与磁场强度大小及磁粉质量有关	直接根据磁粉情况判定缺陷的位置，深度不能确定	母材及焊缝金属为磁性材料
超声波检验	内部缺陷	焊件厚度上限几乎不受限制，下限一般为 8～10mm	能探出直径大于 1mm 以上的气孔、夹渣。探裂纹较灵敏。探表面及近表面的缺陷较不灵敏	根据荧光屏上信号的指示，可判断有无缺陷及其位置和大致的大小。判断缺陷的种类较难	检验部位的表面需加工至 R_a12.5～3.2，可以单面探测
X 射线检验	内部裂纹、气孔、未焊透、夹渣等缺陷	50kV：0.1～0.6mm 100kV：1.0～5.0mm 150kV：≤25mm 250kV：≤60mm	能检测出尺寸大于焊缝厚度 1%～2%的缺陷	从照相底片上能直接判断缺陷的种类、大小和分布；对裂纹不如超声波灵敏度高	焊接接头表面不需加工；正反两个面都必须是可接近的
γ 射线检验		镭：60～150mm 钴 60：60～150mm 铱 192：1.0～65mm	较 X 射线低，一般约为焊缝厚度的 3%		

二、大直径管对接垂直固定焊

1. 焊前准备

(1) 焊件 φ159mm×6mm 的 20 无缝钢管，长度为 125mm，加工 30°坡口，每组两段。

(2) 焊条 E5015 型焊条。

(3) 焊机 ZX5-400 型焊机。

(4) 焊件清理 将焊件待焊处 20mm 范围内除锈、去污，至露出金属光泽。

2. 定位焊

用锉刀在坡口端部加工出 1～1.5mm 的钝边，将两段管子按图 2-108 所示对接，在始焊端留 3.2mm 的间隙，终焊端留 4mm 的间隙，采用拉筋搭桥法定位。

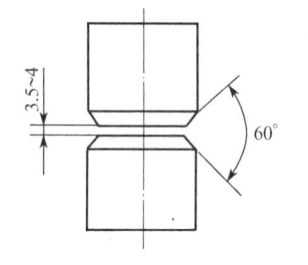

图 2-108 管件对接

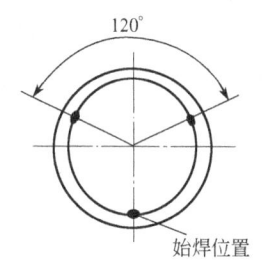

图 2-109 定位焊

拉筋搭桥法定位的具体方法为：用 4～6mm 的板料用气割制成图 2-109 所示的形状，每组焊件互为 120°位置对称装焊三个拉筋板，定位焊缝于筋板两端。

3. 打底焊

焊接过程分为打底焊、填充焊和盖面焊共三层。其中打底焊一般采用灭弧法焊接。

(1) 引弧 将组对好的焊件垂直固定于适当的位置上，然后进行焊接。焊条角度如图

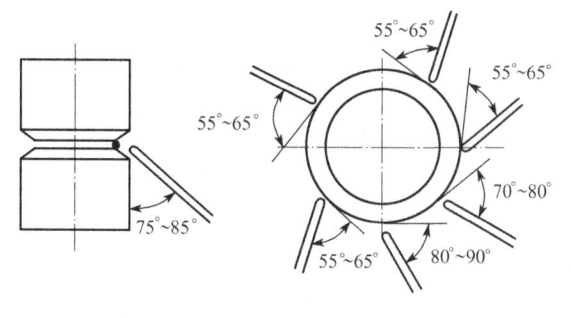

图 2-110 焊条角度

2-110 所示。电弧引燃后，要先拉长电弧在坡口处进行预热，待坡口两侧接近熔化状态时，压低电弧，在上下坡口根部搭桥连接。形成熔池后，立即灭弧，不待熔池凝固立即重新引弧，送进第二滴熔滴。

(2) 正常焊接 焊接时熔滴和熔渣易产生下坠，影响对下侧熔孔的观察，应使下侧的熔化量小于上侧。灭弧时间应较短，一般为 0.5～1s，送给液体金属的时间也要短，直接送入根部。当上侧熔孔太大时，可轻轻补进一滴液体金属。焊接时熔池应保持正面约 3/5，背面约 2/5。

(3) 接头 接头一般采用热接法。灭弧后迅速更换焊条，在熔池尚处于红热状态时，立即在坡口前方 10～15mm 处引燃电弧。引燃后迅速将电弧拉至原熔池偏上位置下压，同时在根部作斜锯齿形运条，听到击穿声后立即灭弧。以较快的节奏间断焊接 2～3 次后，恢复正常焊接。

(4) 收弧 收弧焊也即封闭接头的处理。应预先将原起焊处焊缝磨成斜坡状（冷接头也

可用此法），在运条至封闭接头处采用连弧焊，在接头处将电弧下压，接上接头后焊条沿坡口上侧继续向前焊 5～10mm 然后灭弧。

> 要领：（1）打底层背面焊缝的成形主要取决于灭弧焊接的频率；（2）管对接打底焊封闭接头是控制焊接质量的重要因素，必须严格根据要求进行处理。

4. 填充焊

填充焊分上下两道。

第一道焊缝的焊接时焊条与焊接方向的夹角为 65°～75°，与试板下夹角为 90°～100°，运条为斜圆圈形运条，电弧对准打底焊缝的下边缘，同时要注意不可将坡口棱边破坏。

第二道焊缝焊接时，电弧对准第一道焊缝的上边缘。运条方法仍为斜圆圈形运条，焊条下倾角改为 75°～85°，焊缝下侧稍超过第一道焊缝中心，上侧要紧贴坡口上边缘的棱角处，但不可破坏棱边。

5. 盖面焊

盖面层焊接共分三道完成（自下而上），焊条角度与打底焊时基本相同，焊接电流比填充层时稍小。

第一道焊缝采用直线运条，熔池要熔化坡口下边缘 0.5～1mm，采用短弧焊接。

第二道焊缝采用斜圆圈形运条，根据未焊坡口的宽度决定焊条摆动的幅度；焊道近 2/3 与第一道焊缝重叠，焊道上边缘距坡口边缘距离不超过 3mm。

第三道焊缝要根据需焊的焊缝宽度选择运条方法。焊缝较宽时可采用斜圆圈形运条；焊缝较窄时可采用直线运条。

6. 焊后清理及检验

① 将焊件内外的熔渣及飞溅物清理干净，用钢丝刷刷净。

② 焊缝不应出现未焊透、未熔合、焊瘤、咬边、夹渣等焊接缺陷。焊缝尺寸应符合表 2-13 所示的要求。

表 2-13　焊缝尺寸要求/mm

焊缝余高	焊缝余高差	焊缝宽度	宽度差
0～4	≤3	0.5～2.5	≤3

7. 操作注意问题

① 焊接时如前道焊缝有接头超高现象，可用錾子或锉刀进行修平。

② 打底焊时接头尽量采用热接法。

③ 填充焊焊缝的表面高度应基本上与试件表面高度取平或稍低于试件表面。

复　习　题

1. 焊接非破坏性检验有哪几大类？各类又有哪些具体的方法？

2. 大直径管对接垂直固定焊打底焊时要注意哪些问题？

项目二十二　管板（骑座式）水平固定焊

管板（骑座式）水平固定焊属全位置焊，为管板结构中较难掌握的一种。管板（骑座式）水平固定焊时，焊缝由下向上经过仰—立—平焊位置的变化，焊条角度、灭弧时间和燃弧时间都要随焊接位置的改变而改变。

一、焊接破坏性检验

破坏性检验是从焊件或试件上切取试样，或以产品（或模拟体）的整体破坏做试验，以检查其各种力学性能、抗腐蚀性能等的检验方法。它包括力学性能试验、化学分析、腐蚀试验、金相检验、焊接性试验等。

1. 力学性能试验

力学性能试验是用于对焊接接头的试验，一般是指对焊接试板进行的拉伸、弯曲、冲击、硬度和疲劳等试验。焊接试板的材料、坡口形式、焊接工艺等均同于产品的实际情况。常用的力学性能试验有拉伸试验、弯曲试验、硬度试验、冲击试验、断裂韧性试验和疲劳试验等。

2. 化学分析及腐蚀试验

（1）化学分析　是检查金属的化学成分，化学成分的试样从焊缝金属或堆焊层上取得。一般常规分析需试样 $50\% \sim 60\%$。

（2）腐蚀试验　腐蚀试验的目的在于确定在给定条件下金属抗腐蚀的能力，估计产品的使用寿命，分析腐蚀的原因，找出防止腐蚀的方法。

3. 金相检验

焊接接头的金相试验是用来检查焊缝、热影响区的金相组织情况及确定内部缺陷等。通过对焊接接头金相组织的分析，可以了解焊缝金属中各种显微氧化物的数量、晶粒度及组织情况，以此研究焊接接头各项性能好坏的原因，以便为改进焊接工艺、指定热处理工艺参数、选择焊接材料等提供依据。

金相检验的方法可分为宏观金相检验和微观金相检验两种。本项目中焊件的质量检测一般需要进行宏观金相检验。

二、管板（骑座式）水平固定焊

1. 焊前准备

（1）焊件　板件为低碳钢板，规格尺寸为 $100mm \times 100mm \times 12mm$，在中心位置预先钻直径为 $50mm$ 的孔。管件为 $57mm \times 3.5mm$ 的 20 无缝管，长度为 $100mm$，加工 $45°+5° \atop 0°$ 的坡口。每组管件与板件各一只，共一组。

（2）焊条　E4303、E5015，直径为 $2.5mm$。

（3）焊机　交直流焊机。

（4）焊前清理　将焊件待焊处 $20mm$ 范围内除锈、去污，至露出金属光泽。

2. 定位焊

将管件坡口用锉刀加工出 $1 \sim 1.5mm$ 的钝边，按照图 2-111 所示进行组对。定位焊方法采用拉筋固定法固定。

3. 打底焊

管板焊接由两层完成，第一层为打底焊，第二层为盖面焊。

（1）焊接电流　$75 \sim 95A$。

（2）引弧　将焊件水平固定于离地面 $80cm$ 的高度。焊件操作过程分左、右两部分由下而上进行焊接（先焊右侧）。采用划擦法引弧，引弧点在仰焊位置中心点偏左侧 $15 \sim 20mm$ 处。引弧后将电弧移到距中心 $5mm$ 处，先将电弧拉长进行 $1 \sim 2s$ 的预热，然后压低电弧同时将焊条向下方倾斜，此时的焊条角度如图 2-112 所示。用电弧先将板件部分熔化后再与管子钝边处搭接形成熔池，注意开始连接处焊缝要尽可能薄一些。形成熔池后，要立即灭弧快速跟进两滴液体填充金属且建立起第一个熔孔座。

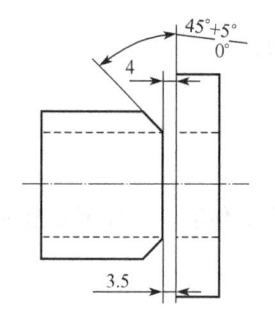

图 2-111 管板组对图

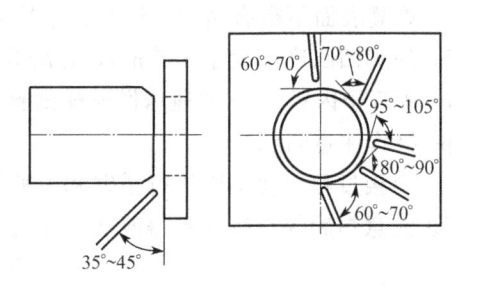

图 2-112 管板打底焊焊条角度

（3）正常焊接　采用灭弧法焊接，每一次引弧焊接都应从板件一侧的坡口边缘处开始，向管件的坡口一侧摆动。电弧摆动至管子一侧时稍作停顿，在向板一侧的摆动中灭弧。

在仰焊位和立焊位的焊接时，熔孔的尺寸一般比每侧间隙增大 1～1.5mm，从立焊位到平焊位时，熔孔的尺寸为每侧增大 1～0.5mm。随着焊接位置的变化，要不断调整焊条角度。当焊至顶点位置时，应继续向前方施焊 5～10mm，然后停止右半圈的运条。

右半圈焊接完成后，先将始焊端和终焊端的熔渣清理干净，然后开始左半圈的焊接。在仰焊接头时要对始焊部位（右侧始焊端后 5mm 处）进行长弧预热 1.5～2s，然后压低电弧，摆动到根部用电弧上顶，形成熔孔之后正常焊接。

（4）接头　接头方法可采用热接法和冷接法。可参照管板垂直俯位固定焊时的接头方法。

（5）收弧　收弧时要沿熔池的后方轻轻点焊两下，以使熔池缓慢冷却，然后再灭弧。

> 要领：管板水平固定焊时，焊接电弧要偏向板件坡口一侧，且电弧作用时间长。在板侧电弧一定要深入根部。液体金属应由板件一侧带向管件一侧，保持板件与管件温度的相对平衡，这是控制焊缝成形及质量的关键。

4. 盖面焊

盖面层同样分左右两部分由下而上进行焊接，在不同的位置应采用不同的运条方法。焊接电流 $I=75～95A$。

在右半圈的焊接中，始焊部位应在中心偏左 10～15mm 处；终焊部位应越过顶部中心向左 10～15mm 处。

焊接时，在仰焊部位宜采用较大幅度的斜锯齿形运条，至立焊部位时应使斜锯齿形运条摆动幅度减小，在平焊位时应改为反向锯齿运条，摆动幅度再次增大。

在左半圈的焊接中，可适当减小焊接电流。在底部接头的处理，应先在焊接前方距接头 10～20mm 处划擦法引弧后将电弧移至右半圈板件一侧始焊位，与右半圈始焊处搭接，形成接头。在顶部终焊位置的处理，应超过右半圈终焊处 10～15mm 再灭弧。其他位置的操作方法与右半圈焊接时相同。

> 要领：盖面层焊接保证焊缝成形和焊脚尺寸的正确，最主要的是无论是仰焊还是立焊，其焊条横向摆动的方向始终为水平方向。

5. 焊后清理及检测

① 焊后将焊件表面上的熔渣和飞溅清理干净，用钢丝刷刷净。

② 检测焊缝质量，应符合：

a. 焊缝表面不得有裂纹、气孔、未熔合、夹渣和焊瘤；

b. 焊脚凹凸度不大于 1.5mm，焊脚为 5～7mm；

c. 用管子内径 85% 的通球做通球试验。

6. 操作注意问题

① 焊接过程中要不断进行手臂和手腕的转动以及身体的移动，以保证正确的焊条角度。

② 注意焊后焊缝表面不得改变其原始状态。

复 习 题

1. 焊接破坏性检验包括哪些内容？

2. 管板（骑座式）水平固定焊控制焊缝成形要注意哪些问题？

模块三　气焊、气割技术

项目一　设备的使用及火焰的调节

一、氧气瓶的使用

1. 氧气与氧气瓶

氧气是气焊、气割过程中的一种助燃气体，其化学性质极为活泼。氧气几乎能与自然界的一切元素相化合，这种化合作用称为氧化反应。剧烈的氧化反应称为燃烧。

气焊、气割时所使用的氧气是储存于高压氧气瓶中的，氧气瓶的外表涂天蓝色，瓶体上用黑漆标注"氧气"字样。常用气瓶的容积为 40L，在 150MPa 压力下，可储存 $6m^3$ 的氧气。氧气瓶的形状如图 3-1 所示，由瓶体、瓶帽、瓶阀及瓶箍等组成，瓶阀的一侧装有安全膜，当瓶内压力超过规定值时，安全膜片即自行爆破，从而保护了氧气瓶的安全。

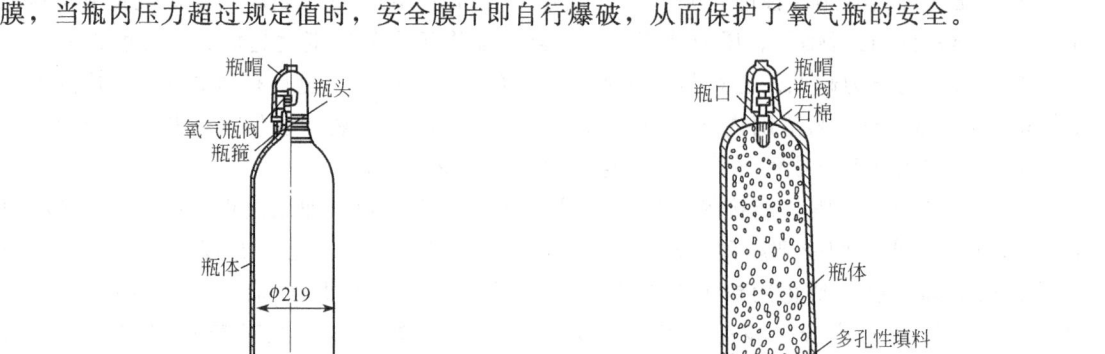

图 3-1　氧气瓶　　　　　　　　　图 3-2　乙炔瓶

高压的氧气如果与油脂等易燃物质相接触时，就会发生剧烈的氧化反应而使易燃物自行燃烧，这样在高压和高温的作用下，促使氧化反应更加剧烈而引起爆炸。因此，在使用氧气瓶时，切不可使氧气瓶阀、氧气减压器、焊炬、割炬、氧气皮管等沾上油脂。

氧气的纯度对气焊、气割的质量、生产率以及氧气本身的消耗量都有直接影响。气焊、气割时氧气的纯度越高，工作质量和生产率越高，氧气的消耗量越小，因而氧气的纯度越高越好。一般来说，气割时氧气的纯度不应低于 98.5%，对于质量要求较高的气焊，氧气的纯度不应低于 99.2%。

2. 氧气瓶的使用

使用氧气瓶时，应注意以下几点。

① 氧气瓶在使用时应直立放置，安放平稳，防止倾倒。只有在特殊情况下才允许卧放，但瓶头一端必须垫高，防止滚动。

② 瓶阀可用扳手直接开启与关闭。氧气瓶开启时，焊工应站在出气口的侧面，先拧开瓶阀吹掉出气口内的杂质，再与氧气减压器连接。开启和关闭不要用力过猛。

③ 氧气瓶内的氧气不能全部用完，至少应保持 0.1～0.3MPa 的压力，以便充氧时鉴别气体性质和吹除瓶阀内的杂质，还可以防止在使用中可燃气体倒流或空气进入瓶内。

④ 夏季露天操作时，氧气瓶应放置在阴凉处，避免阳光的强烈照射。

二、乙炔瓶的使用

1. 乙炔与乙炔瓶

乙炔是电石与水相互作用而得到的，电石是钙和碳的化合物（碳化钙，CaC_2），在空气中极易潮化。

电石与水发生反应，生成乙炔和熟石灰，并析出大量的热，其化学反应式为

$$CaC_2 + H_2O \Longrightarrow C_2H_2 + Ca(OH)_2 + 127 \times 10^3 \, J/mol$$

乙炔是一种无色而带有特殊臭味的碳氢化合物，其分子式为 C_2H_2。在标准状态下密度是 $1.179kg/m^3$，比空气密度小。乙炔与空气混合燃烧时产生的火焰温度为 2350℃，而与氧气混合燃烧时产生的火焰温度为 3000～3300℃，因此可足以迅速将金属加热到较高温度进行焊接与切割。

乙炔是一种具有爆炸性的危险气体，当压力在 0.15MPa 时，如果气体温度达到 580～600℃，乙炔就会自行爆炸。压力越高，乙炔自行爆炸所需的温度就越低；当温度越高，则乙炔自行爆炸的压力越低。乙炔与空气或氧气混合而形成的气体也具有爆炸性，乙炔的含量（体积）在 2.8%～81% 范围内与空气混合成的气体，以及乙炔的含量（体积）在 2.8%～93% 范围内与氧气混合成的气体，只要遇到火星就会立即爆炸。

乙炔与纯铜或纯银长期接触后生产一种爆炸性的化合物，即乙炔铜（Cu_2C_2）和乙炔银（Ag_2C_2），当它们受到剧烈震动或者加热到 110～120℃ 时就会引起爆炸。所以凡是与乙炔接触的器具设备禁止用银或铜制造，只能用含铜量不超过 70% 的铜合金制造。乙炔和氯、次氯酸盐等化合会发生燃烧和爆炸，所以乙炔燃烧时，绝对禁止用四氯化碳来灭火。

乙炔瓶是一种储存和运输乙炔的容器，其形状和构造如图 3-2 所示。乙炔瓶外表涂白色，并用红漆标注"乙炔"字样。乙炔瓶内的最高压力为 1.5MPa，瓶内装着浸有丙酮的多孔填料，使乙炔稳定而安全地溶解在乙炔瓶内，同时以便溶解再次灌入的乙炔。由于乙炔是易燃易爆气体，因此必须严格按照安全规则使用。

2. 乙炔瓶的使用

使用乙炔瓶时，应注意以下几点。

① 乙炔瓶在使用时只能直立放置，不能横放。否则会使瓶内的丙酮流出，甚至会通过减压器流入乙炔胶管和焊割炬内，引起燃烧或爆炸。

② 乙炔瓶应避免剧烈的振动和撞击，以免填料下沉形成空洞，影响乙炔的储存甚至造成乙炔的爆炸。

③ 工作时，使用乙炔的压力不允许超过 0.15MPa，输出流量不能超过 1.5～2.5L/min。

④ 乙炔瓶阀与减压器的连接必须可靠，严禁在漏气的状态下使用。

⑤ 乙炔瓶内的乙炔不能完全用完，当高压表读数为零，低压表的读数为 0.01～0.03MPa 时，应关闭瓶阀，禁止使用。

⑥ 乙炔瓶表面的温度不应超过 30～40℃，温度过高会降低乙炔在丙酮中的溶解度，使

瓶内乙炔的压力急剧增高。夏季使用乙炔瓶应注意不可在阳光下曝晒，应置于阴凉通风处。

三、减压器的使用

1. 减压器的作用

（1）减压作用　由于气瓶内的压力较高，而气焊、气割时所需的工作压力却较小，如氧气的工作压力一般要求为 0.1～0.5MPa，乙炔的工作压力最高不超过 0.15MPa，因此需要用减压器把储存在气瓶内的高压气体降为低压气体，才能输送到焊、割炬内使用。

（2）稳压作用　随着气体的消耗，气瓶内气体的压力是逐渐下降的，即在气焊、气割工作中气瓶内的气体压力是时刻变化的，这种变化会影响气焊（割）过程的顺利进行。因此就需要使用减压器保持输出气体的压力和流量都不受气瓶内气体压力下降的影响，使工作压力自始至终保持稳定。

2. 减压器的分类与结构

（1）减压器的分类　减压器按用途不同可分为氧气减压器和乙炔减压器或分为集中式和岗位式；按构造不同可分为单级式和双级式；按工作原理不同可分为正作用式、反作用式和双级混合式。图 3-3 为单级反作用式减压器的构造。

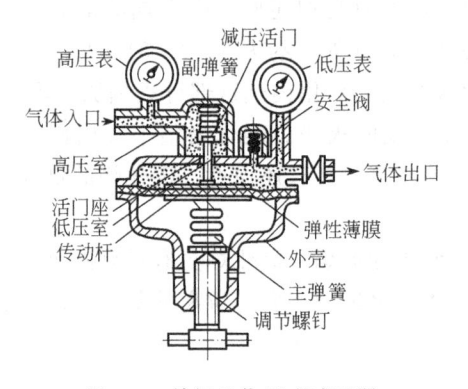

图 3-3　单级反作用式减压器

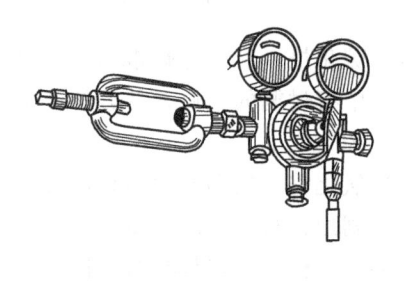

图 3-4　乙炔减压器

（2）减压器的构造　氧气、乙炔等气体所用的减压器，在作用原理、构造和使用方法上基本相同，所不同的是乙炔减压器与乙炔瓶的连接是用特殊的夹环，并且紧固螺栓加以固定。如图 3-4 所示。

3. 减压器的使用

① 安装减压器前，先检查减压器接头螺纹是否完好，应保证减压器接头螺纹与氧气瓶阀连接达到 5 扣以上，以防止安装不牢而使高压气体射出；同时还要检查高压表和低压表的指针是否处于零位。

② 开启瓶阀前，应先将减压器的调节螺钉旋松，使其处于非工作状态，以免开启瓶阀时损坏减压器；开启瓶阀时，瓶阀出气口不得对准操作者或者他人，以防止高压气体突然冲出伤人。

③ 调节工作压力时，要缓缓地旋进调节螺钉，以免高压氧冲坏弹簧，薄膜装置和低压表。停止工作时应先关闭高压气瓶的瓶阀，然后再放出减压器内的全部余气，放松调节螺钉使指针降到零位。

④ 减压器上不得沾染油脂、污物，如有油脂，应擦拭干净再用。

⑤ 严禁各种气体的减压器和压力表替换使用。

⑥ 减压器上若有冻结现象，应用热水或蒸汽解冻，绝不能用火焰烘烤。

四、气焊（割）火焰的性质及调节

1. 气焊（割）火焰的性质

气焊（割）火焰一般为氧和乙炔混合燃烧所形成的火焰，根据氧与乙炔的混合比不同，可得到三种不同性质的火焰，即中性焰、碳化焰和氧化焰。三种火焰的外形、构造及火焰的温度分布各不相同，如图 3-5 所示。

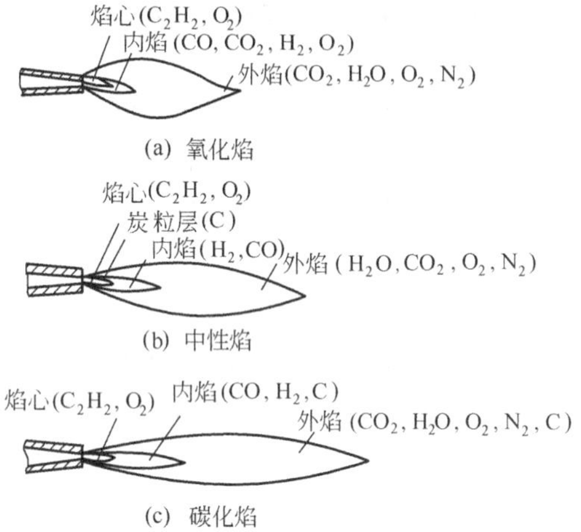

焰心(C_2H_2, O_2)
内焰(CO, CO_2, H_2, O_2)
外焰(CO_2, H_2O, O_2, N_2)

(a) 氧化焰

焰心(C_2H_2, O_2)
炭粒层(C)
内焰(H_2, CO)
外焰(H_2O, CO_2, O_2, N_2)

(b) 中性焰

焰心(C_2H_2, O_2)
内焰(CO, H_2, C)
外焰(CO_2, H_2O, O_2, N_2, C)

(c) 碳化焰

图 3-5 氧炔焰的种类、外形及构造

（1）中性焰 氧和乙炔混合比（体积）为 1.1～1.2 时燃烧形成的火焰。中性焰在一次燃烧区域内即无过量的氧，也无游离的碳。中性焰的焰心外表分布着乙炔分解所产生的一氧化碳微粒层，因受高温而使焰心形成光亮而明显的轮廓，在内焰处，C_2H_2 与 O_2 燃烧形成的 CO 和 H_2 形成还原气氛，在与熔化金属相互作用时，能使氧化物还原，中性焰的最高温度在焰心 2～4mm 处，约为 3050～3150℃。用中性焰焊接时主要利用内焰这部分火焰加热焊件。

（2）碳化焰 氧和乙炔混合比小于 1.1 时燃烧形成的火焰。碳化焰整个火焰比中性焰长，火焰中有过剩的乙炔，并分解产生游离状态的碳和氢，具有还原性。碳化焰的最高温度为 2700～3000℃。

（3）氧化焰 氧和乙炔混合比大于 1.2 时燃烧形成的火焰。氧化焰具有过剩的氧，火焰氧化反应剧烈，整个火焰缩短了，内、外焰层次不清，火焰中主要有游离的氧、二氧化碳和水蒸气存在，整个火焰具有氧化性，最高温度约为 3100～3300℃。

2. 气焊火焰的点燃、调节和熄灭

（1）焊炬的握法 将拇指位于阀处，食指位于氧气阀处，其余三指握住焊炬柄。

（2）火焰的点燃 先微微打开乙炔阀放出少量乙炔，再微开氧气阀门放出少量氧气，然后用打火枪从喷嘴的后侧靠近点燃火焰。

（3）火焰的调节 点燃火焰后，再将乙炔流量适当调大，同时再将氧气流量适当调大；此时观察火焰情况，如火焰有明显的内焰，颜色较红时，为碳化焰，可适当加大氧气流量；如火焰无内焰并发出嘶嘶声时，为氧化焰，可适当减小氧气流量；如火焰的内焰较短并作轻微闪动时，为中性焰。可根据各种火焰不同的情况进行调节。

（4）火焰的熄灭 当需要将火焰熄灭时，应先将乙炔阀门关闭，再将氧气阀门关闭。

在点火时，如果出现连续的"放炮"声，说明乙炔不纯，先放出不纯的乙炔，然后重新点火；如出现不易点燃的现象，可能是氧气太多，将氧气的量适当减少后再点火。此外，在操作中不要将阀门关得过紧，以防止磨损过快而降低焊炬的使用寿命。

复 习 题

1. 使用氧气瓶时，应注意哪些问题？

2. 使用乙炔瓶时，应注意哪些问题？

3. 气焊（割）火焰按性质不同可分为哪几种？它们所能达到的温度分别是多少？

项目二　钢板的手工气割

气割是利用可燃性气体与助燃性气体混合燃烧所放出的热量作为热源，进行金属材料切割的一种方法。其中以手工气割的应用最为广泛。

一、割炬及气割的辅助工具

割炬是气割工作的主要工具。割炬的作用是将可燃气体与助燃气体按一定的比例和方式混合燃烧后，形成具有一定热量和形状的预热火焰，并在预热火焰中心喷射出切割氧气进行切割。

1. 割炬的分类

（1）按可燃气体与氧气混合的方式不同　可分为低压割炬和等压割炬两种，其中低压割炬使用较多。

（2）按用途不同　可分为普通割炬、重型割炬、焊割两用炬等。普通割炬的型号及主要技术数据见表3-1。

表 3-1　普通割炬的型号及主要技术数据

割炬型号	G01-30			G01-100			G01-300				GD1-100		
结构形式	射　　吸　　式										等　压　式		
割嘴号码	1	2	3	1	2	3	1	2	3	4	1	2	3
割嘴孔径/mm	0.6	0.8	1.0	1.0	1.3	1.6	1.8	2.2	2.6	3.0	0.8	1.0	1.2
切割厚度范围/mm	2～10	10～20	20～30	10～25	25～30	50～100	100～150	150～200	200～250	250～300	5～10	10～25	25～40
氧气压力/MPa	0.2	0.25	0.3	0.2	0.35	0.5	0.5	0.65	0.8	1.0	0.25	0.3	0.35
乙炔压力/MPa	0.001～0.01										0.025～0.1	0.03～0.1	0.04～0.1
氧气消耗量/(m³/h)	0.8	1.4～2	2.2	2.2～2.7	3.5～4.2	5.5～7.3	9.0～10.8	11～14	14.5～18	19～26	—	—	—
乙炔消耗量/(L/h)	210	240	310	350～400	400～500	500～610	680～780	800～1100	1150～1200	1250～1600			
割嘴形状	环形			梅花形或环形			梅花形				梅花形		

2. 低压割炬的构造及工作原理

（1）低压割炬的构造　低压割炬的构造如图3-6所示，可分为两部分：一部分为预热部分，具有射吸作用，可使用低压乙炔；另一部分为切割部分，它是由切割氧调节阀、切割氧通道以及割嘴组成。

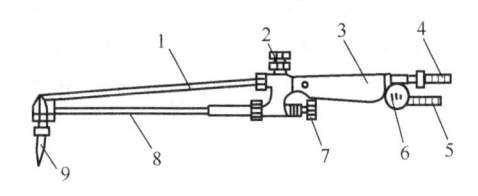

图 3-6　低压割炬的构造

1—切割氧管；2—高压氧管；3—手柄；

4—氧气管接头；5—乙炔管接头；6—乙炔开关；

7—氧气阀；8—混合气管；9—割嘴

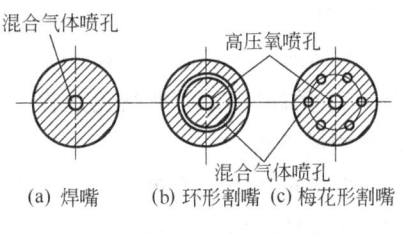

图 3-7　割嘴与焊嘴的截面比较

混合气体喷孔　　高压氧喷孔

混合气体喷孔

(a) 焊嘴　(b) 环形割嘴 (c) 梅花形割嘴

低压割炬的割嘴按结构形式不同有环形和梅花形两种（见图 3-7）。

（2）低压割炬的工作原理　低压割炬的工作原理如图 3-8 所示。气割时，先打开乙炔阀和氧气阀并点火，调节好预热火焰，对割件进行预热，待割件预热至燃点时，再开启切割氧阀，此时高速氧气流将割缝处的金属氧化并吹除，随着割炬的不断移动在割件上形成割缝。

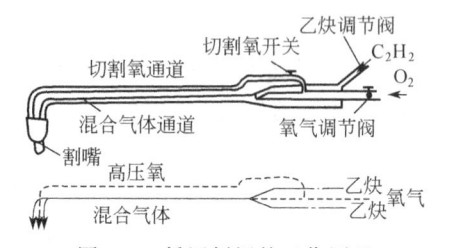

图 3-8　低压割炬的工作原理

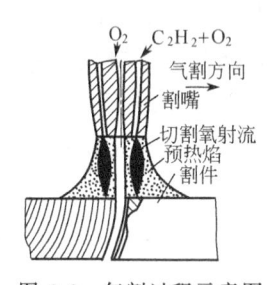

图 3-9　气割过程示意图

3. 气割的辅助工具

（1）护目镜　主要是保护焊工的眼睛不受火焰光的刺激以便在气割过程中仔细观察割缝，又可防止飞溅金属微粒溅入眼睛内。护目镜的镜片颜色和深浅，根据焊工需要进行选择。一般宜用 3 号到 7 号的黄绿色镜片。

（2）氧气和乙炔胶管　氧气瓶和乙炔瓶中的气体，须用橡皮管输送到焊炬中，根据 GB 9448—88 规定，氧气管为黑色，内径为 8mm，允许工作压力为 1.5MPa；乙炔管为红色，内径为 10mm，允许工作压力为 0.5MPa。连接割炬的胶管长度不能短于 5m，但太长了会增加气体流动的阻力，一般以 10～15m 为宜。皮管应禁止油污和漏气，严禁互换使用。

（3）点火枪　使用手枪式点火枪点火最为安全方便。当用火柴点火时，必须把划着了的火柴从焊嘴或割嘴的后面送到焊嘴或割嘴上，以免手被烧伤。

（4）其他工具

① 清理割缝的工具，如钢丝刷、手锤、锉刀等。

② 连接和启闭气体通路的工具，如钢丝钳、铁丝、皮管夹头、扳手等。

③ 清理割嘴用的通针，一般为粗细不等的钢质通针一组，以便于清除堵塞割嘴的脏物。

二、气割原理

气割是利用气体火焰的热能，将工件切割处预热到一定温度后，喷出高速氧气流，使其燃烧并放出热量实现切割的过程。

1. 气割的原理

氧气切割的过程包括下列三个阶段：气割开始时，用预热火焰将金属（起割处）预热到燃点；向金属喷射出切割氧，使其燃烧；金属燃烧氧化后生成熔渣和产生反应热，熔渣被切割氧吹除，所产生的热量和预热火焰热量将下层金属加热到燃点，从而持续地将金属割穿，随着割炬的移动，就切割成所需的形状和尺寸（见图 3-9）。所以金属气割的过程实质是铁在纯氧中燃烧的过程，而非熔化过程。

2. 气割的条件

氧气切割的过程是预热—燃烧—吹渣过程。但并不是所有的金属都能满足这一过程的要求，气割金属必须具备下述条件。

① 金属的燃点低于熔点。

含碳量大于 0.7% 的高碳钢，由于燃点比熔点高，所以不易切割。此外，铝、铜及铸铁的燃点比熔点高，所以不能用普通氧气切割。

② 金属气割时形成氧化物的熔点应低于金属本身的熔点。

高铬钢或铬镍钢加热时，会形成高熔点（约 1990℃）的三氧化二铬；铝及铝合金加热则会形成高熔点（约 2050℃）的三氧化二铝，所以这些材料不能用氧气切割，而只能用等离子切割。

③ 金属在切割氧中燃烧应是放热反应。

如气割低碳钢时，由金属燃烧所产生的热量约占 70%，预热火焰所产生的热量约占 30%，共同对金属进行加热，才能使气割持续进行。

④ 金属的导热性应不高。

如铝和铜的导热性较高，因而会使气割发生困难。

⑤ 金属中阻碍气割过程和提高淬硬性的杂质要少。

目前，铸铁、高铬钢、铬镍钢、铜、铝、铜及其合金均由于上述原因，一般只能采用等离子切割。

三、手工气割钢板

1. 气割准备

（1）设备与工具　氧气瓶、乙炔瓶、氧气减压器、乙炔减压器、G01-30 型割炬（含割嘴）、辅助工具（护目镜、通针、扳手、点火枪、钢丝刷、钢丝钳等）。

（2）气割材料　氧气、乙炔。

（3）割件　Q235 钢板，厚度为 4mm、12mm 及 30mm 三种。长×宽为 300mm×300mm。

2. 中厚板气割

将 12mm 的钢板用钢丝刷仔细清理表面，去除氧化物、铁锈等，用耐火砖将割件垫起。

点火后，调节火焰为中性焰或轻微氧化焰。先检查割炬的射吸能力和切割氧流的形状（风线形状）。打开切割氧阀门，观察风线，应为笔直而清晰的圆柱体，并有一定的挺度。若风线不规则，应当关闭割炬所有阀门，用通针修整切割氧喷嘴或割嘴，若调整不好，则应更换割嘴。

（1）操作姿势　双脚成"八"字形蹲在割件一旁，右手握住割炬手柄，同时用拇指和食指握住预热氧的阀门，右臂靠右膝盖，左臂悬空在两脚中间，左手的拇指和食指控制切割氧的阀门，其余手指平稳地托住混合管，左手同时起把握方向的作用。眼睛注视割件和割嘴，切割时注意观察割线，注意呼吸要均匀、有节奏。

（2）预热和起割　在割件的割线右端开始预热，待预热处呈现亮红色时，将火焰略微移至边缘外，同时慢慢打开切割氧阀。当看到预热的红点在氧气中被吹掉，再进一步加大切割氧阀门，割件的背面飞出鲜红的氧化铁渣，说明割件已被割透，再将割炬以正常的速度从右向左移动。

（3）正常切割过程　起割后，即进入正常的气割阶段。整个过程中要做到：

① 割炬移动的速度要均匀，割嘴到割件表面的距离应保持一定；

② 若割缝较长，气割者的身体要更换位置时，应先关闭切割氧阀门，移动身体，再对准割缝的切割处重新预热起割；

③ 在气割过程中，有时会由于各种原因而出现爆鸣和回火现象，此时应迅速关闭切割氧调节阀门，火焰会自动在割嘴外正常燃烧；如果在关闭阀门后仍然听到割炬内还有嘶嘶的响声，说明火焰没有熄灭，应迅速关闭乙炔阀门。

（4）停割　停止切割时，应先将切割氧阀门关闭，再将割嘴从割件上移开。

> 要领：（1）气割风线的形状是保证气割质量的前提；（2）气割时除了要仔细观察割嘴和割缝外，同时要注意，当听到"噗噗"声时为割穿，否则未割穿。

3. 厚板的切割

将 30mm 的钢板用耐火砖垫好，然后进行切割。厚板的切割应注意：

① 采用较大的火焰能率；

② 采用较慢的切割速度；

③ 起割处割嘴向切割方向倾斜一定的角度（5°～10°）；正常切割时保持割嘴与割件表面垂直；在停割前应先将割嘴沿切割方向的反向倾斜一定的角度，以便将钢板下部提前割透，再将割件割完后停割。

4. 薄板的切割

将 4mm 厚的钢板用耐火砖垫好，然后进行切割。薄板的切割应注意：

① 采用较小的火焰能率；

② 采用较快的切割速度；

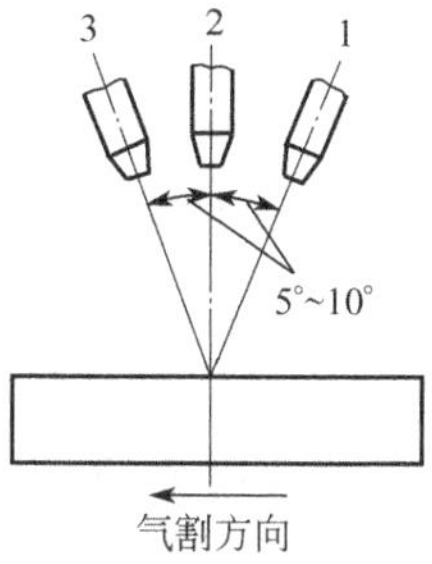

图 3-10　割嘴的倾斜角
1—割嘴沿切割反向的倾角；
2—割嘴垂直；3—割嘴沿
切割方向的倾角

③ 切割时应将割嘴沿切割方向的反向倾斜一定的角度（30°～60°），以防止切割处过热而熔化。

割嘴的各种倾斜角度见图 3-10。

5. 操作注意问题

① 切割过程中应熟练掌握割炬上各只调节阀的开与关，具体为：

a. 乙炔阀为左手控制，前开后关；

b. 预热氧阀为右手食指和拇指控制，上开下关；

c. 切割氧阀为左手控制，顺开逆关。

② 练习气割时可先在钢板上划线，用割炬不点火进行练习，然后再进行实际切割。

③ 气割过程中身体要放松，呼吸要自然，手握割炬不可太紧。

④ 若切割厚度很大的钢板，割嘴要在切割时作横向月牙形或之字形摆动。

四、气割切口表面质量的标志

气割时要控制好气割质量，否则会影响到割件的尺寸和精度，气割切口表面质量的具体标志主要有：

① 切口表面应光滑干净，割纹要粗细均匀；

② 气割的氧化铁挂渣要少，且容易脱落；

③ 气割切口的间隙要窄，而且宽窄一致；

④ 气割切口的钢板没有熔化现象，棱角完整；

⑤ 切口应与割件平面相垂直；

⑥ 割缝不歪斜。

复　习　题

1. 什么是气割？

2. 气割应具备哪些条件?

3. 气割的辅助工具有哪些?

4. 画出气割薄板、中厚板和厚板时割嘴的各种倾斜角度。

项目三 半自动切割开坡口

机械化切割是在手工切割的基础上,使用轨道进行切割的一种切割方法。机械化切割可以满足对气割生产工作量大而且要求高的直线或曲线气割。常见的设备有半自动气割机、仿形气割机、高精度门式气割机、光电跟踪气割机以及数控气割机等。机械气割具有提高切割效率、保证切割质量、减轻劳动强度等优点。本项目将介绍半自动气割机的使用以及气割工艺参数的选择。

一、气割工艺参数

气割工艺参数主要包括切割氧压力、气割速度、预热火焰的能率、割嘴与割件的倾斜角度和距离等。气割工艺参数的选择正确与否,直接影响切口表面的质量。气割工艺参数的选择主要取决于割件厚度。

1. 气割氧的压力

其他条件一定,气割氧的压力对气割质量有极大的影响。如氧气压力不足,会引起金属燃烧不完全,不仅降低气割速度、熔渣难以全部吹除、出现割不透的问题,而且割缝的背面会有挂渣。如氧气压力太大,过剩的氧起了冷却作用,不仅影响气割速度,而且割口表面粗糙、割缝加大,同时也浪费氧气。

一般选择氧气压力的根据是:随割件厚度的增大而增大,或随割嘴号码的增大而增大;氧气纯度低时,要相应增大气割氧的压力。氧气压力选择见表 3-2。

表 3-2 钢板的气割厚度与气割速度、氧气压力的关系

钢板厚度/mm	气割速度/(mm/min)	氧气压力/MPa	钢板厚度/mm	气割速度/(mm/min)	氧气压力/MPa
4	450～500	0.25	30	210～250	0.45
10	340～450	0.35	40	180～230	0.45
15	300～375	0.375	60	160～200	0.5
20	260～350	0.4	80	150～180	0.6
25	240～270	0.425	100	130～165	0.7

2. 切割速度

切割速度与割件厚度、割嘴形状有关。割件越厚,切割速度越慢;割件越薄,则切割速度越快。切割速度过慢,会使割缝边缘熔化;速度太快,会产生很大的后拖量(沟纹倾斜)或割不穿。切割速度的正确与否,主要根据割缝后拖量来判断。所谓后拖量是指切割面上的切割氧流轨迹的始点与终点在水平方向的距离(见图 3-11)。

3. 预热火焰的能率

预热火焰的能率以可燃气体(乙炔)每小时消耗量来表示。预热火焰的能率与割件厚度有关。割

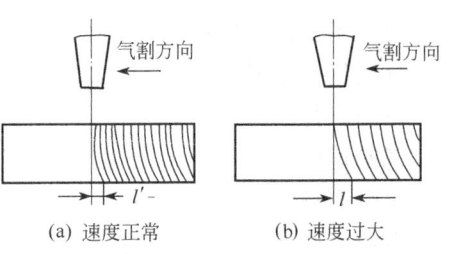

图 3-11 切割速度对后拖量的影响

件越厚,火焰能率越大;但火焰能率过大会使割缝边缘熔化,同时造成割缝的背面粘渣增多

而影响气割质量；火焰能率过小，割件得不到足够的热量，气割速度减慢，甚至使气割过程发生困难。

应当指出的是，当钢板厚度较薄时，要采用较小的火焰能率。

4. 割嘴与割件的倾斜角度

割嘴与割件的倾角，直接影响气割速度和后拖量。当割嘴沿气割方向的相反方向倾斜一定的角度时，能使氧化燃烧而产生的熔渣吹向切割线的前缘，这样可充分利用燃烧反应产生的热量来减少后拖量，从而使气割速度提高。

由本模块项目三可知，割嘴倾斜角度的大小，主要根据割件厚度而定。

5. 割嘴与割件表面的距离

在气割过程中，割嘴与割件表面的距离越近，越能提高速度和质量。但距离过近，预热火焰会将割件边缘熔化，钢板表面的氧化皮会堵塞嘴孔从而造成回烧、回火。

选择割嘴与割件表面的距离要根据预热火焰长度和割件厚度，并使得加热条件最好。在通常情况下其距离为 3～5mm。

当气割的工艺参数选定后，气割质量的好坏还与钢材质量及表面状况（氧化皮等）、割缝的形状（直线、曲线或坡口等）有关。

二、机械化气割

随着工业生产的发展，对于一些批量零件、钢板焊接缝的边缘、带有要求较高的曲线边缘及工作量大而又集中的气割工作，采用手工气割已不能适应生产上的需要。因此，在手工气割的基础上逐步改革设备和操作方法，出现了使用轨道的半自动气割机、仿形气割机、高精度门式气割机等机械化气割设备。机械化气割与手工气割相比，具有气割质量好、生产率高、生产成本低和焊工劳动强度低等优点，因而在机械制造、锅炉、造船等行业得到广泛的应用。

1. 半自动气割机

半自动气割机是一种最简单的机械化气割设备，由一台小车带动割嘴在专用的轨道上自动移动，但轨道需要人工调整。当轨道是直线时，可以进行直线气割；当轨道呈一定的曲率时，割嘴可以进行一定曲率的曲线气割；如果轨道是一根带有磁铁的导轨，小车利用爬行齿轮在导轨上爬行，割嘴可以在倾斜面或垂直面上气割。

半自动气割机最大的特点是轻便、灵活、移动方便。目前用得最多的是气割直线。它的设备简单，效率较高。

常用的半自动气割机为 CG1-30 型半自动气割机，如图 3-12 所示。这是一种结构简单、操作方便的小车式半自动气割机，它能切割直线或圆弧。

（1）主要技术参数

气割钢板厚度	5～60mm
割圆直径	ϕ200～2000mm
气割速度	50～750mm/min（无级调速）
割嘴数目	1～3 个
电源电压	220V
电动机功率	24W
外形尺寸（长×宽×高）	370mm×230mm×240mm
质量	17kg

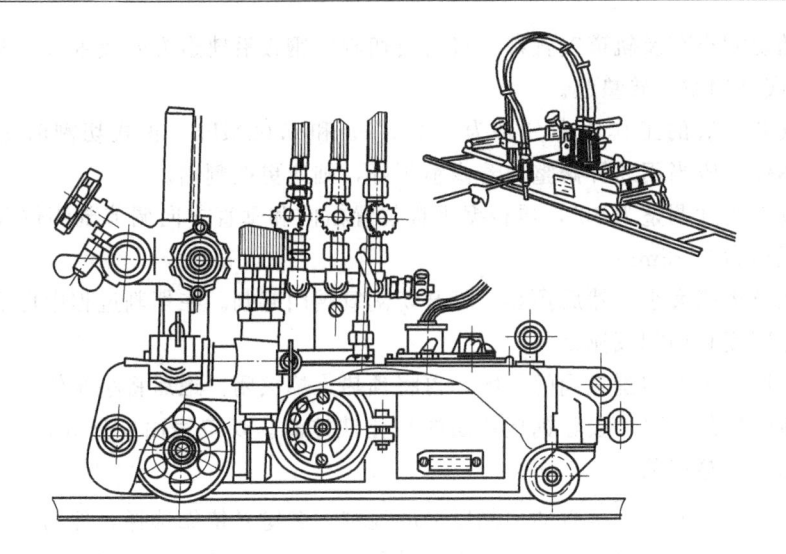

图 3-12　CG1-30 型半自动切割机

（2）结构特点　机体采用铸铝外壳，机身上装有小车行走机构、气体分配器、控制板和割嘴支持架等。行走机构由功率为 24W 的电动机带动，经减速器后，驱动主动轮带动小车行走，而从动轮在割圆形割件时，可松动固定螺母，使其自动适应转动方向。供割嘴用的氧气和乙炔由气体分配器供给，也可经过改装不经分配器而直接供给。控制板上装有可控硅调速线路，可以对小车行走速度进行均匀而稳定的调节。在割嘴支架上，安装有调节割嘴横向移动、升降移动和倾斜角度的支架，可以随时按工作要求对割嘴进行调节。

CG1-30 型半自动气割机沿着导轨行走，就可以进行直线气割。如换上半径杆，把从动轮的固定螺母松开，使从动轮处于自由状态，小车就能进行圆周运动，割出圆弧曲线。

气割机的割炬配有三个大小不同的割嘴，在气割不同厚度钢板时，可按照表 3-3 所示的工艺参数选用。

表 3-3　CG1-30 型气割机割嘴大小与工艺参数的关系

割嘴代号	气割厚度/mm	氧气压力/MPa	乙炔压力/MPa	气割速度/(mm/min)
1	5～20	0.25	0.02	500～600
2	20～40	0.25	0.025	400～500
3	40～60	0.3	0.04	300～400

2. 仿形气割机

仿形气割机是一种高效率的半自动气割机，可以方便而又精确地气割出各种形状的零件，仿形气割机的结构有两种：一是门架式，另一种是摇臂式。其工作原理主要是靠轮沿样板仿形带动割嘴运动，而靠轮有磁性靠轮和非磁性靠轮两种。

三、半自动气割开坡口

1. 加工前准备

（1）设备与工具　CG1-30 型半自动切割机、氧气瓶、乙炔瓶、氧气减压器、乙炔减压器以及气割辅助材料（扳手、通针、护目镜等）。

（2）气割材料　氧气、乙炔。

（3）割件　Q235 钢板或 16Mn 钢板，规格为 300mm×130mm×12mm。

2. 坡口切割

将半自动切割小车及轨道安置好，将需要切割的钢板沿轨道方向放置（长度方向与轨道平行），钢板底部用耐火砖垫起。

调节氧气和乙炔的工作压力分别为 0.25MPa 和 0.02MPa。正式切割前先调试切割风线，若风线不佳，应当用通针修整，若修整不好，则应更换割嘴。

将割嘴倾斜角度调整为 30°，再根据钢板位置横向和垂直方向调节割嘴位置，使割嘴与钢板表面的距离为 3～5mm。

点火，调节火焰大小，然后预热，打开切割氧阀门起割。在切割过程中可根据割穿情况调节小车行走速度和切割氧流量。

切割完备后，先将切割氧阀门关闭，再将预热火焰关闭，最后将小车停下。

检查钢板的切割情况，去除钢板背面的氧化铁挂渣。切口表面应整齐、光滑、无沟槽、无边缘熔化和未割穿现象。

> 要领：半自动切割质量的控制，关键是依靠选择合理的气割工艺参数，以及在切割过程中根据切割情况及时调整气割工艺参数得以实现。

3. 切割注意问题

① 安置小车导轨应当略高于钢板所在平面。

② 切割过程中在保证割穿的情况下，应尽量加快小车行走速度。

③ 若遇到割不穿问题时，可适当加大切割氧气工作压力。

四、气割常见缺陷产生的原因及防止方法

气割常见缺陷产生的原因及防止方法见表 3-4。

五、先进切割技术简介

近年来，随着光电跟踪气割机、数控自动气割机的推广和使用，钢板气割自动化程度得到大大提高。

1. 光电跟踪气割

光电跟踪自动气割是一种高效率自动化气割工艺，它是将切割零件的图样，以一定的比例画成缩小的仿形图，制成光电跟踪模板。光电跟踪气割机通过光电跟踪头的光电系统自动跟踪模板上的图样线条，控制割炬的运动轨迹与光电跟踪头的轨迹一致，以完成自动气割过程。由于跟踪的稳定性好、传动可靠，因此大大提高了气割质量和生产率，减轻了工人的劳动强度，故光电跟踪气割机的应用日趋扩大。

2. 数控自动气割

随着电子计算机技术的迅速发展，数控气割已成为气割工艺中一项新技术。所谓数控气割，就是指用工作指令（程序），实施控制的方式。当这种指令输入数控自动气割的控制装置时，气割机就能按照给定的程序自动地进行气割。

数控自动气割在切割前，需完成一定的准备工作，把图样上的几何形状和数据编制成计算机能够接受的工作指令，即所谓编制程序。然后根据编制好的程序按照规定的编码打在穿孔纸带上，这条穿孔纸带就是计算机所能认识的"图样"。以上准备工作也可以由计算机来完成。气割时，把穿好孔的纸带放在光电输入机上，加工指令通过光电输入机被读入专用的计算机中，专用计算机根据输入的指令计算出气割头的走向和应走的距离，并以一个个脉冲向外输出给执行机构，经过功率放大后驱动步进电动机，步进电动机带动气割头进行气割。

表 3-4 气割常见缺陷产生的原因及防止方法

缺陷形式	产 生 原 因	防 止 方 法
气割中断、割不透	(1)预热火焰的能率小 (2)切割速度太快 (3)切割氧压力小 (4)材料缺陷	(1)检查氧气、乙炔压力,检查管道和割炬通道有无堵塞、漏气,调整火焰 (2)放慢切割速度 (3)提高切割氧压力及流量 (4)从反面重新切割
切口过宽	(1)割嘴号码太大 (2)氧气压力过大 (3)切割速度太慢	(1)换小号割嘴 (2)调整氧气压力 (3)加快切割速度
后拖量过大	(1)切割速度太快 (2)预热火焰的能率不足 (3)割嘴倾角不当	(1)降低切割速度 (2)增大预热火焰的能率 (3)调整割嘴后倾角度
切口不直	(1)钢板放置不平 (2)钢板变形 (3)风线不正 (4)割炬不稳定 (5)切割机轨道不直	(1)检查平台,将钢板放平 (2)切割前校平钢板 (3)调整割嘴垂直度 (4)尽量采用直线导板 (5)修理或更换轨道
切口断面纹路粗糙	(1)氧气纯度低 (2)氧气压力太大 (3)预热火焰的能率小 (4)割嘴距离不稳定 (5)切割速度不稳定	(1)更换氧气 (2)适当降低氧气压力 (3)加大预热火焰的能率 (4)稳定割嘴距离 (5)调整切割速度,检查设备
棱角熔化、塌边	(1)割嘴距离太近 (2)预热火焰的能率大 (3)切割速度过慢	(1)提高割嘴高度 (2)火焰调小或更换割嘴 (3)提高速度
下缘挂渣或熔渣吹不掉	(1)氧气纯度低 (2)预热火焰的能率大 (3)氧气压力太低 (4)切割速度慢	(1)更换氧气 (2)更换割嘴,调整火焰 (3)提高氧气压力 (4)调整速度
气割厚度出现喇叭口	(1)切割速度过慢 (2)风线不好	(1)提高速度 (2)适当增大氧气流速
切口被熔渣粘结	(1)氧气压力小、风线太短 (2)切割薄板时切割速度低	(1)增大氧气压力,检查割嘴 (2)提高速度,调整割嘴与割件表面的夹角
割后变形严重	(1)预热火焰的能率大 (2)切割速度慢 (3)切割顺序不合理 (4)未采取工艺措施	(1)调整火焰 (2)提高切割速度 (3)按工艺采用正确的切割顺序 (4)采用夹具,选用合理的起割点等工艺措施
碳化严重	(1)氧气纯度低 (2)火焰种类不对 (3)割嘴距离工件近	(1)更换氧气 (2)避免碳化焰出现 (3)提高割嘴高度
产生裂纹	(1)工件含碳量高 (2)工件厚度大	(1)可采取预热及焊后退火处理方法 (2)预热 250℃

复 习 题

1. 气割工艺参数主要有哪些?

2. 简述对半自动切割质量的控制。

3. 分析气割时割缝下缘挂渣太多的原因及处理方法。

项目四 平敷气焊

气焊是利用气体燃烧火焰作为热源的一种熔化焊方法。

一、气焊材料

气焊所用的材料主要有氧气、乙炔、液化石油气、气焊丝及气焊熔剂等。其中氧气和乙块在本模块项目一中已有介绍，本项目重点介绍气焊丝和气焊熔剂。

1. 气焊丝

气焊丝为气焊过程中的填充金属材料。常用的气焊丝有碳素结构钢焊丝、合金结构钢焊丝、不锈钢焊丝、铜及铜合金焊丝、铝及铝合金焊丝和铸铁焊丝等。碳素结构钢焊丝、合金结构钢焊丝、不锈钢焊丝的牌号及用途见表3-5。铜及铜合金焊丝、铝及铝合金焊丝和铸铁焊丝牌号、化学成分及用途见表3-6、表3-7和表3-8。

表 3-5　钢焊丝的牌号及用途

碳素结构钢焊丝			合金结构钢焊丝			不锈钢焊丝		
牌号	代号	用途	牌号	代号	用途	牌号	代号	用途
焊 08	H08	焊接一般低碳钢结构	焊 10 锰 2	H10Mn2	与 H08Mn 相同	焊 00 铬 19 镍 9	H00Cr19Ni9	焊接超低碳不锈钢
			焊 08 锰 2 硅	H08Mn2Si				
焊 08 高	H08A	焊接较重要低、中碳钢及某些低合金结构钢	焊 10 锰 2 钼高	H10Mn2MoA	焊接普通低合金钢	焊 0 铬 19 镍 9	H0Cr19Ni9	焊接 18-8 型不锈钢
焊 08 特	H08E	用途与 H08A 相同工艺性能较好	焊 10 锰 2 钼钒高	H10Mn2MoVA	焊接普通低合金钢	焊 1 铬 19 镍 9	H1Cr19Ni9	焊接 18-8 型不锈钢
焊 08 锰	H08Mn	焊接较重要的碳素钢及普通低合金结构，如锅炉、压力容器等	焊 08 铬钼高	H08CrMo 高	焊接铬钼钢等	焊 1 铬 19 镍 9 钛	H1Cr19Ni9Ti	焊接 18-8 型不锈钢
焊 08 锰高	H08MnA	用途与 H08Mn 相同，工艺性能较好	焊 18 铬钼高	H18CrMoA	焊接结构钢，如铬钼钢、铬锰硅钢	焊 1 铬 25 镍 13	H1Cr25Ni13	焊接高强度结构钢和耐热钢等
焊 15 高	H15A	焊接中等强度工件	焊 30 铬锰硅高	H30CrMnSiA	焊接铬锰硅钢			

表 3-6　铜及铜合金焊丝的牌号、化学成分及用途

焊丝牌号	名　称	主要化学成分/%	熔点/℃	用　途
丝 201	特制紫铜焊丝	Sn(1.0～1.1)、Si(0.35～0.5)、Mn(0.35～0.5)，其余为 Cu	1050	紫铜的氩弧焊及气焊
丝 202	低磷铜焊丝	P(0.2～0.4)，其余为 Cu	1060	紫铜的气焊及碳弧焊
丝 221	锡黄铜焊丝	Cu(59～61)、Sn(0.8～1.2)、Si(0.15～0.35)，其余为 Zn	890	黄铜的气焊及碳弧焊。也可用于铜钎焊、钢、铜镍合金、灰铸铁及镶嵌硬质合金的刀具等
丝 222	铁黄铜焊丝	Cu(57～59)、Sn(0.7～1.0)、Si(0.05～0.15)、Fe(0.35～1.20)、Mn(0.03～0.09)，其余为 Zn	860	
丝 224	硅黄铜焊丝	Cu(61～69)、Si(0.3～0.7)，其余为 Zn	905	

表 3-7　铝及铝合金焊丝的牌号、化学成分及用途

焊丝牌号	名　称	主要化学成分/%	熔点/℃	用　途
丝 301	纯铝焊丝	Al≥99.6	660	纯铝氩弧焊及气焊
丝 311	铝硅合金焊丝	Si(4～6)，其余为 Al	580～610	焊接除铝镁合金外的铝合金
丝 321	铝锰合金焊丝	Mn(1.0～1.6)，其余为 Al	643～654	铝锰合金的氩弧焊及气焊
丝 331	铝镁合金焊丝	Mg(4.7～5.7)、Mn(0.2～0.6)、Si(0.25～0.5)，其余为 Al	638～660	焊接铝镁合金及铝锌镁合金

表 3-8 铸铁焊丝的牌号、化学成分及用途

焊丝牌号	化学成分/%					用 途
丝 401-A	C=3~3.6	Mn=0.5~0.8	S≤0.08	P≤0.5	Si=3.0~3.5	焊补灰铸铁
丝 401-B	C=3~4	Mn=0.5~0.8	S≤0.5	P≤0.5	Si=2.75~3.5	焊补灰铸铁

2. 对气焊丝的要求

在气焊过程中，气焊丝的正确选择十分重要，因为焊缝金属的化学成分和质量很大程度上是取决于气焊丝的化学成分。一般来说，焊接黑色金属和有色金属所用的焊丝化学成分基本上是与被焊金属的化学成分相同，有时为了使焊缝具有较好的质量，在焊丝中也加入其他合金元素，对气焊丝具体要求是：

① 焊丝的熔点应等于或略低于被焊金属的熔点；

② 焊缝应具有良好的力学性能，焊缝内部质量好，无裂纹、气孔、夹渣等缺陷；

③ 焊缝的化学成分应基本上与焊件相符，无有害杂质，以保证焊缝具有足够的力学性能；

④ 焊缝熔化时应平稳，不应有强烈的飞溅或蒸发；

⑤ 焊缝表面应洁净，无油漆、油脂和锈蚀等污物。

3. 气焊熔剂

气焊过程中，被加热后的熔化金属极易与周围空气中的氧化合生成氧化物，使焊缝产生气孔和夹渣等缺陷。为了防止金属的氧化及消除已形成的氧化物，在焊接有色金属（如铜及铜合金、铝及铝合金）、铸铁及不锈钢等材料时，通常采用气焊熔剂。

气焊熔剂可以在焊前直接撒在焊件坡口上或者蘸在气焊丝上加入熔池。

（1）气焊熔剂的作用及其要求

① 气焊熔剂的作用：气焊熔剂经过熔化反应后能以熔渣的形式覆盖在熔池表面，使熔池与空气隔离，因而能有效地防止熔池金属继续氧化，改善了焊缝质量；气焊熔剂能与熔池内的金属氧化物或非金属夹杂物相互作用生成熔渣。

② 对气焊熔剂的要求：气焊熔剂应具有很强的反应能力，能迅速溶解某些氧化物或某些高熔点化合物作用后生成新的低熔点和易挥发的化合物；气焊熔剂熔化后黏度要小，流动性要好，产生的熔渣熔点要低，密度要小，熔化后容易浮于熔池表面；气焊熔剂能减少熔化金属的表面张力，使熔化的填充金属与焊件更容易熔合；气焊熔剂不应对焊件有腐蚀等副作用，生成的熔渣要容易消除。

（2）常用的气焊熔剂 气焊熔剂的选择要根据焊件的成分及其性能而定，常用的气焊熔剂的牌号、性能及用途见表 3-9。

表 3-9 气焊熔剂的牌号、性能及用途

熔剂牌号	代号	名 称	基本性能	用 途
气剂 101	CJ 101	不锈钢及耐热钢气焊熔剂	熔点为 900℃，有良好的湿润作用，能防止熔化金属被氧化，焊后熔渣易清除	不锈钢及耐热钢气焊时助熔剂
气剂 201	CJ 201	铸铁气焊熔剂	熔点为 650℃，呈碱性反应，具有潮解性。能有效地去除铸铁在气焊时所产生的硅酸盐和氧化物，有加速金属熔化的功能	铸铁气焊时助熔剂
气剂 301	CJ 301	铜气焊熔剂	硼基盐类，易潮解，熔点约为 650℃。呈酸性反应，能有效地溶解氧化铜和氧化亚铜	铜及铜合金气焊时助熔剂
气剂 401	CJ 401	铝气焊熔剂	熔点约 560℃，呈酸性反应，能有效地破坏氧化铝膜，因极易吸潮，在空气中能引起铝的腐蚀，焊后必须将熔渣清除干净	铝及铝合金气焊时助熔剂

二、焊炬

气焊时用于控制气体混合比、流量及火焰并进行焊接的工具，称为焊炬。焊炬的作用是将可燃气体和氧气按一定的比例混合，并以一定的速度喷出燃烧而生成具有一定能量、成分和形状稳定的焊接火焰。

焊炬的好坏直接影响焊接质量，因此要求焊炬具有良好的调节和保持氧气与可燃气体比例及火焰大小的性能。并使混合气体喷出速度等于燃烧速度，使火焰稳定燃烧；同时焊炬的重量要轻，气密性要好，还要耐腐蚀和耐高温。

焊炬按可燃气体与氧气混合的方式不同可分为低压焊炬和等压焊炬两类，低压焊炬又分为换嘴式和换管式，常用的是低压焊炬。

国产的低压焊炬的型号主要有四种。前三种低压焊炬各配有五只不同孔径的焊嘴以适应焊接不同厚度的需要，H02-1 型焊炬属于换管式焊炬。

低压焊炬的主要技术数据见表 3-10。

表 3-10　低压焊炬的主要技术数据

焊炬型号	H01-6					H01-12					H01-20					H02-1		
焊嘴号码	1	2	3	4	5	1	2	3	4	5	1	2	3	4	5	1	2	3
焊嘴孔径/mm	0.9	1.0	1.1	1.2	1.3	1.4	1.6	1.8	2.0	2.2	2.4	2.6	2.8	3.0	3.2	0.5	0.7	0.9
焊接范围/mm	1~2	2~3	3~4	4~5	5~6	6~7	7~8	8~9	9~10	10~12	10~12	12~14	14~16	16~18	18~20	0.2~0.4	0.4~0.7	0.7~1.0
氧气压力/MPa	0.2	0.25	0.3	0.35	0.4	0.4	0.45	0.5	0.6	0.7	0.6	0.65	0.7	0.75	0.8	0.1	0.15	0.2
乙炔压力/MPa	0.001~0.008					0.001~0.008					0.001~0.008					0.001~0.008		
氧气消耗量/(m³/h)	0.15	0.2	0.24	0.3	0.4	0.4	0.5	0.7	0.9	1.1	1.25	1.5	1.7	2	2.3	0.02	0.05	0.1
乙炔消耗量/(m³/h)	0.17	0.24	0.28	0.33	0.43	0.43	0.58	0.78	1.05	1.21	1.5	1.7	2	2.3	2.6	0.02	0.55	0.1

三、回火及回火保险器

1. 回火

在气焊、气割工作中有时会发生气体火焰进入喷嘴内逆向燃烧的现象，称为回火。回火有逆火和回烧两种。

① 逆火。火焰向喷嘴孔逆行，同时伴有爆鸣声的现象，也称爆鸣回火。

② 回烧。火焰向喷嘴孔逆行，并继续向混合室和气体管路燃烧的现象，这种回火可能烧毁焊（割）炬、管路及引起可燃气体储罐的爆炸，也称倒袭回火。

发生回火的根本原因是由于混合气体从焊炬喷射孔的喷出速度小于混合气体燃烧的速度。

混合气体的燃烧速度一般是不变的，如果由于某些原因使气体的喷射速度降低时，就有可能发生回火现象。影响混合气体喷射速度的原因有以下几点。

① 输送气体的软管太长、太细，或者曲折太多，这样使气体在管内流动的阻力变大，

从而降低了气体的流速。

② 焊割时间太长或者割嘴太靠近焊（割）件，使焊（割）嘴温度升高，焊割炬内的气体压力也增高，从而增大了混合气体流动的阻力，降低了气体的流速。

③ 焊割嘴端面粘附了许多飞溅出来的熔化金属微粒，堵塞了喷射孔，使混合气体不能畅通地流出。

④ 输送气体的软管内壁粘附了杂质颗粒，增大了混合气体流动的阻力，降低了气体的流速。

⑤ 气体管道内存在着氧-乙炔的混合气体。

2. 回火保险器

为了防止回火的发生，必须在乙炔软管和乙炔瓶之间装置专门的防止回火的设备——回火保险器。回火保险器的作用主要有两个：一是把倒流的火焰与乙炔瓶隔绝开来；二是在回烧发生时立即将乙炔的来源断绝，残留在回火保险器内的乙炔烧完后，倒流的火焰即自行熄灭。

回火保险器有水封式和干式两种，重点介绍干式回火保险器中的中压式冶金片干式回火保险器，其构造如图3-13所示。

中压式冶金片干式回火保险器的工作原理是：正常工作时，乙炔由进气管13进入，经过滤片14，清除乙炔气中的杂质，确保粉末冶金片的清洁，乙炔流经锥形阀芯12外围，由导向圈10上的小孔及承压片8周围的空隙中分配流出，透过粉末冶金片6，由出气接头1送出，供给焊割使用。

当发生回烧时，倒流的火焰从出气接头烧上主体内爆炸室，使爆炸室内的压力立即升高，瞬时将泄压装置的泄气密封垫2打开，燃烧气体就散发到大气，此时由于粉末冶金片的作用，制止了燃烧气体的传播，防止了回烧。另外由于爆炸气压透过冶金片作用于承压片上，带动锥形阀往下移动，阀芯上的锥体被锁在下主体11的锥形孔上，切断了气源使供气停止。

3. 回火现象的处理

一旦发生回火（火焰爆鸣熄灭，并发出"嗞嗞"的火焰倒流声），应迅速关闭乙炔调节阀门和氧气调节阀门，切断乙炔和氧气的来源。当回火焰熄灭后，再打开氧气阀门，将残留在焊割炬内的余焰和烟灰彻底吹除，重新点燃火焰继续进行工作。若工作时间很长，焊割炬过热可放入水中冷却，清除喷嘴上的飞溅物后，再重新使用。

四、手工平敷气焊

1. 焊前准备

（1）焊件　低碳钢板，规格尺寸为200mm×100mm×（1.6~2）mm。

（2）焊接材料　氧气、乙炔、H08焊丝，直径1.6mm。

（3）设备与工具　氧气瓶、乙炔瓶、焊炬、护目镜、通针、打火枪、钢丝钳等。

2. 焊前清理

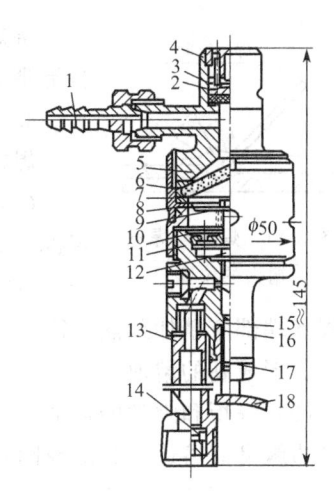

图 3-13　中压干式回火保险器

1—出气接头；2—泄气密封垫；

3—调压弹簧；4—调节螺母；

5—上主体；6—粉末冶金片；

7—密封圈；8—承压片；

9—托位弹簧；10—导向圈；

11—下主体；12—阀芯；

13—进气管；14—过滤片；

15—复位阀杆；16—复位弹簧；

17—"O"形密封圈；18—手柄

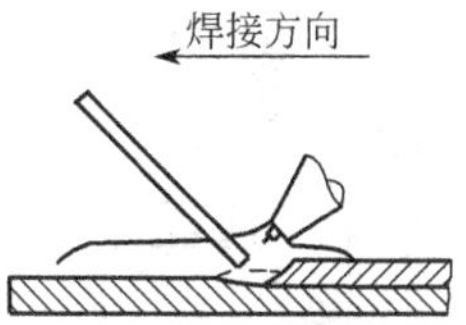

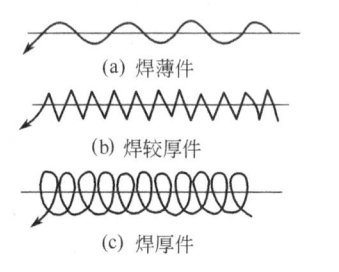

图 3-14 焊炬与焊丝
端头的位置

将焊件表面的氧化皮、铁锈、油污、脏物等用钢丝刷或砂布进行清理，使焊件露出金属光泽。

3. 焊接

焊接时左手拿焊丝，右手拿焊炬，采用左焊法进行焊接。

(1) 焊道的起头　将火焰调节至中性焰，自焊件左端开始加热焊件，火焰指向待焊部位，焊丝的端部置于火焰的前下方，距焰心3mm 左右，如图 3-14 所示。开始加热时，注意观察熔池的形成，而且焊丝端部应稍加预热，待熔池形成时，便可熔化焊丝，将焊丝熔滴滴入熔池，而后将焊丝抬起，形成新的熔池。

(2) 焊炬和焊丝的运动　在焊接过程中，焊炬和焊丝应作出均匀和谐的摆动，要既能将焊缝边缘良好熔透，又能控制好液体金属的流动，使焊缝成形良好，同时还要保证焊件不至于过热。焊炬和焊丝要作沿焊接方向、横向摆动和垂直方向送进三个方向的运动。焊炬和焊丝的摆动方法见图 3-15。

(a) 焊薄件

(b) 焊较厚件

(c) 焊厚件

图 3-15　焊炬与焊丝的摆动方法

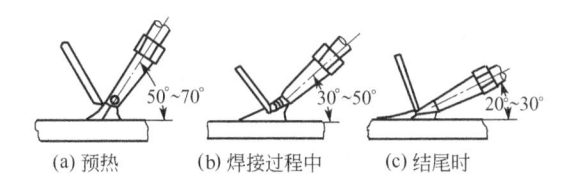

(a) 预热　　(b) 焊接过程中　　(c) 结尾时

图 3-16　焊炬倾角在焊接过程中的变化

(3) 焊道的接头　在焊接过程中，当中途停顿后继续施焊时，应将火焰把原熔池重新加热熔化形成新的熔池之后再加焊丝，重新开始焊接，每次焊道与前焊道重叠 5～10mm，重叠部分要少加焊丝或不加焊丝。

(4) 焊道的收尾　当焊接接近焊件终点时，先减小焊炬与焊件的夹角，同时要增大焊接速度和加丝量，焊至终点处，在终点时先填满熔池，再将焊丝移开，用外焰保护熔池 2～3s，再将火焰移开。

> 要领：在焊接过程中，焊炬的倾角要作不断变化。预热时，焊炬倾角为 50°～70°；正常焊接时，焊炬倾角为 30°～50°；收尾时，焊炬倾角为 20°～30°（如图 3-16 所示）。此为控制熔池温度的关键。

4. 焊后清理及检测

焊后用钢丝刷对焊缝进行清理，检查焊缝质量。焊缝不可有焊瘤、烧穿、凹陷、气孔等缺陷。

5. 操作注意事项

① 可在焊件上做平行多条多道练习，各条焊道以间隔 20mm 左右为宜。

② 焊接时注意焊缝的宽度、高度和直线度，以保证焊缝的美观。

③ 用左焊法焊接达到要求后，可进行右焊法的练习。

④ 焊接时如发生回火，要严格按照处理回火的方法进行处理。

复 习 题

1. 气焊时对气焊丝的要求有哪些？
2. 什么是回火？回火时处理的方法是怎样的？
3. 手工平敷气焊时，在预热、正常焊接和收尾时焊炬倾角各如何？

项目五 薄板平对接气焊

一、气焊的接头形式和焊前准备

气焊可以焊接平、立、横、仰各种空间位置的焊缝。气焊时主要采用对接接头，而角接接头和卷边接头只在薄板时使用，很少采用搭接接头和 T 形接头，这种接头会使焊件在焊后产生较大的变形。

对接接头中，当钢板的厚度大于 5mm 时，必须开坡口。厚件只有在不得已的情况下才采用气焊，一般使用电弧焊。

气焊前，必须重视对焊件的清理工作，清除焊丝和焊接接头处表面的油污、铁锈和水分等，以保证焊接接头的质量。

二、气焊工艺参数

气焊工艺参数包括焊丝的牌号及直径、气焊熔剂、火焰的性质和能率、焊炬的倾斜角度、焊接方向和焊接速度等，它们是保证焊接质量的主要技术依据。

1. 焊丝的牌号及直径

（1）焊丝的牌号 焊丝的牌号选择应根据焊件材料的力学性能或化学成分，选择相应性能或成分的焊丝，具体见表 3-5～表 3-8。

（2）焊丝的直径 焊丝直径的选用，要根据焊件的厚度来决定，焊接 5mm 以下的板材时焊丝直径要与焊件厚度相近，一般选用直径为 1～3mm 的焊丝。

若焊丝直径选用过细，焊接时焊件尚未熔化，而焊丝已很快熔化下滴，容易造成熔合不良等缺陷；相反，如果焊丝过粗，焊丝加热时间增加，使焊件过热，会扩大热影响区，同时导致焊件烧穿等缺陷。

开坡口焊件的第一、二层焊缝的焊接，应选用较细的焊丝，以后各层焊缝可采用较粗的焊丝。焊丝直径还与焊接方法有关，一般右向焊时所选用的焊丝直径要比左向焊时粗些。

2. 气焊熔剂

气焊熔剂的选择要根据焊件的成分及其性质而定，一般碳素结构钢气焊时不需要气焊熔剂。而不锈钢、耐热钢、铜及铜合金、铝及铝合金气焊时，则必须采用气焊熔剂，才能保证焊接质量。气焊熔剂牌号的选择见表 3-9。

3. 火焰的性质和能率

（1）火焰的性质（成分） 气焊火焰的性质，对焊接质量关系很大，应该根据不同材料的焊件，合理地选择和掌握火焰的成分。当混合气体内乙炔过多时，会引起焊缝金属渗碳，而使焊缝的硬度和脆性增加，同时还会产生气孔等缺陷；相反混合气体内氧气增多时，会引起焊缝金属的氧化而出现脆性，使焊缝金属的强度和塑性降低。

各种不同材料的焊件，应采用的火焰种类见表 3-11。

表 3-11　不同材料焊接时应采用的火焰种类

焊接金属	火焰种类	焊接金属	火焰种类
低、中碳钢	中性焰	铬镍钢	中性焰或微氧化焰
低合金钢	中性焰	锰钢	氧化焰
紫铜	中性焰	镀锌铁板	氧化焰
铝及铝合金	中性焰或轻微碳化焰	高速钢	碳化焰
铅、锡	中性焰	硬质合金	碳化焰
青铜	中性焰或轻微氧化焰	高碳钢	碳化焰
不锈钢	中性焰或轻微碳化焰	铸铁	碳化焰
黄铜	氧化焰	镍	碳化焰或中性焰

（2）火焰的能率　气焊火焰的能率主要是根据每小时可燃气体（乙炔）的消耗量（L/h）来确定，而气体消耗量又取决于焊嘴的大小。所以，一般以焊炬型号及焊嘴号码大小来决定对焊件加热的能量大小和加热的范围大小，如果焊件较厚，金属材料的熔点较高，导热性较好（如铜、铝及合金），焊缝又是平焊位置，则应选择较大的火焰能率，才能给予焊件足够的热量，保证焊件焊透；如果焊接薄板，或其他位置焊缝时，为防止焊件烧穿或产生过热组织，火焰能率要适当减小。但应该指出的是，在保证质量的前提下，应尽量选择较大的火焰能率，以提高生产率。

4. 焊炬的倾斜角度

焊炬的倾斜角度的大小，主要取决于焊件的厚度和母材的熔点和导热性。若焊件越厚、熔点和导热性越高，应选择越大的焊炬倾斜角度，使火焰的热量集中；相反，则采用较小的倾斜角。

5. 焊接方向

气焊时，按照焊炬和焊丝的移动的方向，可分为左向焊法和右向焊法两种。这两种方法对焊接生产率和焊缝质量影响很大。

（1）右向焊法　右向焊法如图 3-17（a）所示，焊炬指向焊缝，焊接过程自左向右，焊炬在焊丝面前移动。焊炬火焰直接指向熔池，并遮盖整个熔池，使周围空气与熔池隔离，所以能防止焊缝金属的氧化和减少产生气孔的可能性，同时还能使焊好的焊缝缓慢地冷却，改善了焊缝组织。由于焰心距熔池较近及火焰受焊缝的阻挡，火焰的热量较集中，热量的利用率也较高，使熔深增加和提高生产率。所以右向焊法适合焊接厚度较大，熔点及导热性较高的焊件。但右向焊法不易掌握，一般采用较少。

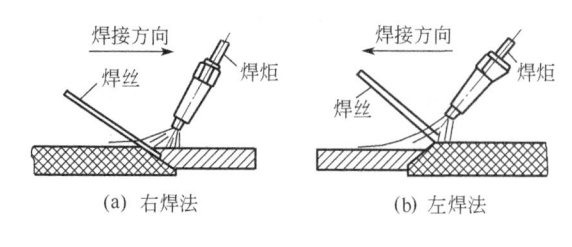

(a) 右焊法　　　　(b) 左焊法

图 3-17　焊接方向

（2）左向焊法　左向焊法如图 3-17（b）所示，焊炬是指向焊件未焊部分，焊接过程自右向左，而且焊炬是跟着焊丝走。

左向焊法，由于火焰指向焊件未焊部分对金属有预热作用，因此焊接薄板生产率很高，同时这种方法操作简便，容易掌握，是普遍应用的方法。但左向焊法缺点是焊缝易氧化，冷却较快，热量利用率低，故适宜于薄板的焊接。

6. 焊接速度

一般情况下，厚度大、熔点高的焊件，焊接速度要慢些，以免产生未熔合；厚度小、熔点低的焊件，焊接速度要快些，以免烧穿和使焊件过热，降低产品质量。另外，焊接速度还要根据焊工操作熟练程度、焊缝位置及其他条件来选择。在保证焊接质量的前提下，应尽量加快焊接速度，以提高生产率。

三、薄板平对接气焊

1. 焊前准备

（1）焊件　低碳钢板，规格尺寸为 200mm×100mm×2mm，每组两块。

（2）焊接材料　氧气、乙炔、H08 型焊丝，直径为 1.6mm。

（3）设备与工具　氧气瓶、乙炔瓶、焊炬、护目镜、通针、打火枪、钢丝钳等。

2. 焊前清理

将焊件待焊处两侧的氧化皮、铁锈、油污、脏物等用钢丝刷或砂布进行清理，使焊件露出金属光泽。

3. 定位焊

将两块钢板水平对接放置在耐火砖上，预留 0.5～1mm 的间隙，按图 3-18 所示进行每间隔 50mm 的定位焊，每段定位焊长度为 5～7mm。

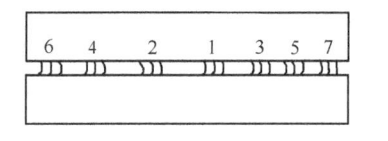

图 3-18　焊件定位焊的顺序

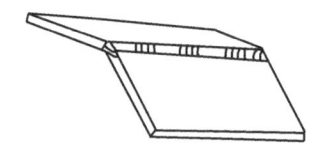

图 3-19　反变形

定位焊后的焊缝，预先制作 20°左右的反变形，如图 3-19 所示。

4. 焊接

采用左焊法，从距右端 30mm 处进行施焊，待焊至终点后再从原起焊点左侧 5mm 处进行反向施焊。

焊接过程与项目四焊炬和焊丝的摆动方法相似。焊接过程中如发现熔池不清，有气泡、火花飞溅或熔池沸腾现象，应及时调整火焰为中性焰，然后继续进行焊接；始终控制熔池大小的一致，如出现熔池过小，焊丝不能与焊件熔合，应增大焊炬的倾角，减小焊接速度，如出现熔池过大，应迅速提起火焰或减小焊炬的倾角、增大焊接速度，并要多加焊丝。

如发现火焰发出呼呼的响声，说明气体的流量过大，应立即调节火焰能率；如发现焊缝过高，与母材金属熔合不良，说明火焰能率低，应调大火焰能率并减慢焊接速度。

在焊接过程中对熔池的控制可参考本模块项目四。

5. 焊后清理及检测

焊后用钢丝刷对焊缝进行清理，检查焊缝质量。焊缝不可有焊瘤、烧穿、凹陷、气孔等缺陷。焊缝余高为 1～2mm，焊缝宽度为 6～8mm 为宜。

6. 操作注意事项

① 定位焊产生缺陷时，必须铲除或打磨修补，以保证质量。

② 焊缝边缘与母材金属要圆滑过渡，无咬边。

③ 焊缝背面必须均匀焊透。

复 习 题

1. 气焊工艺参数主要包括哪些?

2. 右向焊法和左向焊法各有什么特点?

3. 薄板平对接气焊过程中如出现熔池过大应如何处理?

模块四　二氧化碳气体保护焊

项目一　二氧化碳平敷焊

一、气体保护电弧焊概述

气体保护焊适用于绝大多数金属材料的焊接，目前在焊接生产中应用非常广泛。本模块主要介绍气体保护焊的概念，以及常用的二氧化碳气体保护焊和钨极氩弧焊的基本知识。

在熔焊过程中，为得到质量优良的焊缝，必须有效地保护焊接区，防止空气中有害气体的侵入，以满足焊接冶金过程的需要。电弧熔焊过程的保护形式有所区别，焊条电弧焊、埋弧自动焊是采用渣-气联合保护，而气体保护电弧焊是采用气保护形式。

随着工业生产和科学技术的迅速发展，各种有色金属、高合金钢、稀有金属的应用日益增多，对于这些金属材料的焊接，以渣保护为主的电弧熔焊方法很难适应，使用气保护形式的气体保护焊，能够可靠地保证焊接的质量，以弥补焊条电弧焊和埋弧自动焊的局限。同时，气体保护焊在薄板、高效焊接方面，还具备独特的优越性，因此在焊接生产中的应用日益广泛。

1. 气体保护电弧焊的原理

气体保护电弧焊是用外加气体作为电弧介质并保护电弧和焊接区的电弧焊方法，简称气体保护焊。

气体保护焊直接依靠从喷嘴中连续送出的气流，在电弧周围造成局部的气体保护层，使电极端部、熔滴和熔池金属处于保护气体内，机械地将空气与焊接区隔绝，以保证焊接过程的稳定性，并获得质量优良的焊缝。

气体保护焊按所用的电极材料，有两类不同的方式（见图4-1）：一是采用一根不熔化电极（钨极）的电弧焊，称为不熔化极气体保护焊；二是采用一根或多根熔化电极（焊丝）的电弧焊，称为熔化极气体保护焊。

2. 气体保护电弧焊的特点

气体保护焊与其他电弧焊方法比较的特点是：

① 采用明弧焊，不必用焊剂，故熔池的可见度

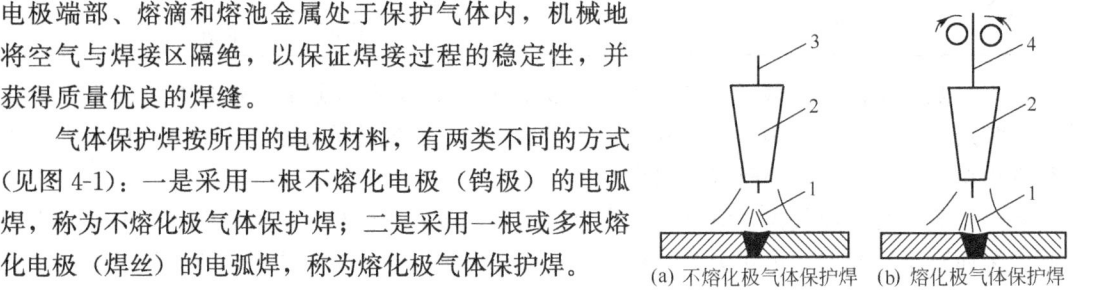

(a) 不熔化极气体保护焊　　(b) 熔化极气体保护焊

图 4-1　气体保护焊方式示意图

1—电弧；2—喷嘴；3—钨极；4—焊丝

好，便于操作，而且，保护气体是喷射的，适宜全位置焊接，有利于实现焊接过程的机械化和自动化；

② 由于电弧在保护气流的压缩下热量集中，焊接熔池和热影响区很小，因此焊件变形及裂纹倾向不大，尤其适用于薄板焊接；

③ 采用氩、氦等惰性气体保护，焊接化学性质活泼的金属或合金时，具有很高的焊接质量；

④ 在室外作业须有专门的防风措施，否则会影响保护效果；电弧的光辐射较强；焊接设备较复杂。

3.保护气体的种类及用途

气体保护焊时，要依靠保护气体在焊接区形成保护层，同时电弧又在气体中放电，因此，保护气体的性质对焊接状态和质量有着密切的关系。

焊接用的保护气体主要有氩气（Ar）、氦气（He）、氮气（N_2）、氢气（H_2）、二氧化碳气体（CO_2）。在气体保护焊的初期，使用的大多是单一气体。在不断焊接实践中，发现在一种气体中加入一定比例的另一种气体，可以提高电弧稳定性和改善焊接效果。因此，现在采用混合气体保护的方法也很普遍。

常用保护气体的选择见表4-1。根据这些保护气体的化学性质和物理特征，各自适用范围有所区别。

表 4-1 常用保护气体的选择

被焊材料	气体保护	混合比	化学性质	焊接方法
铝和铝和金	Ar		惰性	熔化极和钨极
	Ar＋He	He10		
铜和铜合金	Ar		惰性	熔化极和钨极
	Ar＋N_2	$N_2$20		熔化极
	N_2		还原性	
不锈钢	Ar		惰性	钨极
	Ar＋O_2	$O_2$1～2	氧化性	熔化极
	Ar＋O_2＋CO_2	O_2；$CO_2$5		
碳钢及低合金钢	CO_2		氧化性	熔化极
	Ar＋CO_2	$CO_2$10～15		
	O_2＋CO_2	$O_2$10～15		
钛和钛合金	Ar		惰性	熔化极和钨极
	Ar＋He	25		
镍基合金	Ar		惰性	熔化极和钨极
	Ar＋He	He15		
	Ar＋N_2	$N_2$6	还原性	钨极

氩气、氦气是惰性气体，对化学性质活泼而易与氧反应的金属，是非常理想的保护气体，故常用于铝、镁、钛等金属及其合金的焊接。由于氦气的消耗量大，而且价格昂贵，所以很少用单一的氦气，常和氩气等混合使用。

氮气、氢气是还原气体。氮可以同多数金属起反应，是焊接中的有害气体，但是对于铜及其合金而言是惰性的，可作为铜及铜合金焊接的保护气体。氢气主要用于氢原子焊接，目前这种方法已很少应用。

二氧化碳气体是氧化性气体。由于二氧化碳的来源丰富，而且成本低，因此值得推广和应用，目前主要用于碳素钢和低合金钢的焊接。

4.气体保护电弧焊的分类

根据所用的电极材料，可分为不熔化极气体保护焊和熔化极气体保护焊。

按照焊接保护气体的种类可分为氩弧焊、氦弧焊、氮弧焊、氢原子焊、二氧化碳气体保护焊等方法。并且按操作方法不同，又分为手工、半自动和自动气体保护焊。

二、二氧化碳气体保护焊

CO_2气体保护焊是用作为保护气体，依靠焊丝与焊件之间产生的电弧来熔化金属的一种气体保护焊方法，简称CO_2焊。

1.CO_2气体保护焊的过程

CO_2 焊的焊接过程如图 4-2 所示，电源的两输出端分别接在焊枪和焊件上。盘状焊件由送丝机构带动，经软管和导电嘴不断地向电弧区域送给；同时，CO_2 气体以一定的压力和流量送入焊枪，通过喷嘴后，形成一股保护气体，使熔池和电弧不受空气的侵入。随着焊枪的移动，熔池金属冷却凝固而成焊缝，从而将被焊的焊件连成一体。

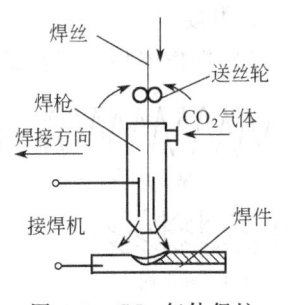

图 4-2　CO_2 气体保护焊过程示意图

CO_2 焊接所用的焊丝直径不同，可分为细丝 CO_2 气体保护焊（焊丝直径为 0.5～1.2mm）及粗丝 CO_2 气体保护焊（焊丝直径为 1.6～5mm）。按操作方式又可分为 CO_2 半自动焊和 CO_2 自动焊。主要区别在于：CO_2 半自动焊用手工操作焊枪完成电弧热源移动，而送丝、送气等由相应的机械装置来完成。CO_2 半自动焊的机动性较大，适用较短的焊缝；CO_2 自动焊主要用于较长的直线焊缝和环缝的焊接。

2. CO_2 气体保护焊的特点

(1) 焊接成本低　CO_2 气体来源广、价格低，消耗的焊接电能少，因此 CO_2 焊的成本低。

(2) 生产率高　因 CO_2 焊的焊接电流密度大，焊缝有效厚度增大，焊丝的熔化率提高，熔敷速度加快；另外，焊后没有焊渣，特别是多层焊接时，节省了清渣时间。所以生产率比焊条电弧焊高 1～4 倍。

(3) 抗锈能力强　CO_2 焊对铁锈的敏感性不大，因此焊缝中不易产生气孔。而且焊缝含氢量低，抗裂性好。

(4) 焊接变形小　由于电弧热量集中，焊件加热面积小，同时 CO_2 气流具有较强的冷却作用，因此，焊接热影响区和焊件变形小，特别宜于薄板焊接。

(5) 操作性能好　电弧是明弧，可以看清电弧和熔池情况，便于掌握与调整，也有利于实现焊接过程的机械化和自动化。

(6) 适用范围广　CO_2 焊可进行各种位置的焊接，不仅适用焊接薄板，还常用于中、厚板的焊接，而且也用于磨损零件的修补堆焊。

但是，CO_2 焊也存在一些缺点，如使用大电流焊时，焊缝表面成形较差，飞溅较多；不能焊接容易氧化的有色金属材料；很难用交流焊接及在有风的地方施焊。

由于 CO_2 焊的优点显著，而其不足之处，随着对 CO_2 焊的设备、材料和工艺的不断改进，将逐步得到完善与克服。目前 CO_2 焊技术已在焊接生产中广泛应用，有取代手弧焊的发展趋势。

三、二氧化碳焊平敷焊

1. 焊前准备

(1) 焊件　低碳钢板，规格尺寸为 250mm×120mm×8mm，每组一块。焊前将焊件表面的油污、水分和铁锈等清理干净。

(2) 焊机　NBC-300 型半自动二氧化碳焊机。

(3) 焊接材料　具体见表 4-2。

表 4-2　焊接材料

焊　丝	焊接电流/A	电弧电压/V	焊丝直径/mm	气体流量/(L/min)
H08Mn2Si	130～140	22～24	1.2	10～12

2. 焊接

（1）操作姿势　根据工作台的高度，身体呈站立或下蹲姿势，上半身稍向前倾，右手握焊枪，并用手控制枪柄上的开关，左手持面罩。焊接方向有左向焊法和右向焊法两种。

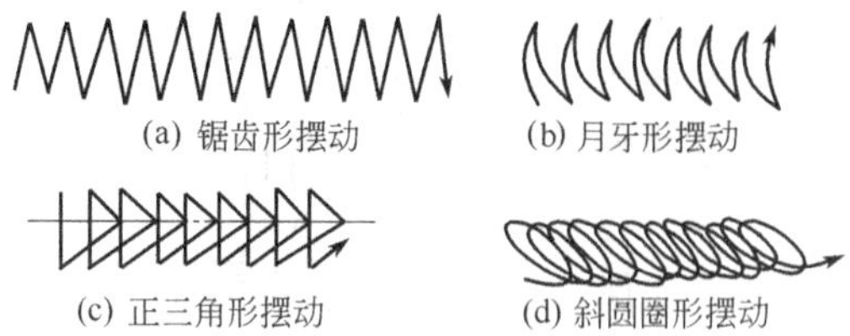

(a) 锯齿形摆动 (b) 月牙形摆动

(c) 正三角形摆动 (d) 斜圆圈形摆动

图 4-3　CO_2 半自动焊焊枪的各种摆动方式

（2）引弧　采用直接短路引弧。引弧前焊丝端头与焊件保持 2～3mm 的距离，如果焊丝端头呈球状，应将其剪断再进行引弧。在电弧稳定燃烧形成熔池后，开始正常焊接。

（3）正常焊接　二氧化碳焊焊接时焊丝移动的方法主要有直线移动焊丝法、横向摆动焊丝法和往复摆动焊丝法。焊枪的摆动方式见图 4-3。

3. 焊接质量检测

焊缝外观成形应整齐，飞溅少，余高合适，无明显咬边、焊瘤、裂纹等缺陷。

4. 操作注意问题

① CO_2 焊时引弧和熄弧无须移动焊枪，操作时应防止焊条电弧焊时的习惯动作。

② CO_2 焊熄弧时要注意在电弧熄灭后不可立即移开焊枪，以保证滞后停气对熔池的保护。

③ CO_2 焊由于电流密度大，弧光辐射严重，必须严格穿戴好防护用品。

复　习　题

1. 什么是气体保护焊？气体保护焊按所用的电极材料不同有哪两类？

2. CO_2 气体保护焊的特点有哪些？

3. 二氧化碳焊时焊丝移动的方法有哪些？

项目二　二氧化碳平对接焊

一、二氧化碳焊的焊接材料

CO_2 气体保护焊所用的焊接材料有 CO_2 气体和焊丝。

1. 气体

焊接用的 CO_2 一般是将其压缩成液体储存于钢瓶内，以供使用。CO_2 气瓶的涂色标记为铝白色，并标有"液态二氧化碳"的字样。

容量为 40L 的气瓶，可装 25kg 的液态 CO_2，满瓶压力约为 5～7MPa。气瓶内的压力与外界的温度有关，其压力随着外界温度的升高而增大，因此，气瓶不准靠近热源或置于烈日下曝晒，以防发生意外事故。

液态 CO_2 在大气压力下的沸点为 78℃，所以在常温下容易汽化，1kg 液态 CO_2 可汽化成 509L 气态的。液态在温度高于 −11℃ 时比水密度小，可溶解占质量约 0.05% 的水。溶于液态中的水分，蒸发成水汽混入 CO_2 气体中，影响 CO_2 气体的纯度。

气瓶内汽化的 CO_2 气体中的含水量，与瓶内的压力有关，随着使用时间的增长，瓶内压力降低，水汽增多。当压力降低到 0.98MPa 时，CO_2 气体含水量大为增加，便不能继续使用。

焊接用 CO_2 气体的纯度因大于 99.5%，含水量、含氮量均不应超过 0.1%，否则会降低焊缝的力学性能，焊缝也易产生气孔。如果 CO_2 气体的纯度达不到标准，可以进行提纯处理。

2. 焊丝

为了保证焊缝金属具有足够的力学性能，并防止焊缝产生气孔，CO_2 焊所用的焊丝必须比母材含有更多的 Mn 和 Si 等脱氧元素。此外，为了减少飞溅，焊丝含 C 量必须限制在 0.10% 以下。

目前 CO_2 焊常用的焊丝牌号及用途见表 4-3。

表 4-3　CO_2 焊常用的焊丝牌号及用途

焊　丝　牌　号	用　　　途
H08MnSi	焊接低碳钢及 300MPa 的低合金钢
H08MnSiA	焊接低碳钢和某些低合金高强度钢
H08Mn2SiA	
H04Mn2SiTiA	焊接低合金高强度钢
H10MnSiMo	

H08Mn2SiA 是用得普遍的一种焊丝，它具有较好的工艺性能和较高的力学性能，适用于焊接重要的低碳钢和普通低合金钢结构，能获得满意的焊缝质量。

CO_2 焊所用的焊丝直径在 0.5～5mm 范围内，CO_2 半自动焊常用的焊丝有 ϕ0.8mm、ϕ1.0mm、ϕ1.2mm、ϕ1.6mm 等几种，自动焊大多采用 ϕ2.0mm、ϕ2.5mm、ϕ3.0mm、ϕ4.0mm、ϕ5.0mm 的焊丝。焊丝表面有镀铜和不镀铜两种，镀铜可以防止生锈，有利于保存，并可改善焊丝的导电性及送丝的稳定性。焊丝在使用前应适当清除表面的油污和铁锈。

二、板件平对接 V 形坡口二氧化碳焊

1. 焊前准备

（1）焊件　Q345（16Mn）钢板，规格尺寸为 300mm×100mm×10mm，坡口面角度为 30°±5°。每组两块，共一组。

（2）焊机　NBC-300 型半自动二氧化碳焊机。

（3）焊接材料　见表 4-4。

表 4-4　焊接材料

名　称	牌　号	规格/mm	要　求
焊丝	H08Mn2SiA	1.2	表面干净，无折丝现象
CO_2 气体	—	—	纯度 99.5%

2. 组对与定位焊

焊前在坡口两侧（正、反面）20mm 范围内除锈、去污，用角磨机打磨至露出金属光泽。按表 4-5 所提供的数据进行组对。采用正式焊接用焊丝进行定位焊，定位焊缝长度为 10～15mm，定位焊缝内侧用角磨机打磨成斜坡状，并将坡口内的飞溅清除。

表 4-5　组对数据要求

坡口角度	预留间隙/mm		钝边/mm	反变形角	错边量/mm
60°±5°	始焊端	终焊端	0～0.5	2	≤0.5
	2.5	3.0			

3. 工艺参数的制定

工艺参数的选择见表 4-6。

表 4-6　工艺参数的选择

焊接层数	焊丝直径/mm	焊丝伸出长度/mm	焊接电流/A	电弧电压/V	气体流量/(L/min)
1	1.2	20～25	90～110	18～20	15
2	1.2	20～25	230～250	24～26	20
3	1.2	20～25	230～250	24～26	20

4. 打底焊

将焊件置于底部架空的工作台上，采用左焊法进行焊接，从间隙较小的一侧开始焊接。

（1）引弧　从定位焊缝顶端开始引弧，电弧稳定后向前运行，至坡口根部后稍加摆动，等第一个熔孔出现后，开始正式焊接。

（2）正常焊接　焊枪与焊件的夹角如图 4-4 所示。电弧在引燃后，无需作下压动作，应作小幅度横向摆动，并在坡口两侧稍加停顿。注意观察熔孔尺寸，应比每侧间隙增大 0.5～1mm，焊接时应根据熔孔直

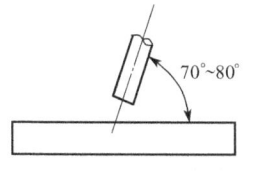
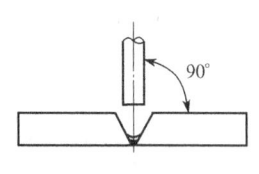

图 4-4　焊枪与焊件夹角

径和间隙大小调整焊枪横向摆动的幅度和焊接速度。当熔孔增大时，横向摆动幅度应增大。焊接过程中焊丝应始终在熔池的前半部燃烧。打底层焊缝厚度应保持在 4mm 左右。

（3）接头　若出现中断焊接时，应先将灭弧处焊缝打磨出斜坡状，然后按照引弧时的方法进行接头处理。

5. 填充焊

将打底层焊缝表面的飞溅清除干净，若焊缝表面有凹凸不平，可用角磨机进行打磨至平整。

焊接时焊枪角度及摆动方法与打底焊时相同，可适当增加焊丝伸出长度。摆动幅度比打底层时稍大，并注意在坡口两侧稍加停顿。焊后焊缝表面距焊件表面为 1～1.5mm 为宜，并不得破坏坡口边缘的棱边。

6. 盖面焊

将填充焊焊缝表面的飞溅清除干净，若焊缝表面有凹凸不平，可用角磨机进行打磨至平整。检查导电嘴和喷嘴周围的飞溅，并将其清除干净。

焊枪角度、摆动幅度与填充焊相同，焊枪在坡口两侧的摆动要均匀、缓慢。在收弧处要做到滞后停气。

> 要领：平对接二氧化碳焊接时，无需作焊丝下压动作，焊接时注意控制喷嘴的高度，以不影响视线和保证良好的气体保护为宜。

7. 焊后清理及检测

将焊缝正、反面的飞溅清除干净，用钢丝刷刷净。参照表 4-7 检测焊缝表面质量。

表 4-7　焊缝表面质量要求

焊缝	坡口每侧增宽/mm	宽度差/mm	直线度/mm	余高/mm	余高差/mm	角变形
正面	0.5～2.0	1.5	1.5	0～3	2	3°
反面	—	—	—	0～3	2	

8. 操作注意问题

① 板件平对接 V 形坡口二氧化碳焊焊接工艺参数的选择是保证质量的前提，其选择应合理。

② 焊接过程中应尽量减少接头，甚至无接头为最佳。

③ 焊接时要经常检查焊枪导电嘴和喷嘴是否有被飞溅堵塞现象，并及时作出处理。

复 习 题

1. CO_2 焊所用的焊接材料有哪些？

2. 试比较焊条电弧焊与 CO_2 焊焊接平对接 V 形坡口试板的不同。

3. 用得普遍的 CO_2 焊焊丝是哪一种？

项目三 二氧化碳平角焊

一、二氧化碳气体保护焊工艺参数

合理地选用焊接工艺参数是获得优良焊接质量和提高焊接生产率的重要条件。CO_2 气体保护焊的主要工艺参数是：焊丝直径、焊接电流、电弧电压、焊接速度、焊丝伸出长度、气体流量、电源极性和回路电感等。

1. 焊丝直径

焊丝直径应根据焊件厚度、焊接位置及生产率的要求来选择。当焊接薄板或中厚板的立、横、仰焊时，多采用 $\phi 1.6mm$ 以下的焊丝；在平焊位置焊接中厚板时，可采用 $\phi 1.2mm$ 以上的焊丝。焊丝直径的选择见表 4-8。

表 4-8 焊丝直径的选择

焊丝直径/mm	焊件厚度/mm	施焊位置
0.8	1～3	
1.0	1.5～6	各种位置
1.2	2～12	
1.6	6～25	
≥1.6	中厚	平焊、平角焊

2. 焊接电流

焊接电流是 CO_2 焊的重要焊接工艺参数，它的大小应根据焊件厚度、焊丝直径、焊接位置及熔滴过渡形式来决定。用直径 $\phi 0.8～1.6mm$ 的焊丝，当短路过渡时，焊接电流在 50～230A 内选择；颗粒状过渡时，焊接电流在 250～500A 内选择。图 4-5 所示为不同直径的焊丝适用的焊接电流范围，图中阴影部分为最佳的短路过渡电流范围。

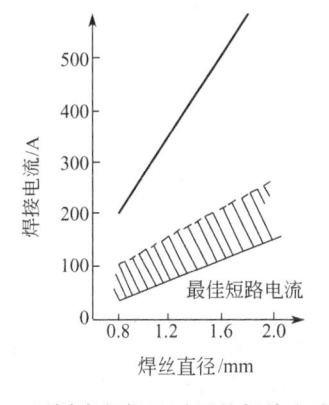
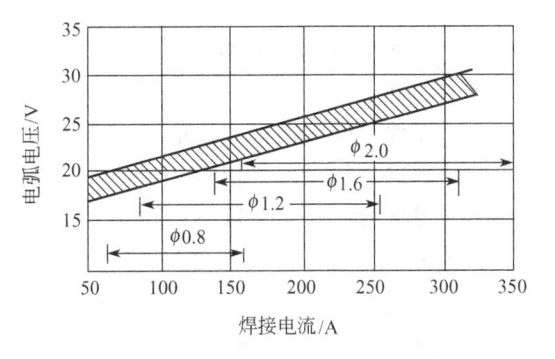

图 4-5 不同直径焊丝适用的焊接电流范围　　图 4-6 短路过渡焊接时电弧电压与焊接电流的关系

3. 电弧电压

CO_2 焊的电弧电压必须与焊接电流配合恰当，它的大小会影响到焊缝的成形、焊缝有效厚度、飞溅、气孔和焊接过程的稳定性。短路过渡焊接时，电弧电压与焊接电流的关系如图 4-6 所示，通常电弧电压在 $16\sim24V$ 范围内。颗粒状过渡焊接时，电弧电压随着焊接电流增大而相应增高，对于直径为 $1.2\sim3.0mm$ 的焊丝，电弧电压可在 $25\sim36V$ 范围内选择。

4. 焊接速度

在一定的焊丝直径、焊接电流和电弧电压条件下，焊速增加，焊缝宽度和焊缝有效厚度减小。焊速过快，容易产生咬边、未熔合等缺陷，且气体保护效果变差，可能出现气孔；但焊速过慢，则焊接变形增大，一般半自动焊 CO_2 焊时的焊接速度在 $15\sim30m/h$。

5. 焊丝伸出长度

焊丝伸出长度取决于焊丝直径，一般约等于焊丝直径的 10 倍，且不超过 15mm。

6. CO_2 气体流量

CO_2 气体流量应根据焊接电流、焊接速度、焊丝伸出长度及喷嘴直径等选择，过大或过小的气体流量都会影响气体保护效果。通常在细丝 CO_2 焊时，气体流量约为 $8\sim15L/min$；粗丝 CO_2 焊时，气体流量约在 $15\sim25L/min$。

7. 电源极性

为了减少飞溅，保证焊接电弧的稳定性，CO_2 焊应选用直流反接。

8. 回路电感

焊接回路的电感值应根据焊丝直径和电弧电压来选择，不同直径焊丝的合适电感值见表 4-9。电感值通常随焊丝直径的增大而增大，并可通过试焊的方法来确定，若焊接过程稳定，飞溅很少，则此电感值是合适的。

表 4-9 不同直径焊丝的合适电感值

焊丝直径/mm	0.8	1.2	1.6
电感值/mH	$0.01\sim0.08$	$0.01\sim0.16$	$0.30\sim0.7$

CO_2 焊的焊接工艺参数应根据细焊丝与粗焊丝和半自动与自动焊的不同形式而确定，同时，要根据焊件厚度、接头形式和焊缝空间位置等因素，来正确选择合适的焊接工艺参数。

二、T 形接头二氧化碳焊

1. 焊前准备

(1) 焊件 低碳钢板，规格尺寸为 $250mm\times100mm\times8mm$，每组两块，共一组。

(2) 焊机 与项目二相同。

(3) 焊接材料 与项目二相同。

2. 组对与定位焊

将焊件装配成 90°夹角的 T 形接头，不留间隙，采用正式焊接用焊丝和工艺参数进行定位焊，定位焊的位置应在焊件两端的前后对称处，见图 4-7。四条定位焊缝的长度为 $10\sim15mm$。装配完毕须校正焊件，保证立板的垂直度。

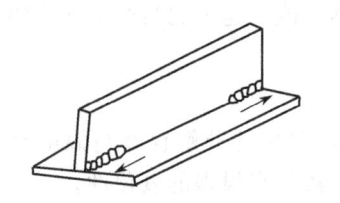

图 4-7 T形接头定位焊

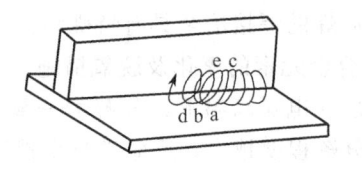

图 4-8 单道焊圆圈运条法

3. 工艺参数的制定

工艺参数的选择见表 4-10。

表 4-10 工艺参数的选择

焊接层数	焊丝直径/mm	焊丝伸出长度/mm	焊接电流/A	电弧电压/V	气体流量/(L/min)
1	1.2	20～25	180～200	22～24	10～15
其他各层	1.2	20～25	160～180	22～24	10～15

4. 第一层的焊接

根据表中的焊接工艺参数采用左焊法进行焊接。焊接时，采用直线运丝的方法，焊枪与下板的夹角为 $40°～45°$，与焊接反方向的夹角为 $65°～80°$。焊接时焊丝对准两板的交界处，注意观察熔池情况，保证两板熔合良好。电弧应始终处于熔池的前端 1/3 处。

5. 其他各层的焊接

平角焊为达到一定的焊脚尺寸，往往需要进行多层焊。在第二层以后的焊接，有单道焊接法和多道焊接法两种。

(1) 单道焊 采用左向焊斜圆圈运条法（见图 4-8），其运丝方式可参照模块二的项目二中焊条电弧焊运条方式。单道焊一般适用于焊脚尺寸不大于 8mm 的情况。

(2) 多道焊 采用左向焊直线运丝法，其运丝方式以及各焊道间的搭配可参照模块二的项目二中手弧焊的焊接方法。

6. 焊后清理及检测

将焊缝正、反面的飞溅清除干净，用钢丝刷刷净。检查焊缝质量，应无夹渣、焊瘤、气孔、咬边和未熔合等缺陷。

7. 操作注意问题

① 应注意保持整条焊缝焊角尺寸的一致。

② 每层（道）焊缝焊完后，注意清除熔渣和飞溅。

③ 焊缝在焊后不允许锤击、锉修和补焊。

复 习 题

1. 二氧化碳气体保护焊工艺参数有哪些？

2. 粗丝和细丝二氧化碳焊时气体流量各应选择多少？

3. T形接头二氧化碳焊（$\delta=8$ mm）的焊接工艺参数应如何选择？

项目四 二氧化碳横对接焊

一、二氧化碳焊的冶金特点

在常温下，CO_2 气体的性质呈中性，在电弧高温作用下，CO_2 气体被分解而呈很强的氧化性，能使合金元素氧化烧损，降低焊缝金属的力学性能，还可成为产生气孔的根源。为此，CO_2 焊的焊接冶金具有特殊性。

1. 合金元素的氧化及脱氧措施

CO_2 在电弧高温下，分解为一氧化碳与氧。而且，CO_2 的分解程度与温度有关，温度越高，分解程度越大，反应进行得越激烈，致使电弧气氛具有很强的氧化性。

$$CO_2 = CO + O$$

其中 CO 在焊接条件下不溶于金属，也不与金属发生反应。而原子状态的氧使铁及合金元素迅速氧化，其化学反应式为

$$Fe + O = FeO$$
$$Si + 2O = SiO_2$$
$$Mn + O = MnO$$
$$C + O = CO$$

以上氧化反应既发生于熔滴过渡过程中，也发生在熔池内，其反应的结果，使铁氧化成 FeO，能大量溶于熔池中，将导致焊缝产生气孔。同时，锰、硅氧化成 MnO 和 SiO_2 成为熔渣浮出，使合金元素大量氧化烧损，焊缝力学性能降低。此外，溶入金属的 FeO 与 C 元素作用产生的气体，能使熔滴和熔池金属发生爆破，从而产生大量的飞溅。这些问题都与电弧气氛的氧化性有关，因此，必须采取有效的脱氧措施。

在 CO_2 焊的冶金过程中，通常的脱氧方法是增加焊丝中的脱氧元素含量。常用的脱氧元素是锰、硅、铝、钛等，脱氧元素与氧的结合能力比铁强，可降低液态金属内 FeO 的浓度，抑制碳及合金元素的氧化，从而可以从焊接冶金方面解决合金元素的严重烧损、气孔和飞溅等问题。

对于低碳钢及低合金钢的焊接，主要采用锰、硅联合脱氧的方法，即采用含有足够脱氧元素锰、硅焊丝。当锰和硅脱氧后生成 MnO 和 SiO_2，它们复合成熔渣，易浮出熔池，形成一层微薄的渣壳覆盖在焊缝表面上。

2. 气孔的产生与防止途径

CO_2 焊时，如果焊丝中的脱氧元素不足，CO_2 气体的纯度不符合要求，焊接工艺参数选用不当，焊缝中可能产生气孔。

CO_2 焊时可能出现的气孔有以下三种。

(1) 冶金因素造成的气孔　一氧化碳气孔。

当焊丝中脱氧元素不足时，使大量的 FeO 不能还原而溶于熔池金属中，在熔池结晶时发生下列反应，即

$$FeO + C = Fe + CO$$

所生成的 CO 气体若来不及逸出，就会在焊缝中产生气孔。因此，应保证焊丝中含有足够的脱氧元素 Mn 和 Si，并严格限制焊丝中的含碳量，可以降低产生 CO 气孔的可能性。

CO_2 焊时，只要焊丝选择得适当，产生 CO 气孔的可能性并不大。

(2) 工艺因素造成的气孔

① 氢气孔。氢的来源主要是焊丝、焊件表面的铁锈、水分和汽油污及 CO_2 气体中含有的水分。如果熔池金属溶入大量的氢，就可能形成氢气孔。

因此，为防止产生氢气孔，应尽量减少氢的来源，焊前要适当清除焊丝和焊件表面上的杂质，并对 CO_2 气体进行提纯与干燥处理。此外，由于 CO_2 焊的保护气体氧化性很强，可

以减弱氢的不利影响，所以 CO_2 焊时形成氢气孔的可能性较小。

② 氮气孔。当 CO_2 气流的保护效果不好时，如 CO_2 气流量太小，焊接速度太快、喷嘴被飞溅堵住等，致使 CO_2 保护气层遭到破坏；以及 CO_2 气纯度不高，含有一定量的空气，焊接时，空气中的氮大量溶入熔池金属内，当熔池金属结晶凝固时，氮在金属中的溶解度突然下降，来不及从熔池中逸出，便形成氮气孔。

应当指出，CO_2 焊最常发生的是氮气孔，而氮主要来源于空气。所以，必须加强 CO_2 气流的保护效果，这是防止 CO_2 焊焊缝中气孔的重要途径。

二、板件横对接二氧化碳焊

1. 焊前准备

（1）焊件　Q345（16Mn）钢板，规格尺寸为 300mm×100mm×10mm；坡口角度为 30°±5°，每组两块，共一组。

（2）焊机　NBC-300 半自动 CO_2 焊机。

（3）焊接材料　ϕ1.0mm、H08Mn2SiA 焊丝，CO_2 气体，纯度要求 99.5%。

2. 焊件清理

用角磨机将坡口两侧 20mm 范围内的铁锈和油污等清理干净，至露出金属光泽。用锉刀加工出上侧为 0.5mm、下侧为 1mm 的钝边。

3. 定位焊

将试板置于同一平面上对接，两端预留出 2.5mm 和 3.2mm 的间隙，然后进行定位焊，定位焊缝长度为 10～15mm，焊件留出 5°～6°的反变形，同时将定位焊缝内侧一端打磨成斜坡状。

4. 打底焊

将焊件装卡在焊接工位架上，选择合适的焊接工艺参数（见表 4-11），采用左焊法进行焊接。

表 4-11　横对接焊工艺参数

层数	焊丝直径/mm	焊丝伸出长度/mm	焊接电流/A	电弧电压/V	气体流量/(L/min)
1	1.0	10～12	90～100	18～20	12～15
2	1.0	10～12	115～125	21～23	12～15
3	1.0	10～12	115～125	21～23	12～15

（1）引弧　在定位焊缝上进行引弧，焊枪与焊件之间的夹角如图 4-9 所示。电弧引燃后，沿焊缝方向作上下小幅度的摆动，当焊枪运行至斜坡根部时，注意观察熔孔，当熔孔达到熔化每侧钝边 0.5～1mm 时开始进行正常焊接。

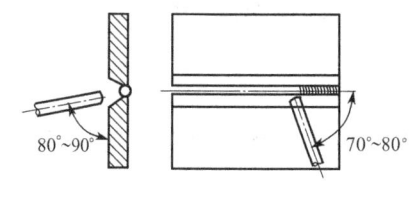

图 4-9　打底焊焊条角度

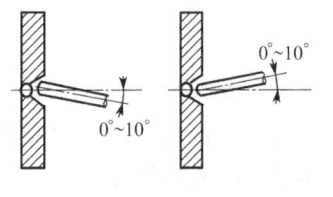

图 4-10　填充焊焊枪角度

（2）正常焊接　焊接过程中应保持焊枪角度，同时观察熔池和熔孔，根据熔池温度调整焊接速度和焊枪的摆动幅度。在间隙大、熔孔大时，焊枪摆动幅度要加大，反之则应减小。

（3）接头　如果中途中断焊接，应先将停弧处打磨出斜坡状，然后按照开始引弧的方法进行接头和焊接。

5. 填充焊

填充焊可用上下两道焊缝完成。焊前先将打底焊缝表面的熔渣和飞溅清理干净，接头凸起处用角磨机磨平，然后调节工艺参数（见表 4-11）进行焊接。焊接时焊枪角度如图 4-10 所示。

第一道焊缝焊接时，电弧应以打底焊缝的下边缘为中心进行焊接，焊缝高度距坡口表面 1.5～2mm 为宜。

第二道焊缝焊接应以打底焊缝的上边缘为中心，同时进行小幅度摆动焊接。焊枪与焊缝后侧的倾角为 80°～85°。

6. 盖面焊

先将填充层焊缝表面及坡口边缘的熔渣和飞溅清理干净，然后分三道完成盖面焊。调节工艺参数（见表 4-11），焊枪与焊缝的夹角为 70°～75°。

第一道焊缝的焊接时，电弧的中心偏向于填充焊缝的下边缘，电弧熔化坡口边缘的棱边 1.5～2.5mm，适当增大摆幅。

第二、三道焊缝焊接时，电弧位置适当下移，第三道焊缝应将坡口上侧边缘棱边熔化 1～1.5mm 为宜。

7. 焊后清理及检测

① 焊后将焊件表面上的熔渣和飞溅清理干净，用钢丝刷刷净。

② 参照表 4-12 检测焊缝质量。

表 4-12　焊缝检查内容及要求

焊缝	坡口每侧增宽/mm	宽度差/mm	直线度/mm	余高/mm	余高差/mm	角变形/(°)
正面	0.5～2.0	1.5	1.5	0～3	2	3

8. 操作注意问题

① 打底焊时电弧在下边缘停顿的时间应比上边缘停顿的时间短，以防止焊缝下坠。

② 盖面层焊缝完成后，不得修磨焊道，应保证焊缝的原始状态。

复习题

1. 为什么 CO_2 焊焊丝中要有足够的锰和硅元素？

2. CO_2 焊时可能产生的气孔有哪几种？最常产生的是哪种？

3. 板件横对接二氧化碳焊打底焊如何控制熔孔的大小？

项目五　大径管对接垂直固定二氧化碳焊

一、二氧化碳焊的熔滴过渡

CO_2 焊是熔化极电弧焊，焊丝除作为电极外，其端部在电弧作用下，熔化形成熔滴，并以不同的形式脱离焊丝过渡到熔池。

CO_2 焊熔滴过渡的特点和形式，取决于焊接工艺参数和有关条件。由于气体的特点，在熔滴过渡方面具有一些特殊性，并直接影响到焊接过程的稳定性、飞溅程度和焊缝质量。

CO_2 焊溶滴过渡主要有两种形式：短路过渡和颗粒状过渡。

1. 短路过渡

(1) 短路过渡的过程 短路过渡在采用细焊丝、小电流和低电压时形成。因为电弧长度很短，焊丝端部的熔滴尚未形成大滴时，即与溶池表面接触而短路，使电弧熄灭，熔滴在重力和各种力的作用下，很快地脱离焊丝端部而过渡到熔池，随后电弧又重新引燃。这样周期性的短路-燃弧交替过程，称为短路过渡过程。

短路过渡的电流、电压变化和熔滴过渡过程如图 4-11 所示。通常把每一次短路和燃弧的时间，称为一个周期（Hz）。每秒内的周期数，称为短路频率。短路周期的时间越短，则短路频率越高，熔滴过渡就越快，焊接过程也越稳定，因此，短路频率是衡量短路过渡稳定性的指标。

(2) 短路过渡的稳定性 CO_2 焊短路过渡过程的稳定性，取决于焊接电源的动特性和焊接工艺参数。

焊接电源要求具有合适的动特性，通常是在焊接回路中串联电感，通过调节合适的电感值，来调节短路电流的增长速度，同时限制了短路电流最大值，一般可根据不同的焊接工艺参数，选择各自合适的电感值，以保证短路过渡焊接的稳定。

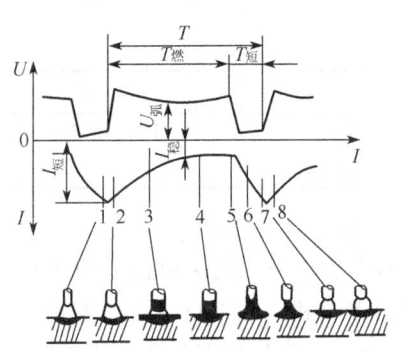

图 4-11 短路过渡过程示意图

T——一个短路周期的时间；$T_燃$——燃弧时间；

$T_短$——短路时间；$U_弧$——电弧电压；

$I_短$——短路最大电流；$I_稳$——稳定焊接电流

同时，选择合适的焊接电流和电弧电压，也是维持短路过渡稳定的重要条件。

CO_2 焊短路过渡形式由于短路频率很高，所以电弧非常稳定，飞溅小，焊缝成形好。细丝 CO_2 焊多采用短路过渡形式，适宜于薄板焊接及全位置焊接。

2. 颗粒状过渡

(1) 颗粒状过渡过程 当采用的焊接电流和电弧电压高于短路过渡的条件时，会出现颗粒状过渡形式。

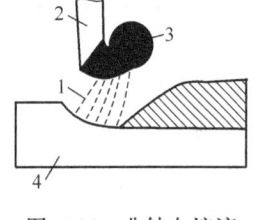

图 4-12 非轴向熔滴
过渡示意图

1—电弧；2—焊丝；
3—熔滴；4—焊件

由于电弧长度的增大，焊丝熔化加快，使熔滴的颗粒增大，形成颗粒状的熔滴过渡。CO_2 焊颗粒状过渡的特点是：电弧比较集中，而且电弧总是在熔滴下端产生，熔滴较大而且不规则，过渡频率较低，并易形成偏离焊丝轴线方向的过渡（见图 4-12）。

CO_2 焊的颗粒状过渡形式，其过渡过程的稳定性较差，以致焊缝成形较粗糙，飞溅较大。粗丝 CO_2 焊时，常发生颗粒状过渡形式，多用于中厚板的焊接。

(2) 颗粒状过渡的稳定性 通常用熔滴体积和每秒过渡的滴数来衡量颗粒状过渡稳定性，其主要影响因素是焊接电流和电弧电压。

焊接电流对颗粒状过渡过程的稳定性有显著的影响。当焊接电流增大（电弧电压也相应增大）时，会使颗粒状过渡的熔滴体积减小，颗粒细化，且熔滴过渡频率增加，可见，随着焊接电流的增大，熔滴呈现小颗粒的过渡形式，焊接过程的稳定性得到改善。同时，非轴线方向的熔滴过渡大为减少，也使飞溅减少。因此，采用颗粒状过渡形式时，应尽量选用较大的焊接电流。但是，焊接电流的提高会受到许多条件的限制。

二、大径管对接垂直固定二氧化碳焊

1. 焊前准备

（1）焊件 $\phi133mm\times6mm$ 的 20 无缝钢管，长度为 100mm，坡口面角度 $30°\pm5°$。每组两段管件，共一组。

（2）焊机 NBC-300 型半自动 CO_2 焊机。

（3）焊接材料 见表 4-13。

表 4-13 焊接材料

名 称	牌 号	规格/mm	要 求
焊丝	H08Mn2SiA	$\phi1.0$	表面干净整洁,无折丝现象
气体	—	—	纯度≥99.5%

2. 组对与定位焊

将两管件放入组装槽内，使之在同一轴线上，按表 4-14 中尺寸进行组对，采用正式焊接用的焊丝和工艺参数（参照表 4-15）按照图 4-13 所示位置进行定位焊，定位焊缝长度为 10～15mm，定位焊缝的两端用角磨机打磨成斜坡状。

表 4-14 试件组对各项尺寸

坡口角度	间隙/mm	钝边/mm	错边量/mm
$60°\pm5°$	2.5～3.0	0～0.5	≤0.5

3. 工艺参数的制定

管件焊接共采用三层完成，自第二层开始采用多道焊。工艺参数见表 4-15。

表 4-15 焊接工艺参数的选择

焊接层数	焊丝直径/mm	焊丝伸出长度/mm	焊接电流/A	电弧电压/V	气体流量/(L/min)
1	1.0	10～15	90～100	18～20	12～15
2	1.0	10～15	110～120	21～23	12～15
3	1.0	10～15	115～125	21～23	12～15

4. 打底焊

（1）引弧 将焊件垂直固定于工位架上，采用自右向左焊接，焊枪角度如图 4-14 所示。引弧时将焊丝前端剪成斜坡状，电弧引燃后，稍作停顿，随即由坡口上侧拉向坡口下侧，进行搭桥焊，实现连接后，适当加大摆动幅度，待第一个熔孔形成后，开始正常焊接。

图 4-13 定位焊位置

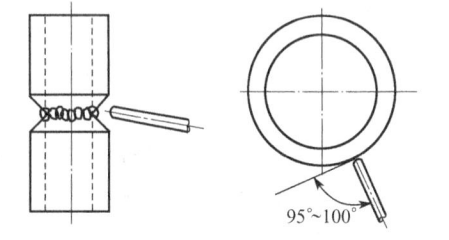

图 4-14 打底焊焊枪角度

（2）正常焊接 正常焊接时，焊枪作上下均匀摆动向前运行，焊接时注意手腕不断变

化，以调整焊条角度。注意熔孔的尺寸，一般控制熔孔的尺寸为深入坡口上侧根部 0.8～1.2mm，下端以 0.5mm 为宜。焊枪摆动过程中在中间摆动速度稍快，在两端稍作停顿，而且在上侧停顿的时间比下侧要长。焊丝应始终处于熔池前端 1/3 处。

（3）接头　接头前先将原收弧处附近的飞溅清理干净，用角磨机将原收弧处焊缝打磨成斜坡状，然后由斜坡的最高处开始引弧，按照"引弧"时的方法进行接头处理。

（4）收弧　收弧也即封闭接头的处理。封闭接头除了作与一般接头相同的处理外，在接上封闭接头后要继续向前焊 5mm 左右再熄弧。

5. 填充焊

将焊缝表面及坡口两侧的飞溅清理干净，用角磨机将接头部位凸起部分打磨平整。

填充焊分两道进行焊接。第一道焊缝焊接时，焊丝对准打底焊缝的下边缘，焊枪与管件的下夹角为 90°～100°，与焊接反方向的夹角为 70°～80°，焊接过程中电弧不得将坡口棱边熔化。第二道焊缝焊接时，焊丝对准第一道焊缝的上边缘，焊枪与管件的下夹角为 80°～85°，与焊接反方向的夹角为 75°～85°，焊枪可作较大幅度的上下斜向摆动，熔池的下边缘达到第一道焊缝的中心。填充层焊缝焊距表面管件表面的距离为 1.5～2.2mm 左右。

6. 盖面焊

盖面焊分三道进行焊接。第一道焊缝焊接时，采用直线运条，焊丝对准第一道填充焊缝的下边缘，熔池的下边缘超出管件坡口下棱边 2mm 左右，注意焊接时不得出现熔池的下坠。第二道焊缝焊接时，焊丝对准第一道焊缝的上边缘，焊枪作斜向摆动（电弧到达边缘不要停顿）。第三道焊缝焊接时，可根据所需要的焊缝宽度作斜向摆动运丝，电弧在上侧坡口边缘棱边处要作适当停顿。

> 要领：管件垂直固定焊，在焊接过程中依靠手腕的转动和身体上半部的移动保持焊枪角度和良好的视线，为操作的难点，也是保证焊缝良好成形的关键。

7. 焊后清理及检测

① 焊后将焊件表面上的熔渣和飞溅清理干净，用钢丝刷刷净。

② 参照表 4-16 检测焊缝质量。

表 4-16　焊缝检查内容及要求

焊缝	每侧增宽/mm	宽差/mm	直线度/mm	余高/mm	余高差/mm
正	0.5～2.5	2	2	0～4	3
反	—	—	—	0～4	3

8. 操作注意问题

① 定位焊时要确保焊缝焊透。

② 盖面层焊缝完成后，不得修磨焊道，应保证焊缝的原始状态。

③ 打底焊时电弧在下边缘停顿的时间应比上边缘停顿的时间短，以防止焊缝下坠。

④ 为保证焊缝外观成形，盖面层焊缝中的第一道和第三道焊缝不要太高。

复　习　题

1. CO_2 焊熔滴过渡形式有哪几种？细丝 CO_2 焊和粗丝 CO_2 焊时各应采用哪种过渡形式。

2. 为减少飞溅，CO_2 焊应如何选择电源极性和工艺参数？

3. 简述大径管对接垂直固定二氧化碳焊各道焊缝焊接时的焊枪角度。

项目六　二氧化碳焊管板焊接

一、二氧化碳焊的飞溅问题

CO_2 气体保护焊时容易产生飞溅，是由 CO_2 气体的性质所决定的，关键在于把 CO_2 焊的飞溅减少到最低的程度。通常颗粒状过渡的飞溅程度，要比短路过渡时严重得多。使用颗粒状过渡形式焊接时，飞溅损失应控制在焊丝熔化量的 10% 以下，短路过渡形式的飞溅则在 2%～4% 范围内。

CO_2 焊的大量飞溅，增加了焊丝的损耗；焊件表面飞溅物多，影响外观及增加辅助工作量；容易造成喷嘴堵塞，气体保护效果变差，焊缝容易形成气孔；如果金属熔滴沾在导电嘴上，破坏焊丝的正常送给，引起焊接过程不稳定，焊缝成形变差或产生焊接缺陷。因此，CO_2 焊必须重视飞溅问题，应尽量降低飞溅的不利影响，才能确保 CO_2 焊的生产率和焊缝质量。

二氧化碳焊产生飞溅的原因及减少飞溅的措施主要有以下几方面。

(1) 由冶金反应引起的飞溅　主要由 CO 气体造成。CO 在电弧高温作用下，体积急速增大，使熔滴和熔池金属产生爆破，从而产生大量飞溅。应采用含有锰硅脱氧元素的焊丝，并降低焊丝中的含碳量，飞溅可大大减少。

(2) 由极点压力产生的飞溅　主要取决于电弧的极性。当使用正极性焊接时（焊件接正极、焊丝接负极），正极电子飞向焊丝端部的熔滴，机械冲刷力大，形成大颗粒飞溅。而反极性焊接时，飞向焊丝端部的电子撞击力小，致使极点压力大大减小，因而飞溅也小。所以二氧化碳焊应选择直流反极性。

(3) 熔滴短路时引起的飞溅　这种飞溅发生在短路过渡过程中，当焊接电源的动特性不好时，更显得严重。短路电流增长速度过快，或者短路最大电流值过大时，当熔滴刚与熔池接触，由于短路电流强烈加热及电磁收缩力的作用，结果使缩颈处的液态金属发生爆破，产生较多的细颗粒飞溅。如果短路电流增长速度过慢，则短路电流不能及时增大到要求的电流值，此时，缩颈处就不能迅速断裂，使伸出导电嘴的焊丝在电阻热的长时间加热下，成段软化和断落，并伴随着较多的大颗粒飞溅。减少这种飞溅的方法，主要是调节焊接回路的电感值合适，则爆声较小，过渡过程比较稳定。

(4) 非轴向颗粒状过渡造成的飞溅　这种飞溅发生在颗粒状过渡过程时，由于电弧的斥力作用而产生的。当熔滴在极点压力和弧柱中气流压力共同作用下，熔滴被推到焊丝端部的一边，并抛到熔池外面去，产生大颗粒飞溅。

(5) 焊接工艺参数选择不当引起的飞溅　这种飞溅是由于焊接电流、电弧电压和回路电感等焊接工艺参数不当而引起的。只有正确选择 CO_2 焊的焊接工艺参数，才会减少产生这种飞溅的可能性。

二、插入式管板焊接技术

插入式管板焊接为较易掌握的一种管板焊接形式，是骑座式管板焊接的基础。通过对插入式管板焊接的练习，不仅要掌握工艺参数的选择，而且要通过练习掌握焊接过程中手腕的灵活转动技术。

1. 焊前准备

(1) 焊机　NBC-300 型半自动二氧化碳焊机。

（2）焊接材料　具体见表 4-17。

表 4-17　焊接材料

名　称	牌　号	规格/mm	要　求
焊丝	H08Mn2SiA	1.2	表面干净，无折丝现象
CO_2 气体	—	—	纯度 99.5%

（3）焊件　管件为 20 钢，$\phi 57mm \times 3.5mm$，长度为 100mm；板件为 20 钢或 Q235 钢，规格尺寸为 $100mm \times 100mm \times 10mm$，中心开 $\phi 50mm$ 的圆孔。要求焊前在焊接处周围 20～30mm 范围内除锈、去污，至露出金属光泽。

（4）装配与定位　使用正式焊接用的焊接材料和工艺参数进行定位焊，定位焊缝的位置如图 2-58 所示。

2. 工艺参数的制定

工艺参数的选择见表 4-18。

表 4-18　工艺参数的选择

焊丝直径/mm	焊丝伸出长度/mm	焊接电流/A	电弧电压/V	气体流量/(L/min)
1.2	15～20	130～150	20～22	15

3. 焊接

焊接时采用左向焊法，单道单层焊接。

可采用站姿或蹲姿进行焊接，调整好试板架的位置，将管板垂直固定在试板架上，保证焊枪能顺手地沿焊接处移动。

（1）焊枪角度　焊枪角度如图 4-15 所示。

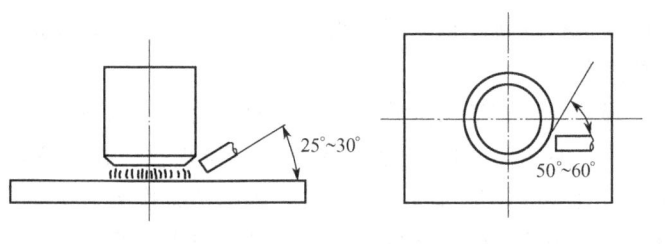

图 4-15　焊枪角度

（2）焊接　在焊件右侧定位焊封上开始引弧，沿管板外沿进行焊接，焊枪可作斜圆圈形摆动，一次焊完整个圆周的 1/4～1/3，然后收弧。收弧时注意滞后停气。

接头时先将原收弧处焊缝打磨成斜坡状，然后将接头移到始焊处，进行接头和第二段焊缝的焊接。

在进行封闭焊缝焊接前，应连同原起焊处焊缝也打磨成斜坡状，然后进行最后一段封闭焊缝的焊接。

4. 焊后清理及检测

① 焊后将焊件表面上的熔渣和飞溅清理干净，用钢丝刷刷净。

② 检测焊缝质量，不应有咬边、气孔、焊瘤等缺陷，接头处焊缝应过渡良好，无明显的高低不平，焊脚尺寸应保持均匀、一致。

5. 操作注意问题

① 焊接时应注意焊枪电缆线的顺畅，不影响焊枪的移动。

② 焊接时要经常检查焊枪导电嘴和喷嘴是否有被飞溅堵塞现象，并及时作出处理。

③ 在保证质量的情况下，尽量使每一段焊缝的长度加长，以减少接头数量。

三、骑座式管板焊接技术

1. 焊前准备

（1）焊机　NBC-300 型半自动二氧化碳焊机。

（2）焊接材料　具体见表 4-17。

（3）焊件　管件为 20 钢，$\phi57mm\times3.5mm$，长度为 100mm，开 45°坡口；板件为 20 钢或 Q235 钢，规格尺寸为 $100mm\times100mm\times10mm$，中心开 $\phi50mm$ 的圆孔。管件与板件各一只为一组，共一组。要求焊前在焊接处周围 20～30mm 范围内除锈、去污，至露出金属光泽。

（4）装配与定位焊　使用正式焊接用焊丝和焊接工艺参数进行定位焊，定位沿圆周方向均布 3 处，定位可采用连接板在坡口外进行装配点固。

2. 工艺参数的制定

工艺参数的选择见表 4-19。

表 4-19　管板焊工艺参数

焊接层次	焊丝直径/mm	焊丝伸出长度/mm	焊接电流/A	电弧电压/V	气体流量/(L/min)
打底层	1.2	15～20	90～110	19～21	12～15
盖面层	1.2	15～20	130～150	22～24	12～15

3. 焊接

焊接时采用左向焊法，两层两道焊缝完成。

可采用站姿或蹲姿进行焊接，调整好试板架的位置，将管板垂直固定在试板架上，保证焊枪能顺手地沿焊接处移动。

（1）焊枪角度　焊枪角度与插入式管板焊接相同，如图 4-15 所示。

（2）打底焊　按表 4-19 所示的焊接工艺参数打底层焊接。在定位焊缝上进行引弧，形成熔孔后，从左向右沿管件的外沿进行连弧焊接，焊枪稍微作上下摆动，注意观察熔孔的大小，根据间隙和熔孔的大小调整焊接速度。应保证管件与板件两侧的良好熔合以及熔孔的一致性。

焊接过程中，操作人员可以根据焊枪的移动方向运动，以保证对熔池的观察。待焊完整个圆周的 1/3 时收弧，收弧后将收弧处焊缝打磨成斜坡状，同时将定位焊缝打磨掉，然后将接头移到始焊处，进行接头和第二段焊缝的焊接。

在进行封闭焊缝焊接前，应连同原起焊处焊缝也打磨成斜坡状，然后进行最后一段封闭焊缝的焊接。

（3）盖面焊　先将打底焊缝进行清理，打磨焊缝中凸起部分，尽量使焊脚的尺寸一致。

采用表 4-19 所示的焊接工艺参数进行盖面层的焊接，盖面层的焊接与插入式管板焊接相同。

4. 焊后清理及检测

① 焊后将焊件表面上的熔渣和飞溅清理干净，用钢丝刷刷净。

② 检测正、反面焊缝质量，不应有咬边、气孔、焊瘤等缺陷，接头处焊缝应过渡良好，

无明显的高低不平，焊脚尺寸应保持均匀、一致。

5. 操作注意问题

① 打磨焊缝时要注意不可将母材金属磨掉，扩大间隙。

② 焊接时焊枪摆动的幅度和焊接速度，应尽可能保持均匀，保证焊道的美观。

③ 完成焊接后焊缝应保持原始状态，不允许进行补焊、打磨和锤击焊缝等。

6. 考核要求

（1）考核内容

① 焊缝外观质量：

a. 焊件的焊脚尺寸（mm）为（$\delta+3\sim6$）（δ 为壁厚）；

b. 焊缝凸度≤1.5mm；

c. 焊缝未焊透深度≤0.8mm；

d. 焊缝表面无气孔、夹渣、咬边等。

② 焊缝内部质量：断面上无气孔、夹渣。

③ 通球检验（球径为85%管内径）。

（2）工时定额　40min。

（3）安全文明生产

① 能正确执行安全技术操作规程；

② 能按企业有关文明生产的规定，做到工作地整洁，工具、工件摆放整齐。

复 习 题

1. 二氧化碳焊产生飞溅的原因及减少飞溅的措施是什么？

2. 管板焊工艺参数是什么？

模块五　氩弧焊技术

项目一　氩弧焊平敷焊

一、氩弧焊概述

氩弧焊是以氩气作为保护气体的一种气体保护焊方法。

1. 氩弧焊的过程

氩弧焊的焊接过程如图 5-1 所示。从焊枪喷嘴中喷出的氩气流，在电弧区形成严密的保护气层，将电极和金属熔池与空气隔绝；同时，利用电极（钨极或焊丝）与焊件之间产生的电弧热量，来熔化附加的填充焊丝或自动送给的焊丝及基体金属，待液态熔池金属凝固后即形成焊缝。

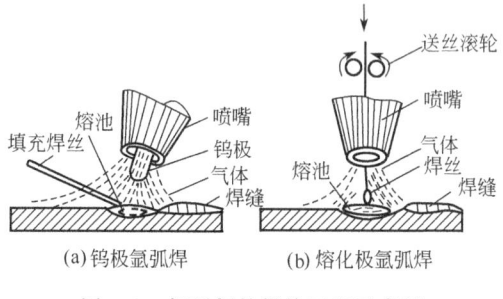

图 5-1　氩弧焊的焊接过程示意图

由于氩气是一种惰性气体，它不与金属起化学反应，被焊金属中的合金元素不会氧化烧损，而且在高温时不容易产生气孔，同时，氩气对电弧和熔池金属的保护是有效和可靠的，可以得到较高的焊接质量。

2. 氩弧焊的特点

氩弧焊与其他电弧焊方法比较的特点如下。

（1）焊缝性能优良　由于氩气保护性能优良，不必配制相应的焊剂或熔剂，基本是金属熔池结晶的简单过程，因此，能获得较为纯净及高质量的焊缝。

（2）焊接变形与应力小　因为电弧受氩气流的冷却作用，电弧的热量集中，且氩弧的温度又很高，故热影响区很窄。焊接应力与变形小，特别适宜于焊接很薄的材料。

（3）可焊的材料范围很广　几乎所有的金属材料都可以进行氩弧焊，特别适宜焊接化学性质活泼的金属和合金。多用于焊接铝、镁、钛、铜及其合金和低合金钢、不锈钢及耐热钢等。

由于氩弧焊具有这些显著的特点，随着有色金属、高合金钢及稀有金属的产品结构日益增加，而用于一般的气焊、电弧焊方法已不易达到所要求的焊接质量，所以，氩弧焊的焊接技术得到越来越广泛的应用。

（4）易于实现机械化　电弧是明弧焊，便于观察与操作，尤其适用于全位置焊，并容易实现焊接的机械化和自动化。

3. 氩弧焊的分类

氩弧焊根据所用的电极材料，可分为钨极（不熔化极）氩弧焊和熔化极氩弧焊。按其操作方式又有手工、半自动和自动氩弧焊。

氩弧焊的适用范围与方法见表 5-1。

表 5-1　氩弧焊的适用范围与方法

被焊材料	焊件厚度/mm	焊接方法	电源的种类和极性
钛及钛合金	0.5～3.0	钨极氩弧焊	直流正接
	>2.0	熔化极氩弧焊	直流反接
镁及镁合金	0.5～5.0	钨极氩弧焊	交流或直流正接
	>2.0	熔化极氩弧焊	直流正接
铝及铝合金	0.5～4.0	钨极氩弧焊	交流或直流正接
	>3.0	熔化极氩弧焊	直流正接
铜及铜合金	>0.5	钨极氩弧焊	直流正接
	>3.0	熔化极氩弧焊	直流反接
不锈钢、耐热钢	0.5～3.0	钨极氩弧焊	直流正接或交流
	>2.0	熔化极氩弧焊	直流反接

二、钨极氩弧焊的焊接材料和电极材料

1. 钨极氩弧焊

钨极氩弧焊是用钨棒作为电极材料，在氩气流的保护下，钨极与焊件之间引燃电弧，利用电弧热量熔化加入的填充焊丝和基体金属，冷却凝固之后形成焊缝的一种气体保护焊方法。由于钨极在电弧中只起发射电子的作用，而不熔化，故也称不熔化极氩弧焊。

钨极氩弧焊时，为了防止钨极的熔化与烧损，所用的焊接电流受到限制，因此电弧功率较小，焊缝有效厚度也受到影响，主要适用于薄板焊接。

2. 氩气及氩弧的特性

在氩气保护下的电弧有两方面的特性。

（1）引燃电弧较困难　气体的电离是引燃电弧的必要条件之一，为使气体分子或原子电离所需的能量即为电离势。几种气体的热物理性能见表 5-2。

表 5-2　几种气体的热物理性能

保护气体	电离电位/eV	0℃的热容量/(J/g·K)	0℃的热导率/(J/m·h·K)	稳定性
氩	24.5	21.16	0.514	良好
氩	15.7	0.5225	0.058	最好
氮	14.5	1.0366	0.877	满意
氢	13.5	14.212	0.618	不好

由于氩的电离势较高，因此，氩气电离所需要的能量较高，引燃电弧较困难。

（2）电弧燃烧稳定　氩气是单原子气体，电离不经过分子分解成原子的过程，所以能量损耗少。同时从表 5-2 可以看出，氩气的热容量和热导率都较小，故只要较小的热量就可以把电弧空间加热到高温，且电弧热量不易散失，有利于气体的热电离。所以，在氩气中，电弧一旦引燃，燃烧就很稳定，在常用的保护气体中，氩弧的稳定性最好。

3. 钨极氩弧焊的电极材料

钨极氩弧焊对电极材料的要求是：电流容量大、损耗小、引弧性能好，这主要取决于电极发射电子的能力。常用的不熔化电极材料有钨极、钍钨极和铈钨极。纯钨的熔点高达 3400℃，沸点约为 5900℃，在电弧热作用下不易熔化与蒸发，可以作为不熔化电极材料，基本上能满足焊接过程的要求。

为了增强钨极发射电子的能力，在纯钨中加入 1%～2% 的氧化钍（ThO_2），即为钍钨极，由于钍是一种电子发射能力很强的稀土元素，因而电极电子发射能力显著提高。钍钨极

与纯钨极比较，具有容易引弧，所需引弧电压小，许用电流增大，不易烧损，使用寿命长，电弧稳定性好等优点，但钍有放射性，虽然含量很低，必须加强劳动防护措施。

近年来研制的铈钨极，是在纯钨中加入 2% 的氧化铈（CeO）。由于铈钨极没有放射性危害，而且更优于钍钨极，进一步提高了电子发射能力和工艺性能，降低了电极的损耗率，所以铈钨极是目前最为理想的电极材料。

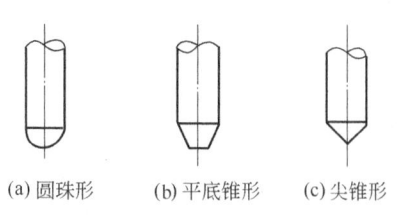

(a) 圆珠形　　(b) 平底锥形　　(c) 尖锥形

图 5-2　电极端部的形状

电极端部形状对电弧稳定性有一定的影响，如果端面凹凸不平，则产生的电弧既不集中又不稳定，为此电极端部必须磨光。当交流钨极氩弧焊时，一般将电极端部磨成圆珠形，否则因极性的变化，使电极损耗增大。

在支流钨极氩弧焊时，多用支流正接，为使电弧集中，燃烧稳定，通常把电极端部磨成平底锥形。用小电流施焊时，电极可以磨成尖锥形。

钨极氩弧焊的电极端部形状如图 5-2 所示。

4. 电流种类和极性

钨极氩弧焊可以使用直流电，也可以使用交流电。电流种类和极性的选择，与被焊材料有关。

（1）直流钨极氩弧焊　直流电没有极性变化，电弧燃烧很稳定，钨极氩弧焊采用直流正接时，电弧燃烧稳定性更好。

（2）直流反接钨极氩弧焊　采用直流反接时（即钨极为正接、焊件为负接），由于电弧阳极温度高于阴极温度，正接的钨棒容易过热而烧损，为不使钨极熔化，需限制钨极的许用电流，同时焊件上产生的热量不多，因而焊缝有效厚度浅，焊接生产率低。所以直流反接的热作用对焊接过程不利，钨极氩弧焊时，除了焊接铝、镁及其合金薄板外，很少采用直流反接。

然而，直流反接有一种去除氧化膜的作用，称为"阴极破碎"作用。这种作用在交流电反极性半周波中也同样存在，它是焊接铝、镁及其合金的有利因素。在焊接铝、镁及其合金时，由于金属的化学性质活泼，极易氧化，形成熔点很高的氧化膜，焊接时氧化膜覆盖在熔池表面，阻碍基体金属和填充材料的良好熔合，无法使焊缝很好的成形。因此，必须把被焊金属表面的氧化膜去除才能进行焊接。

当用直流反接焊接时，电弧空间的氩气电离后形成大量的正离子，由钨极的阳极区飞向焊件的阴极区，撞击金属熔池表面，可将这层致密难熔氧化膜击破，以去除铝、镁等金属表面的氧化膜，使焊接过程顺利进行，并得到表面光亮、成形良好的高质量焊缝，这就是在反接极性时电弧所产生的"阴极破碎"作用。而在直流正接焊接时，因为焊件的阳极区只受到能量很小的电子撞击，没有去除氧化膜的条件，所以不可能有"阴极破碎"作用。

三、手工钨极氩弧焊平敷焊

1. 焊前准备

（1）焊件　低碳钢板，规格尺寸为 300mm×100mm×6mm，每组一块。用钢丝刷或角磨机将钢板表面除锈、去污，至露出金属光泽。

（2）焊机　WS-315。

（3）焊接材料　见表 5-3。

表 5-3　薄板平对接钨极氩弧焊焊接材料

名　　称	牌　　号	规格/mm	要　　求
焊丝	H08A	ϕ2.5	采用专用焊丝
钨极	Wce20	ϕ2.5	端部磨成 30°圆锥形
氩气	—	—	纯度 99.95%

2. 焊接

（1）焊接方向　手工钨极氩弧焊一般采用左向焊法，右手握焊枪，左手持焊丝。

（2）送丝　右手握焊枪，左手持焊丝，用中指在上、无名指在下夹持焊丝，拇指和食指捏住焊丝向前移动送入熔池，然后拇指和食指松开后移再捏住焊丝前移，如此往复（见图 5-3）。

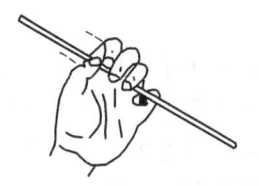

图 5-3　连续送丝操作技术

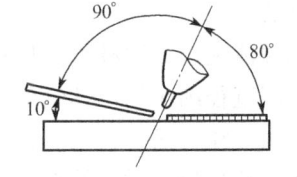

图 5-4　焊枪、焊丝和工件间的位置和夹角

（3）引弧方法　手工钨极氩弧焊的引弧方法主要有非接触引弧（高频引弧）和接触引弧两种。其中接触引弧时，钨极端部易烧损，同时易造成母材夹钨，一般需配备引弧板进行引弧。

（4）运弧　运弧时，焊枪、焊丝和工件间的位置和夹角如图 5-4 所示。运弧的方法一般有直线运弧和月牙形运弧两种。

（5）停弧　当焊接时需要停弧时，应先逐渐加快运弧速度，然后再灭弧，加快运弧的长度为 20mm 左右。

（6）接头　接头时，先将电弧于待焊处前端 5～10mm 处引弧，然后将电弧移向待焊处进行焊接，注意接头焊缝重叠处应少加焊丝。

（7）灭弧　电焊的灭弧方法主要有电流衰减法、增加焊速法、多次熄弧法和应用熄弧板法四种。

① 焊接电流衰减法：利用焊机电流衰减装置，逐渐减小焊接电流，然后灭弧。

② 增加焊速法：灭弧前焊枪前移速度加快，焊丝的送给量逐渐减少，然后灭弧。

③ 多次灭弧法：灭弧时先减慢焊速，同时将焊枪后倾角加大，拉长电弧，使电弧主要作用于焊丝上，焊丝熔化和加入量变大，填满弧坑，灭弧后再重新引弧二、三次，最终灭弧。

④ 应用熄弧板法：预先在焊接末端加一块熄弧板，在熄弧板上熄弧，焊后将熄弧板去除。

3. 操作注意问题

① 应熟练掌握焊丝的送丝方法，做到送丝过程连续、平稳。

② 焊接前将钨棒端部磨成所需的形状，焊接过程中若钨棒端部形状发生变化，应重新打磨。

③ 在灭弧后不可立即将焊枪移开，一般需在原处停留 2～5s 后再移开，以加强对熔池的保护。

复　习　题

1. 什么是钨极氩弧焊？

2. 简述氩弧焊的特点。

3. 钨极氩弧焊电流种类和极性如何？

项目二　薄板平对接钨极氩弧焊

一、钨极氩弧焊工艺

1. 焊前清理

钨极氩弧焊时，必须对被焊材料的接缝附近及焊丝进行焊前清理，除掉金属表面的氧化膜和油污等杂质，以确保焊缝的质量。焊前清理的方法有：机械清理、化学清理、化学-机械清理等方法。

（1）机械清理法　这种方法比较简便，而且效果较好，适用于大尺寸、焊接周期长的焊件。通常使用直径细小的不锈钢丝刷等工具进行打磨，也可用刮刀铲去表面氧化膜，使焊接部位露出金属光泽，然后再用有机溶剂消除油污、对焊件接缝附近进行清洁处理。

（2）化学清理法　对于填充焊丝及小尺寸的焊件，多采用化学清理法。这种方法与机械清理法相比，具有效率高、质量稳定均匀、保持时间长等特点。化学清理法所用的化学溶液和工序过程，应按被焊材料和焊接要求而定。

（3）化学-机械清理法　清理时先用化学清理法，焊前再对焊接部位进行机械清理，这种联合清理的方法，适用于质量要求更高的焊件。

2. 气体保护效果

氩气是很理想的保护气体，但氩气保护效果在焊接过程中，会受到多种工艺因素的影响。因而，钨极氩弧焊时必须重视氩气的保护效果，防止氩气保护效果受到干扰和破坏，否则难以获得满意的焊接质量。

影响气体保护效果的焊接工艺因素有气体流量、喷嘴形状与直径、喷嘴至焊件的距离、焊接速度、焊接接头的形式等，应全面考虑和正确地选择。

气体保护效果的好坏，常采用焊点试验法，通过测定氩气有效保护区大小的方法来评定。例如用交流手工钨极氩弧焊在铝板上进行点焊，试验过程中焊接工艺条件不变，电弧引燃后焊枪固定不动，待燃烧5～10s后断开电源，铝板上留下一个熔化的焊点。在焊点周围因受到"阴极破碎"作用，使铝板表面的氧化膜被消除了，出现有金属光泽的灰白色的区域（见图5-5）。这个有效保护区越大，说明气体保护效果越好。

此外，评定气体保护效果的好坏，还可用直接观察焊件表面的色泽来评定。如不锈钢材料焊接时，若焊缝金属表面呈银白、金黄色时，则气体保护效果良好，而看到焊缝金属表面显出灰黑色时，说明气体保护效果不好。

3. 焊接工艺参数

钨极氩弧焊的气体保护效果、焊接过程稳定性和焊缝质量与焊接工艺参数有关。为此，合理地选择焊接工艺参数是获得优质焊接接头的重要保证。

钨极氩弧焊的焊接工艺参数是：电源的种类和极性、钨极直径、焊接电流、氩气流量、焊接速度和工艺因素等。

（1）电源的种类和极性　钨极氩弧焊的电源种类

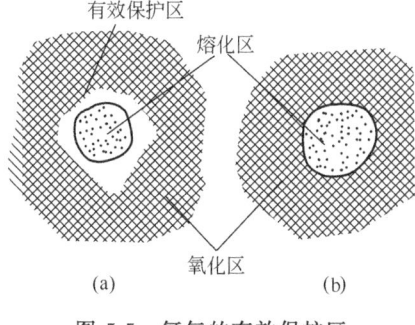

图 5-5　氩气的有效保护区

和极性，应根据被焊材料及操作方式而选择。

（2）钨极直径　主要按焊件厚度来选择钨极直径。另外，在被焊材料厚度相等时，因使用电源的种类和极性不同，钨极的许用电流也不一样，所以采用的钨极直径也不同。如果钨极直径选择不当，将造成电弧不稳、严重烧损和焊缝夹钨。

（3）焊接电流　当钨极直径选定后，再选择适当的焊接电流。过大或过小的焊接电流都会使焊缝成形不良或产生焊接缺陷。

各种直径的钍钨极许用电流范围见表 5-4。

表 5-4　各种直径的钍钨极许用电流范围

钨极直径/mm	直流正接/A	直流反接/A	交流/A
1.0	15～80	10～20	20～60
1.6	70～150	10～20	60～120
2.4	150～250	15～30	100～180
3.2	250～400	25～40	160～250
4.0	400～500	40～55	200～320
5.0	500～750	55～80	290～390
6.0	750～1000	80～125	340～525

（4）氩气流量　主要根据钨极直径及喷嘴直径来选择。对于一定孔的喷嘴，选用的氩气流量要适当，如果流量过大，则气流速度增大，难以保持稳定的流层，对焊接区域的保护作用不利，同时带走电弧区的热量多，影响电弧稳定燃烧。而流量过小，容易受到外界气流的干扰，降低气体保护效果。通常氩气流量在 3～20L/min 范围内。

（5）焊接速度　在钨极直径、焊接电流和氩气流量一定的前提下，焊速过快，会使保护气流偏离钨极和熔池，从而影响气体保护效果；并且焊接速度显著影响焊缝的形状。因此，应选择合适的焊接速度。

（6）工艺因素　主要指喷嘴形状与直径、喷嘴至焊件的距离、钨极伸出长度、填充焊丝直径等。这些工艺因素虽然变化不大，却对焊接过程和气体保护效果有不同程度的影响。所以应按具体的焊接要求给予选定。

一般喷嘴直径在 5～20mm 内选用；喷嘴至焊件的距离不超过 15mm 为宜；钨极伸出长度为 3～4mm；填充焊丝直径应根据焊件厚度而选择。

表 5-5 为铝及铝合金（平对接）手工交流钨极氩弧焊的主要焊接工艺参数。

表 5-5　铝及铝合金（平对接）手工交流钨极氩弧焊的焊接工艺参数

焊件厚度/mm	钨极直径/mm	焊接电流/A	焊丝直径/mm	喷嘴内径/mm	氩气流量/(L/min)	焊接速度/(cm/min)
1.2	1.6～2.4	45～75	1～2	6～11	3～5	18～23
2	1.6～2.4	80～110	2～3	6～11	3～5	18～23
3	2.4～3.2	100～140	2～3	7～12	6～8	11～16
4	3.2～4	140～210	3～4	7～12	6～8	10～15
5	4～6	210～300	4～5	10～12	8～12	8～13
6	5～6	240～300	5～6	12～14	12～16	8～13

二、薄板平对接钨极氩弧焊

1. 焊前准备

（1）焊件　低碳钢板，规格尺寸为 300mm×100mm×3mm，每组两块，共一组。

（2）焊接材料　见表 5-6。

表 5-6　薄板平对接钨极氩弧焊焊接材料

名　　称	牌　号	规格/mm	要　　求
焊丝	H08A	φ2.5	采用专用焊丝
钨极	Wce20	φ2.5	端部磨成 30°圆锥形
氩气	—		纯度 99.95%

2. 定位焊

将焊件待焊处两侧 20～30mm 范围内除锈、去污，至露出金属光泽。将两长度边对接，预留 0～1mm 间隙。两端定位焊牢。定位焊时，可不加焊丝。

3. 焊接

(1) 焊接工艺参数的选择　见表 5-7。

表 5-7　薄板平对接钨极氩弧焊焊接工艺参数

钨极直径/mm	喷嘴直径/mm	钨极伸出长度/mm	氩气流量/(L/min)	焊丝直径/mm	焊接电流/A	电弧电压/V
2.5	10～14	6～8	8～10	2.5	100～110	15～17

(2) 引弧　采用非接触引弧。电弧引燃后，保持弧长在 2～3mm 间，先在起焊处进行预热，待熔池形成后，可填充焊丝。

(3) 正常焊接　焊接过程中，送丝要均匀，要保证焊缝宽度和余高一致。

(4) 接头　接头时先在待焊处前方 5～10mm 处引弧，电弧稳定之后移至焊接处，接头送丝要少，以保证与原焊缝厚薄和宽窄的一致。

(5) 灭弧　一般灭弧采用焊接电流衰减法，可采用多次熄弧法。

待正面焊缝完成焊接后，将焊件翻转，清理接缝后再对反面进行焊接。

4. 焊后清理及检测

焊后将焊件正、反面用钢丝刷清理干净。

5. 操作注意问题

① 若采用接触引弧，当借助引弧板引弧。

② 焊接过程中钨棒不得与基体金属接触，以防止夹钨缺陷。

三、熔化极氩弧焊简介

熔化极氩弧焊是在氩气的保护下，焊丝作为电极，电弧在焊丝与焊件之间燃烧，焊丝连续送给并不断熔化，熔化的熔滴不断向熔池过渡，与液态焊件金属混合，经冷却凝固后形成焊缝。其操作方式有：熔化极半自动氩弧焊和熔化极自动氩弧焊两种。

1. 熔化极氩弧焊的特点

熔化极氩弧焊虽然能获得优良的焊接质量，但因受到钨极许用电流的限制，所以焊接电流不能太大，熔深也受到影响。当焊件厚度在 6mm 左右时需开坡口，进行多层焊及大厚度焊件需预热与保温。因此，中等厚度以上的焊件，因采用钨极氩弧焊生产率低、焊接变形大、劳动条件差，不能满足中厚板的焊接要求。

熔化极氩弧焊用焊丝作为电极，因而可使用大电流焊接，焊缝的有效厚度也大，所以一次焊接的焊缝有效厚度显著增加，例如铝及铝合金，当焊接电流为 450～470A 时，焊缝的有效厚度可达 15～20mm。这样在焊接时不必采取开坡口、预热与保温等措施，具有很高的焊接生产率，并改善了劳动条件。因此熔化极氩弧焊特别适用于中等和大厚度的焊件。

熔化极氩弧焊的熔滴过渡特点决定了熔滴过渡的形式。当采用短路过渡或颗粒状过渡焊接时，由于飞溅严重，电弧复燃困难，焊件金属熔化不良及容易产生焊缝缺陷，熔化极氩弧焊一般不采用短路过渡或颗粒状过渡而采用射流过渡形式。

射流过渡的焊接过程中，过渡过程稳定，飞溅减小，焊缝有效厚度增大，电弧的功率也较大。

2. 熔化极氩弧焊的焊接工艺参数

熔化极氩弧焊的焊接工艺参数是：焊丝直径、焊接电流、电弧电压、焊接速度、喷嘴直径、氩气流量等。

焊接电流和电弧电压是获得射流过渡形式的关键，一般焊接电流应大于临界电流值，电弧电压选择的低一些，可使熔滴呈现射流过渡形式。

由于熔化极氩弧焊对熔池和电弧区的保护要求较高，而且电弧功率及熔池体积较钨极氩弧焊时大，因此喷嘴孔径在 20mm 左右，氩气流量约为 30～60L/min。电源的种类和极性，则采用直流反接，有利于电弧稳定，并充分发挥"阴极破碎"作用。

熔化极氩弧焊焊接纯铝的焊接工艺参数见表 5-8。

表 5-8　熔化极氩弧焊焊接纯铝的焊接工艺参数

焊件厚度/mm	焊丝直径/mm	焊接电流/A	电弧电压/V	焊接速度/(m/h)	喷嘴孔径/mm	氩气流量/(L/min)
6	2.5	230～260	20～30	25～26	22	30～33
8	2.5	300～320	20～22	25～29	22	30～33
12	3	320～330	27～28	15	22	30～33
20	4	480～520	28～32	16～19	28	35～40

项目三　平对接 V 形坡口钨极氩弧焊

一、钨极氩弧焊设备

手工钨极氩弧焊设备包括主电路系统、焊枪、供气系统、冷却系统和控制系统等部分，如图 5-6 所示。

自动钨极氩弧焊设备，除了上述几部分外，还有等速送丝装置和焊接小车行走机构。

1. 主电路系统

这部分主要是焊接电源、高频振荡器、脉冲稳弧器和消除直流分量装置组成，交流与直流的主电路系统部分不同。交流钨极氩弧焊的主电路系统，由焊接变压器、高频振荡器、脉冲稳弧器和电解电容器等部分组成。而直流钨极氩弧焊的主电路系统较为简单，直流焊接电源附加高频振荡器即可使用。

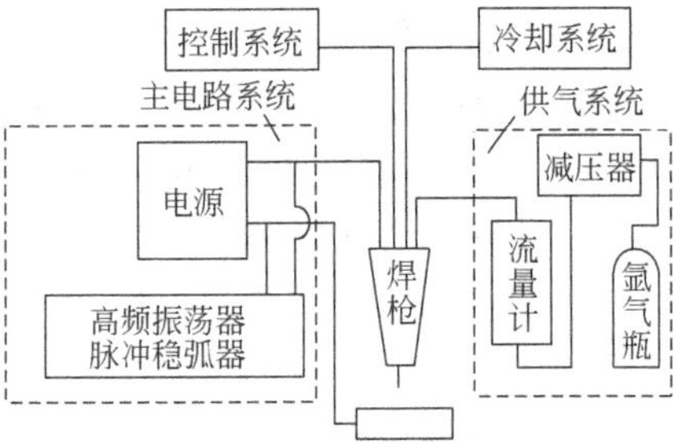

图 5-6　手工钨极氩弧焊设备系统

2. 焊枪

钨极氩弧焊焊枪的作用是夹持电极、导电和输送氩气流。手工焊枪手把上装有启动和停止按钮。焊枪一般分为大、中、小型三种，小型的最大焊接电流为 100A，大型的可达400～600A，采用水冷却。焊枪本体由尼龙压制，具有体积小、重量轻、绝缘和耐热性能好等特点。

焊枪的喷嘴是决定氩气保护性能的重要部件，常用的喷嘴形状如图 5-7 所示。圆柱带锥形的喷嘴,其保护效果最佳,氩气流速均匀,容易保持层流。圆锥形的喷嘴,因氩气流速变快,故保护效果较差,但这种喷嘴操作方便,熔池可见度好,焊接时也经常使用。

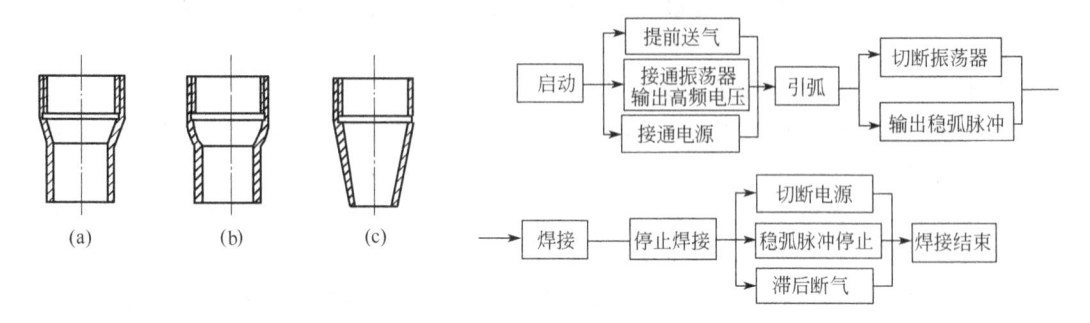

图 5-7　常用喷嘴形状示意图　　　图 5-8　交流手工钨极氩弧焊控制程序方框图

3. 供气系统

钨极氩弧焊的供气系统由氩气瓶、减压器、流量计和电磁气阀等组成。减压器用以减压和调压。流量计是标定通过氩气流量的大小,有的流量计将流量计和减压器制成一体。电磁气阀是控制气体通断的装置。

4. 冷却系统

一般选用的最大焊接电流在200A以上时,必须通水来冷却焊枪、电极和焊接电缆。冷却水接通并有一定的压力后,才能启动焊接设备,通常在钨极氩弧焊设备中设有保护装置——水压开关。

5. 控制系统

钨极氩弧焊的控制系统是通过控制线路,对供电、供气、引弧与稳弧等各个阶段的动作程序实现控制。图5-8为交流钨极氩弧焊的控制程序方框图。

常用的手工钨极氩弧焊机WSM系列(新型号)和NSA系列(旧型号)。

二、平对接V形坡口钨极氩弧焊

1. 焊前准备

(1) 焊件　低碳钢板,$\delta=6mm$,尺寸为300mm×100mm×6mm,在长度边开30°±5°的坡口。焊前将坡口两侧20~30mm范围内进行除锈、去污,至露出金属光泽。

(2) 焊机　WSM-300型直流氩弧焊机。

(3) 焊材　见表5-9。

表 5-9　焊接材料的选择

名　称	牌　号	规　格	要　求
焊丝	H08A	$\phi2.5mm$	采用专用焊丝
钨极	Wce20	$\phi2.5mm$	端部磨成30°圆锥形,锥端直径$\phi0.5~0.6mm$
氩气	—	—	纯度≥99.95%

2. 定位焊

将试板的置于同一平面上对接,两端预留出2.5mm(始焊端)和3.0mm(终焊端)的间隙,钝边不大于0.5mm。

采用正式焊接用焊丝于两端进行定位焊,保证定位焊表面平整、无错边。预留2°的反变形。

3. 打底焊

采用左向焊法，间隙较小的一端为始焊端。焊接工艺参数见表 5-10。

表 5-10 焊接工艺参数的选择

焊接层次	钨极直径 /mm	喷嘴直径/mm	钨极伸出长度 /mm	氩气流量 /(L/min)	焊丝直径 /mm	焊接电流/A	电弧电压/V
1	2.5	10～14	6～8	8～10	2.5	90～100	15～17
2	2.5	10～14	6～8	8～10	2.5	90～100	15～17
3	2.5	10～14	6～8	8～10	2.5	100～110	15～17

（1）引弧　采用非接触引弧，引弧时预先将喷嘴斜靠在坡口表面使钨极端部与母材表面距离 2～3mm，然后打开开关引弧。电弧引燃后，将焊枪抬起，保持 2～3mm 的弧长，先对坡口根部两侧进行预热，待钝边熔化形成熔池后，向熔池内填充焊丝。

（2）正常焊接　焊接时焊枪与工件及焊丝之间的夹角见图 5-9。

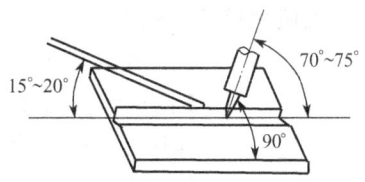

图 5-9　焊枪、焊丝、工件间夹角

焊枪采用横向锯齿形或月牙形摆动，电弧应均匀熔化每侧坡口 0.5～0.8mm 左右。焊丝端部始终处于距熔池中心1/3 处，并随熔池移动而移动。打底焊焊缝厚度一般为 2～3mm。

（3）接头　在进行接头处理前，应先将原熔池表面的氧化物清理干净。接头时，在原灭弧部位开始引弧，引弧后在熔池下坡处作横向摆动预热，形成熔孔后，开始加丝。

（4）收弧　收弧前稍稍加快焊接速度，然后将电弧向坡口的一侧转移，填满弧坑。

> 要领：氩弧焊打底焊在灭弧后应采用滞后停气，焊枪在灭弧后不可立即移开，待熔池颜色变暗后方可移开，以防止空气介入产生气孔。

4. 填充焊

填充焊的焊接电流、焊枪角度与打底焊相同，只是焊枪在坡口内摆动的幅度要适当增大。电弧在坡口两侧要适当停顿，填丝速度应视焊缝表面距坡口的距离和焊接速度而定。

填充焊完成后，焊缝表面距母材表面的距离为 0.5～1mm 左右，注意电弧不得烧损坡口边缘的棱边。

5. 盖面焊

盖面焊时焊枪角度及填丝角度与打底、填充焊时相同，但焊枪摆动幅度应更大一些。电弧移至坡口边缘时，应作适当的停顿，熔池深入每侧坡口边缘 0.5～1mm 为宜。

6. 焊后清理及检测

焊后将焊件正、反面用钢丝刷清理干净。焊缝外观尺寸的要求见表 5-11。

表 5-11 焊缝检查内容及要求

焊缝	每侧增宽/mm	宽度差/mm	直线度/mm	余高/mm	余高差/mm
正面	0.5～2.5	≤2	≤2	0～3	≤2
反面	—	—	≤2	0～3	≤2

复 习 题

1. 手工钨极氩弧焊设备主要包括哪几部分？

2. 手工钨极氩弧焊在什么情况下必须采用水冷却系统？

3. 简述平对接 V 形坡口钨极氩弧焊时的接头处理方法。

模块六　埋弧自动焊技术与等离子切割技术

项目一　板件对接 I 形坡口埋弧自动焊

一、埋弧焊的工作原理

埋弧自动焊是高效机械化焊接方法之一，简称埋弧焊。其焊接过程如图 6-1 所示。焊剂 2 由漏斗 3 流出后，均匀地撒在装配好的焊件 1 上，焊丝 5 由送丝机构经送丝滚轮 4 和导电嘴 6 送进焊接电弧区。焊接电源的输出端分别接在导电嘴和焊件上。送丝机构、焊剂漏斗和控制盘通常装在一台小车上，使焊接电弧均匀移动。通过操作控制盘上的开关，自动控制焊接过程。

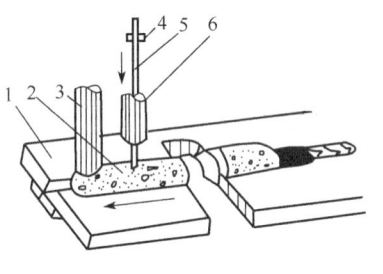

图 6-1　埋弧焊焊接过程

1—焊件；2—焊剂；3—漏斗；

4—送丝滚轮；5—焊丝；6—导电嘴

埋弧焊的电弧被掩埋在颗粒状焊剂的下面，如图 6-1 所示。当焊丝与焊件间引燃电弧时电弧热使焊件、焊丝和焊剂熔化并部分被蒸发，金属和焊剂的蒸气将熔融的焊剂吹开，形成一个气泡，电弧在这个气泡内燃烧，气泡的上半部被熔化了的焊剂及渣壳构成的外膜包围着，不仅能很好地将熔池与空气隔开，而且可隔绝弧光的辐射，因此焊缝质量高，劳动条件好。

二、埋弧焊的特点及应用范围

1. 埋弧焊的优点

（1）生产效率高　埋弧焊时由于焊丝的伸出长度较小，可以采用较大的焊接电流（600～800A，甚至 1000A），电流通过焊丝所产生的电阻热比焊条电弧焊大 3 倍以上，焊丝的预热作用大，以及电弧在密封的熔剂壳膜内燃烧，热效率极高，焊丝的熔化系数增大，母材的熔化加快，提高了焊接速度。

（2）焊缝质量好　埋弧焊时，焊接区受到焊剂和渣壳的可靠保护，极大地减少了有害气体侵入的机会；焊接工艺参数自动调节，焊接过程比较稳定，因此焊缝的化学成分、性能及尺寸比较均匀，焊缝光滑平整。

（3）节约焊接材料和电能　由于熔深大，埋弧焊时，可以不开坡口（I 形）或开小坡口，减少焊缝中焊丝的填充量，也节省了加工坡口的消耗，另外埋弧焊飞溅极少，又不存在焊条头的损失，所以节省焊接材料；埋弧焊的热量集中，而且利用率高，在单位长度焊缝上所消耗的电能较少。

（4）劳动条件好　由于实现了焊接过程的机械化，操作较简便，减轻了焊工的劳动强度，埋弧焊没有弧光的有害影响，放出的烟尘也较少，改善了劳动条件。

2. 埋弧焊的缺点

① 只能在水平或倾斜度不大的位置进行焊接。

② 焊接设备较复杂，一般用于长焊缝的焊接。

③ 在小电流焊接时，电弧的稳定性不好，因此焊接薄板较困难。

④ 由于采用较大的焊接电流，所以熔深较大，因此溶池中的气体往往来不及逸出而容易在焊缝中形成气孔。

3. 埋弧焊的应用范围

埋弧焊目前主要用于碳素结构钢、低合金结构钢、不锈钢、耐热钢和复合钢材等钢结构的焊接。在造船、锅炉、压力容器、桥梁、起重机械及冶金机械制造业中有广泛的应用。此外还可用于堆焊一些耐磨和耐腐材料。

三、埋弧自动焊焊接材料

埋弧焊的焊接材料包括焊丝和焊剂。

1. 焊丝

（1）焊丝的作用及要求　为保证焊缝质量，埋弧焊对焊丝的要求很高，需对焊丝中合金元素含量作一定的限制，如降低含碳量和硫磷等有害杂质元素的含量等。使用时，要求焊丝表面清洁，不应有氧化皮、铁锈及油污等。

（2）焊丝的牌号　埋弧焊所用焊丝与焊条电弧焊所用的焊芯属同一国家标准。

埋弧焊常用的焊丝直径有 1.6mm、2mm、3mm、4mm、5mm 和 6mm 六种。

（3）焊丝的保管与使用　焊丝的存放场地应干燥；焊丝装盘时，应将焊丝表面的氧化皮、铁锈及油污等清理干净。

2. 焊剂

（1）焊剂的作用及要求　焊接时经加热熔化形成熔渣，对熔化金属起保护作用的一种颗粒状物质，称为焊剂。

焊剂是埋弧焊过程中保证焊缝质量的重要材料，作用如下：

① 熔化后形成熔渣，可以防止空气中的气体侵入，保护熔池；

② 向熔池过渡合金元素，改善化学成分，提高焊缝的力学性能；

③ 保证焊缝良好的成形。

焊剂应满足以下要求：

① 保证电弧稳定燃烧；

② 保证焊缝金属的成分和性能；

③ 减少焊缝产生气孔的可能性；

④ 有利于焊缝成形和良好的脱渣性能；

⑤ 不易吸潮并有一定的颗粒度及强度；

⑥ 焊接时无有害气体的析出。

（2）焊剂的种类及牌号　焊剂按照制造方法不同，可分为熔炼焊剂、烧结焊剂和粘接焊剂三大类；按化学成分不同，可分为高锰焊剂、中锰焊剂、低锰焊剂和无锰焊剂等；按化学特性，可分为酸性焊剂和碱性焊剂。

焊剂牌号的规格为"焊剂（HJ）×××"，焊剂后面有三位数字，具体表示为：

① 第一位数字表示焊剂中氧化锰的平均含量，见表 6-1；

② 第二位数字表示焊剂中二氧化硅、氟化钙的平均含量，见表 6-2；

③ 第三位数字表示同一类型焊剂的不同牌号，对同种牌号的焊剂生产两种颗粒度，则在细颗粒产品后加一"细"字。

例如"焊剂 431 细"表示：

焊剂——埋弧焊用焊剂；

4——焊剂为高锰；

3——高硅低氟；

1——牌号的编号为1；

细——细颗粒焊剂。

表 6-1　焊剂牌号与氧化锰的含量

牌　号	焊剂类型	氧化锰平均含量
焊剂 1××	无锰	$MnO<2\%$
焊剂 2××	低锰	$MnO≈2\%～15\%$
焊剂 3××	中锰	$MnO≈15\%～30\%$
焊剂 4××	高锰	$MnO>30\%$

表 6-2　焊剂牌号与二氧化硅、氟化钙的含量

牌号	焊剂类型	二氧化硅和氟化钙的平均含量
焊剂 ×1×	低硅低氟	$SiO_2<10\%$ $CaF_2<10\%$
焊剂 ×2×	中硅低氟	$SiO_2≈10\%～30\%$ $CaF_2<10\%$
焊剂 ×3×	高硅低氟	$SiO_2>30\%$ $CaF_2<10\%$
焊剂 ×4×	低硅中氟	$SiO_2<10\%$ $CaF_2≈10\%～30\%$
焊剂 ×5×	中硅中氟	$SiO_2≈10\%～30\%$ $CaF_2≈10\%～30\%$
焊剂 ×6×	高硅中氟	$SiO_2>30\%$ $CaF_2≈10\%～30\%$
焊剂 ×7×	低硅高氟	$SiO_2<10\%$ $CaF_2>30\%$
焊剂 ×8×	中硅高氟	$SiO_2≈10\%～30\%$ $CaF_2>30\%$

（3）焊剂的保管与使用　在搬运焊剂时，要防止包装破损，使用前，必须按规定温度烘干并保温。一般酸性焊剂在 250℃烘干 2h；碱性焊剂在 300～400℃烘干 2h，烘干后应立即使用。回收焊剂应清除其渣壳及其他杂物，与新焊剂混合均匀后使用。

四、带垫板的 I 形坡口对接埋弧焊

1. 焊前准备

（1）焊件　Q235 或 Q345 钢板，尺寸为 400mm×100mm×10mm，每组两块，共一组；400mm×40mm×10mm 垫板一块；100mm×100mm×10mm 引弧板、引出板各一块。

（2）焊接材料　焊丝为 ϕ5mm，H08A；焊剂为 HJ431。定位焊用焊条为 E4303，ϕ4mm。

（3）焊机　MZ-1000 型埋弧焊机。

2. 装配及定位

将焊丝及焊件除锈、去污，焊剂烘干。

按图 6-2 所示进行组对，将引弧板和引出板在焊件两端定位焊牢，在焊件的背面装垫板。要求垫板与试板间隙对称，与试板紧贴，定位焊焊脚为 4mm，每段焊缝长 20mm，间距 50mm 左右。

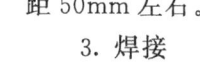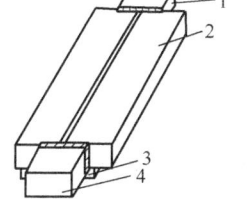

图 6-2　装配要求

1—引弧板；2—试板；

3—垫板；4—引出板

3. 焊接

将焊件放置于水平位置，然后用单层单道一次完成焊接。

① 调试焊接工艺参数。在其他废钢板上按表 6-3 调好工艺参数。

② 使焊件的间隙与小车轨道平行。

③ 焊丝对中。调整好焊丝位置，使丝头对准间隙，但不接触钢板，然后往返拉动小车几次，反复调试位置，直到焊丝能在整块焊件上对准位置为止。

④ 引弧。将小车拉到引弧板处，调整好小车行走的方向开关，使焊丝与引弧板可靠接触并撒焊剂。按启动按钮，引燃电弧，焊接小车沿焊接方向行走，开始焊接。

在焊接过程中要注意观察，并随时调整焊接工艺参数。

⑤ 收弧。当电弧全部达到引出板上时，分两步按动停止按钮，填满弧坑后结束焊接过程。

表 6-3 焊接工艺参数的选择

焊件厚度/mm	间隙/mm	焊丝直径/mm	焊接电流/A	电弧电压/V	焊接速度/(m/h)
6	0~1	4	600~650	33~35	38~40

4. 焊后清理及检测

（1）清理 将焊剂及渣壳清理干净，将焊件表面的飞溅去除。

（2）外观检查 按表 6-4 所示进行焊缝尺寸的检测。

（3）射线探伤检查 射线探伤应符合 GB 3323—87 钢熔化焊对接接头射线照相和质量分级规定的 Ⅱ级以上。

表 6-4 焊缝表面质量要求

焊缝余高/mm	余高差/mm	焊缝宽度/mm		焊缝直线度/mm
		坡口每侧增宽	宽度差	
0~3	≤2	—	≤2	≤2

复 习 题

1. 简述埋弧自动焊的特点。

2. 埋弧自动焊焊剂的保管与使用应注意哪些问题？

3. 简述埋弧自动焊引弧和收弧时的操作步骤。

项目二 厚板对接 U 形坡口埋弧焊

一、埋弧焊焊前准备要求

埋弧焊在焊接前必须作好准备工作，包括焊件坡口加工、待焊部位表面的清理、焊件的装配，以及焊丝表面的清理，焊剂的烘干等，否则会影响焊接质量。

1. 坡口的加工

坡口可使用刨边机、车床、气割机、等离子切割机以及碳弧气刨等方法进行加工，加工后的坡口尺寸及表面粗糙度等必须符合设计图样或工艺文件的规定。

2. 待焊部位的清理

在焊前应将坡口及两侧 20mm 范围内表面的铁锈、氧化皮、水分和油污等清理干净。

待焊部位的铁锈和氧化皮可用砂布、风动砂轮、风动钢丝刷、喷丸处理等清除；水分和油污可用氧乙炔火焰烘烤。

3. 焊件的装配

焊件接头的装配要求间隙均匀、高低平整、错边量小，定位焊用的焊条原则上应与焊件等强度。定位焊缝应平整，不允许有气孔、夹渣等缺陷。

4. 焊接材料的清理

焊丝表面的清理，可在焊丝除锈机上进行，在除锈的同时，还可矫直焊丝并装盘；焊剂在使用前应按照规定进行烘干。

二、自动焊接工艺参数的选择

埋弧焊的焊接工艺参数对焊接质量有很大的影响，其主要的工艺参数有焊接电流、电弧电压、焊接速度、焊丝直径与伸出长度、焊丝与焊件的相对位置（焊丝倾斜角度）、装配间隙与坡口的大小等，此外焊剂层的厚度与粒度对焊缝质量也有影响。

1. 焊接电流

当其他参数不变时，焊接电流对焊缝成形的影响如图 6-3 所示。

焊接电流是决定焊缝熔深的主要因素。在一定范围内，焊接电流增加，焊缝熔深 H 和余高 h 都增加，而焊缝宽度 B 增加不大。增大焊接电流能提高生产率，但在一定的焊接速度下，焊接电流过大会使热影响区过大及产生焊瘤、烧穿等缺陷；若焊接电流过小，则熔深不足，产生熔合不好、未焊透和夹渣等缺陷，并使焊缝成形变差。

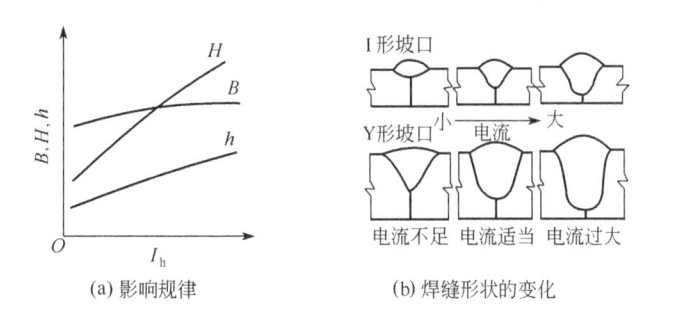

图 6-3 焊接电流对焊缝成形的影响

为保证焊缝的成形，焊接电流必须与电弧电压保持合适的比例，见表 6-5。

表 6-5 焊接电流与电弧电压的比例

焊接电流/A	600～700	700～850	850～1000	1000～1200
电弧电压/V	36～38	38～40	40～42	42～44

2. 电弧电压

当其他参数不变时，电弧电压对焊缝成形的影响如图 6-4 所示。

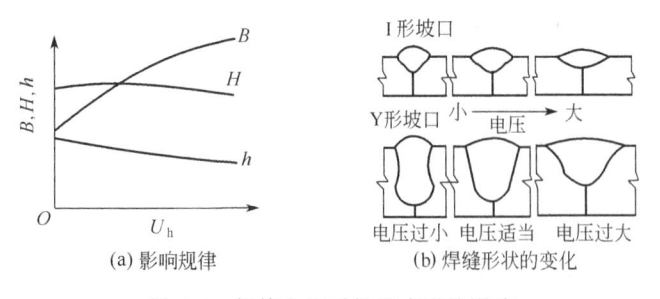

图 6-4 焊接电压对焊缝成形的影响

电弧电压是影响熔宽的主要因素。电弧电压增加时，弧长增加，熔深减小，焊缝变宽，余高减小。电弧电压过大时，焊剂熔化量增加，电弧不稳，严重时会产生咬边和气孔等缺陷。

3. 焊接速度

当其他参数不变时，焊接速度对焊缝成形的影响如图 6-5 所示。

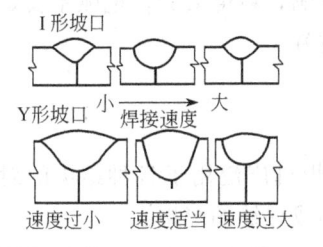
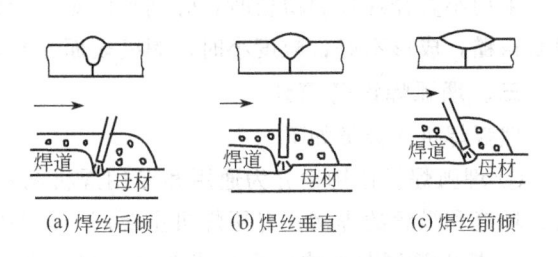

图 6-5　焊接速度对焊缝成形的影响　　　　图 6-6　焊丝倾角对焊缝成形的影响

焊接速度增加时，熔合比减小。焊接速度过高时，会产生咬边、未焊透、电弧偏吹和气孔等缺陷，焊缝余过窄；焊接速度太慢，焊缝余高过高，形成宽而浅的大熔池，焊缝表面粗糙，容易产生焊瘤或烧穿等缺陷。

4. 焊丝直径与伸出长度

焊接电流不变时，减小焊丝直径，电流密度增加，焊缝成形系数减小。不同直径的焊丝适用的焊接电流见表 6-6。

表 6-6　不同直径焊丝适用的焊接电流

焊丝直径/mm	2	3	4	5	6
电流密度/(A/mm^2)	63～125	50～85	40～63	35～50	28～42
焊接电流/A	200～400	350～600	500～800	700～1000	800～1200

5. 焊丝倾斜角度

焊接时焊丝相对焊件倾斜，使电弧始终指向待焊部位的焊接操作方法叫前倾焊。焊丝前倾时，焊缝成形系数增加，熔深浅，焊缝宽度大，如图 6-6 所示，适于焊接薄板。电弧始终指向已焊部位的焊法叫后倾焊。后倾焊时，熔深和余高增大，焊缝宽度明显减小，焊缝成形不良，如图 6-6 所示。

6. 焊件位置

上坡焊和下坡焊对焊缝成形的影响见图 6-7。

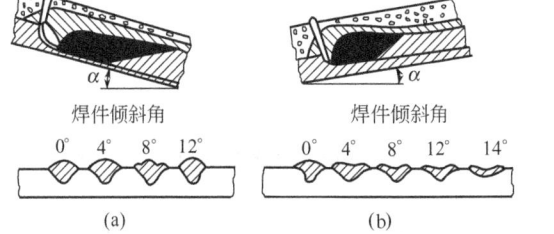
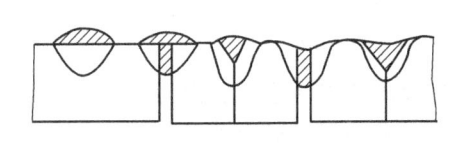

图 6-7　焊件位置对焊缝成形的影响　　　　图 6-8　装配间隙与坡口角度对焊缝成形的影响

7. 装配间隙与坡口角度

当其他参数不变，装配间隙与坡口角度增大时，熔合比和余高减小，熔深增大，但焊缝厚度基本保持不变，如图 6-8 所示。

8. 焊剂层的厚度

焊剂层太薄，容易露弧，保护效果不好，易产生气孔或裂纹；焊剂层太厚时，焊缝变窄，成形系数减小。

采用小直径焊丝焊薄板时，焊剂粒度对焊缝成形有影响，粒度太大，电弧不稳定，焊缝表面粗糙，成形不好；粒度小时，焊缝表面光滑，成形较好。

三、埋弧焊设备简介

埋弧焊机的分类如下。

① 埋弧焊机按用途分为通用和专用焊机两种。通用焊机广泛用于各种结构的对接、角接、环缝和纵缝的焊接；专用焊机主要用于某些特定结构或焊缝的焊接。

② 按电弧调节方法分为等速送丝式和变速送丝式两种。等速送丝式主要用于细丝或高电流密度的情况；变速送丝式主要用于粗丝或低电流密度的情况。

③ 按行走机构形式分为小车式、门架式和悬臂式三种。

④ 按焊丝数目分为单丝、双丝或多丝焊机几种。

埋弧焊时，当弧长变化时，弧长恢复到原来数值的方法有焊接电弧自身调节（等速送丝）和环节电弧强迫调节（变速送丝）两种。

四、厚板 U 形坡口对接埋弧焊

1. 焊前准备

（1）焊件 Q235 或 Q345 钢板，规格尺寸为 400mm×100mm×30mm，每组两块共一组；引弧板和引出板，尺寸为 10mm×100mm×100mm（2 块）及 6mm×100mm×50mm（4 块）。接头形式和焊缝尺寸见图 6-9。

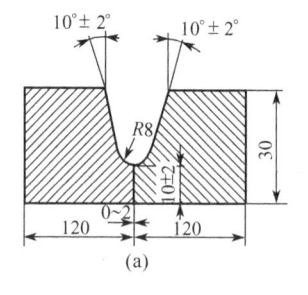
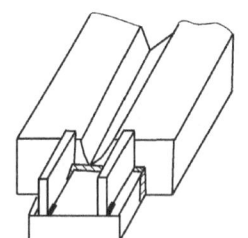

图 6-9 接头形式和焊缝尺寸   图 6-10 装配间隙及定位要求

（2）焊接材料 焊丝选用 H08A 或 H10Mn2A，ϕ4mm，焊剂选用 HJ301（HJ431），定位焊用焊条为 E4315，ϕ4mm。

（3）焊机 MZ-1000 型埋弧焊机。

2. 装配及定位

将焊丝及焊件除锈、去污，焊剂烘干。将坡口及两侧 20mm 范围内表面的铁锈、氧化皮、水分和油污等清理干净。

在焊件两端加装引弧板和引出板，按图 6-10 所示进行装配定位。要求装配间隙不大于 2mm，错边量不大于 1.5mm，反变形控制在 3°～4°。

3. 焊接

（1）焊接位置 焊件放置于水平位置进行焊接，进行两面多层多道焊。

（2）焊接顺序 先焊形坡口的焊缝，焊完清渣后，将焊件翻转，在反面用碳弧气刨将焊缝根部刨出形槽，槽宽 8～10mm，深 4～5mm。最后进行反面焊缝的焊接。

（3）焊接工艺参数 见表 6-7。

表 6-7　焊接工艺参数

焊件厚度/mm	间隙/mm	焊丝直径/mm	焊接电流/A	电弧电压/V	焊接速度/(m/h)	电流种类
30	0~2	4	600~700	34~38	25~30	直流反接

（4）正式焊接　按焊丝对中→引弧→焊接→收弧→清渣的顺序进行焊接。正面焊缝的焊接需进行多道多层焊，背面焊缝只需一道完成。注意控制层间温度不得超过 200℃。

4. 焊后清理及检测

（1）清理　将焊剂及渣壳清理干净，将焊件正、反面的飞溅去除。

（2）外观检查　按表 6-8 所示进行焊缝尺寸的检测。

（3）射线探伤检查　射线探伤应符合 GB 3323—87 钢熔化焊对接接头射线照相和质量分级规定的 Ⅱ 级以上。

表 6-8　焊缝尺寸要求

焊缝	焊缝余高/mm	焊缝余高差/mm	焊缝宽度/mm		焊缝直线度/mm
			坡口每侧增宽	宽度差	
形面焊缝	0~4	≤2	3~4	≤2	—
封底焊缝	0~4	≤2		≤2	≤2

复　习　题

1. 埋弧焊在焊接前必须做好哪些准备工作？

2. 埋弧焊的焊接工艺参数主要有哪些？

3. 厚板 U 形坡口对接埋弧焊时正式焊接的顺序是什么？

项目三　等离子切割

等离子弧切割与焊接是现代科学领域中的一项新技术。它是利用高温（15000~30000℃）的等离子弧来进行切割和焊接的工艺方法，这种新的工艺方法不仅能切割、焊接常用工艺方法所能加工的材料，而且还能切割、焊接一般工艺方法所难以加工的材料，因而它在焊接领域中是一门较有发展前途的先进工艺。本项目重点介绍等离子弧切割技术。

一、等离子弧的产生原理、特点及类型

1. 等离子弧的产生原理

自由电弧中通常无法做到使气体完全电离。若使气体完全电离，形成完全由带正电的正离子和带负电的电子所组成的电离气体，就称为等离子体。

一般的焊接电弧未受到外界的压缩，弧柱截面随着功率的增加而增加，因而弧柱中的电流密度近乎常数。其温度也就被限制在 5730~7730℃，这种电弧称为自由电弧。如在提高电弧功率的同时，限制弧柱截面的增大或减少弧柱的直径，即对自由电弧进行"压缩"，就能获得导电截面收缩得比较小、能量更加集中，弧柱中气体几乎可达到全部等离子状态的电弧，就叫等离子弧。

对自由电弧的弧柱进行强迫压缩作用称为"压缩效应"，使弧柱产生"压缩效应"有机械压缩效应、热收缩效应和磁收缩效应三种形式。

2. 等离子弧的特点

（1）温度高、能量密度大　等离子弧的导电性高，承受电流密度大，因此温度高。又因其截面很小，则能量密度高度集中。

（2）电弧挺度好　自由电弧的扩散角约为 45°，而等离子弧的扩散角仅为 5°，故挺度好。

（3）具有很强的机械冲刷力　等离子弧发生装置中通常加入常温压缩气体，受电弧高温作用而膨胀，在喷嘴的阻碍下使气体的压缩力大大增加，当高压气流由喷嘴细小通道中喷出时，可达到很高的速度（可超过声速），所以等离子弧具有很强的机械冲刷力。

二、等离子弧的电源、电极及工作气体

等离子弧所采用的电源绝大多数为具有陡降外特性的直流电源。

等离子弧电极材料目前常用的是含少量钍的钨极和铈钨极。

等离子弧工作气体常用的是氮、氩、氢及混合气体。因为氮气的成本低，化学性质不十分活泼，使用时危险性小。氩气在焊接化学性质较强的金属时是良好的保护介质，一般氩气的纯度应不小于 95%。氢气具有最大的热传递能力，能提高等离子弧的热功率，但氢气是易燃易爆气体，故不常单独使用，多与其他气体混合使用。

三、等离子弧切割

利用等离子弧的热能实现切割的方法，称为等离子弧切割。等离子弧切割的原理是以高温、高速的等离子弧作为热源，将被切割件局部熔化，并利用压缩的高速气流的机械冲刷力，将已熔化的金属或非金属吹走的过程，如图 6-11 所示。

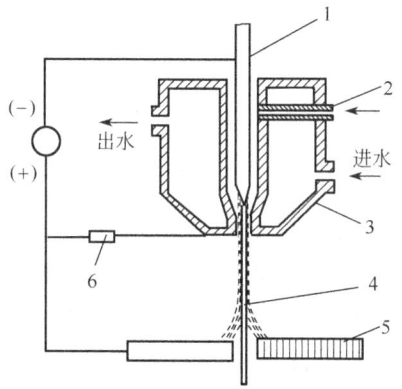

图 6-11　等离子切割示意图

1—钨极；2—进气管；3—喷嘴；

4—等离子弧；5—割件；6—电阻

等离子弧是一种较理想的切割，它可切割氧-乙炔焰和普通电弧所不能切割的铝、铜、镍、钛、铸铁、不锈钢和高合金钢等，而且切割速度快，生产效率高，热影响区变形小，割口比较狭窄、光洁、整齐、不粘渣，质量好。

等离子弧切割均采用具有陡降外特性的直流电源，要求具有较高的空载电压和工作电压，一般空载电压在 150～400V 之间。

等离子弧切割的工艺参数，主要有空载电压、切割电流、工作电压、气体流量、切割速度、喷嘴到割件的距离、钨极到喷嘴端面的距离及喷嘴的尺寸等。工艺参数选择的方法是：首先根据割件的厚度和材料的性质选择合适的功率，根据功率选择切割电流的大小，然后决定喷嘴孔径和电极直径，再选择适当的气体流量及切割速度，便可获得质量良好的割缝。

四、等离子弧切割不锈钢

1. 操作准备

（1）割件　不锈钢板，尺寸为 200mm×500mm×20mm。

（2）切割设备　LG-400-1 型等离子切割机。

（3）材料　氮气、铈钨极（ϕ=5.5mm）。

2. 操作要领

（1）工艺参数选择　见表 6-9。

表 6-9　板厚 20mm 不锈钢等离子切割工艺参数

电极直径 /mm	电极内缩量 /mm	喷嘴至割件 的距离/mm	喷嘴直径 /mm	空载电压/V	工作电流/A	工作电压/V	气体流量 /(L/min)	切割速度 /(cm/min)
5.5	10	6～8	3	160	220	120～125	31～38	53～67

（2）切割机操作步骤

① 连接切割机的气路、水路和电路。

② 把小车、割件安放在适当的位置，使割件与电路正极牢固连接。

③ 打开水路并检查是否有漏水现象；打开气路，调节非转移弧气流和转移弧气流的流量。

④ 接通控制线路，检查电极同心度是否最佳。

⑤ 自动切割小车空车试验，并初步选定切割速度。

⑥ 调节割炬位置和喷嘴到割件的距离（一般为 6～8mm）。

⑦ 启动切割电源，查看空载电压是否正常，并初步选定工作电流。

⑧ 拿好面罩准备切割。

（3）切割过程

① 启动高频引弧，引弧后其白色焰流接触被割工件。

② 按动切割按钮，电弧变为非转移电弧。

③ 待电弧穿透割件，开动小车自动进行切割。切割速度、气体流量和切割电流可进行适当调节。

④ 切割完毕，电路自动断开，小车自动停车，气路自动断开。

⑤ 切断电源电路，关闭水路和气路。

3. 操作注意问题

① 切割练习时，要对割件仔细清理，使其导电良好，然后沿割件纵向每隔 20mm 划一割线，并在割线上打上样冲眼。

② 由于等离子切割的空载电压较高，操作时要防止触电。电源一定要接地，割炬的手柄绝缘要可靠。

③ 等离子弧的弧光辐射较强，应注意眼睛和皮肤的保护。

复　习　题

1. 等离子弧的特点有哪些？

2. 什么是等离子弧切割？

3. 简述等离子弧切割正式切割过程的操作顺序。

模块七　常用金属材料的焊接

在掌握了焊接材料、焊接接头的组织与性能和焊接应力与变形及各种常用的焊接方法后，本章将运用学到的知识，分析讨论常用金属材料的焊接性和可能产生的问题及解决方法。从而理解和掌握常用金属材料的焊接规律，合理选用焊接材料和工艺措施，达到保证焊接质量的目的。

项目一　钢的焊接性

一、钢的分类

钢是含碳量小于 2.11% 的铁碳合金，钢中还含有少量的锰、硅、硫、磷等常存杂质，是应用最广的工程材料。工业中使用的碳素钢，含碳量很少超过 1.4%，用于制造焊接结构的钢材，其含碳量还要低得多。

钢的分类方法很多，只介绍最常用的几种。

1. 按钢中含碳量分类

(1) 低碳钢　含碳量≤0.25%。

(2) 中碳钢　含碳量为 0.25%～0.60%。

(3) 高碳钢　含碳量≥0.6%。

2. 按钢的品质分类

(1) 普通碳素钢　钢中硫、磷含量较高分别为 S≤0.055%，P≤0.045%。

(2) 优质碳素钢　钢中硫、磷含量均应≤0.040%。

(3) 高级优质钢　此类钢中硫、磷的含量分别为 S≤0.030%，P≤0.035%。

(4) 特性钢　此类钢中的硫、磷含量均应≤0.025%。

3. 按钢的用途分类

(1) 结构钢　用作工程结构和机器零件。这类钢属于低碳钢和中碳钢。

(2) 工具钢　用于制造刀具、量具和模具，这类钢属于高碳钢。

(3) 特殊性能钢　具有特殊物理、化学性能的钢，包括不锈钢、耐热钢和耐磨钢等。

4. 按钢冶炼时的脱氧程度不同分类

(1) 沸腾钢　脱氧程度不完全，常用字母"F"表示。

(2) 镇静钢　脱氧程度不完全，常用字母"Z"表示。

(3) 半镇静钢　脱氧程度介于二者之间，常用字母"b"表示。

二、焊接性概念

金属的焊接性是指金属材料对焊接加工的适应性，主要指在一定的焊接工艺条件下，获得优质焊接接头的难易程度。它包括两个方面的内容。

(1) 工艺性能　即在一定的焊接工艺条件下，能否获得优质、无缺陷的焊接接头的能力。

(2) 使用性能　即在一定的焊接工艺条件下，一定金属的焊接接头对使用要求的适应性。

金属焊接性的内容是多方面的，对于不同材料和不同工作条件下的焊件，焊接性的主要内容不同。例如，普通低合金结构钢，对于淬硬和冷裂纹比较敏感，因此在焊接这种材料时，如何解决淬硬和冷裂纹问题，就成为普通低合金钢焊接性的主要内容；又如焊接奥氏体不锈钢时，晶间腐蚀和热裂纹问题是主要矛盾，因而也就是其焊接性的主要内容。就是对于同一金属材料，当采用不同焊接方法、焊接材料及不同的工作条件，其焊接性也可能有很大的差别。焊接性好的材料，在焊接时不需采用其他附加工艺措施，就能获得无焊接缺陷，并有良好力学性能的焊接接头。因此焊接性只是相对比较的概念。

三、影响焊接性的因素

金属材料焊接性的好坏，主要决定于材料的化学成分，而且与结构的复杂程度、刚性、焊接方法、采用的焊接材料、焊接工艺条件及结构的使用条件等都有密切的关系。

1. 材料因素

材料因素包括焊件本身和使用的焊接材料，如焊条电弧焊时的焊条；埋弧焊时的焊丝和焊剂；气体保护焊时的焊丝和保护气体等。它们在焊接时都参与熔池或半熔化区内的冶金过程，直接影响焊接质量。母材或焊接材料选用不当时，会造成焊缝金属化学成分不合格；力学性能和其他使用性能降低；还会出现气孔、裂纹等缺陷，也就是使工艺性能变差。由此可见，正确选用焊件和焊接材料是保证焊接性良好的重要基础，必须十分重视。

2. 工艺因素

对于同一焊件，当采用不同的焊接工艺方法和工艺措施时，所表现的焊接性也不同。例如，钛合金对氧、氮、氢极为敏感，用气焊和焊条电弧焊不可能焊好，而用氩弧焊或真空电子束焊，由于可防止氧、氮、氢等侵入焊接区，就比较容易焊接。

焊接方法对焊接性的影响，首先表现在焊接热源能量密度大小、温度高低及热输入量多少。如对于有过热敏感的高强度钢，从防止过热出发，适宜选用窄间隙焊接、等离子弧焊接、电子束焊等方法，有利于改善焊接性。相反，对灰口铸铁焊接时容易产生白口组织来说，从防止白口出发，应选用气焊、电渣焊等方法。

工艺措施对防止焊接接头缺陷，提高使用性能也有重要的作用。如焊前预热、焊后缓冷和去氢处理等，对防止热影响区淬硬变脆，降低焊接应力，避免氢致冷裂纹是比较有效的措施。另外，如合理安排焊接顺序也能减小应力变形。

3. 结构因素

焊接接头的结构设计会影响应力状态，从而对焊接性也会发生影响。应使焊接接头处于刚度较小的状态，能够自由收缩，有利于防止焊接裂纹。缺口、截面突变过大、焊缝余高过大、交叉焊缝等都容易引起应力集中，要尽量避免。不必要地增大焊件厚度和焊缝体积，就会产生多向应力。

4. 使用条件

焊接结构的使用条件是多种多样的，有高温、低温下工作和腐蚀介质中工作及在静载或动载条件下工作等。当在高温工作时，可能产生蠕变；低温工作或冲击载荷工作时，容易发生脆性破坏；而在腐蚀介质下工作时，接头要求具有耐腐蚀性。总之，使用条件越不利，焊接性就越不容易保证。

四、焊接性的间接判断法

判断焊接性最简便的间接法是碳当量鉴定法。所谓碳当量是指把钢中合金元素（包括碳）的含量，按其作用换算成碳的相当含量，可作为评定钢材焊接性的一种参考指标。

钢材的化学成分是决定焊接热影响区是否淬硬的基本条件。在钢材的各种化学元素中，对焊接性影响最大的是碳，碳是引起淬硬的主要元素，故常把钢中含碳量的多少作为判别钢材焊接性的主要标志，钢中含碳量越高时，其焊接性越差。钢中除了碳元素以外，其他的元素如锰、铬、镍、钼等对淬硬都有影响，故可将这些元素根据它们对焊接性影响的大小，折合成相当的碳元素含量，即碳当量来判别焊接性的好坏。

碳当量的估算公式有很多形式，下列碳当量公式是国际焊接协会（IIW）推荐的估算碳钢及低合金钢的碳当量公式，即

$$C_{eq} = C + \frac{Mn}{6} + \frac{Cr + Mo + V}{5} + \frac{Ni + Cu}{15}$$

式中元素的符号表示其在钢中含量的百分数。根据经验：当 $C_{eq} < 0.4\%$ 时，钢材的焊接性优良，淬硬倾向不明显，焊接时不必预热；当 $C_{eq} = 0.4\% \sim 0.6\%$ 时，钢材的淬硬倾向逐渐明显，需要采取适当预热和控制线能量等工艺措施；当 $C_{eq} > 0.6\%$ 时，淬硬倾向强，属于较难焊接的材料，需采取较高的预热温度和严格的工艺措施。

用上述方法来判断钢材的焊接性只能作近似的估计，并不完全代表材料的实际焊接性。例如 16 锰铜钢的碳当量在 $0.34\% \sim 0.44\%$ 时，焊接性尚好，但当厚度增大时，焊接性变差。

五、焊接性的直接试验法

采用新材料制造焊接产品，必须知道这种材料的特点，及产品在焊接和使用中可能出现的问题，以便在焊接时采取相应的工艺措施。

通过焊接性的直接试验，可使以较小的代价获得进行生产准备和制定焊接工艺措施的初步依据。具体来说可以达到以下目的：

① 选择适用于基本金属的焊接材料；

② 确定合适的焊接工艺参数，如焊接电流、电弧电压、焊接速度与预热温度、层间保温、焊后缓冷及热处理的要求等。

③ 用于研制新的材料，直接焊接性试验包括抗裂性和焊接接头使用性能试验两方面。

常用的直接（抗裂性）试验方法和应用范围见表 7-1，各种试验的具体方法可参阅《焊工手册》。

表 7-1　常用的抗裂性试验方法及其应用范围

试　验　方　法	产生的主要裂纹类型	也可反映的裂纹
小铁研式试验	热影响区冷裂纹	焊缝冷裂纹
刚性固定对接试验	焊缝金属的冷或热裂纹	热影响区冷裂纹
可变刚性试验	焊缝根部的冷或热裂纹	热影响区冷裂纹
十字接头试验	热影响区冷裂纹	焊缝金属裂纹

选择试验方法的原则是：

① 试验方法应与焊件的刚性条件、实际生产和使用条件尽量接近；

② 根据基本金属和产品的特点，估计焊接后产生的主要裂纹的类型来选择试验方法；

③ 应选用最经济和方便的试验方法。

在进行焊接性的直接试验时，不仅要考虑焊接产品避免产生裂纹，还应考虑钢材经过焊接后的性能变化是否会影响使用中的安全可靠性。对焊接接头各个部位的塑性和韧性进行试

验，常用的使用性能试验有冲击韧性试验和弯曲试验等。

复 习 题

1. 按钢中的含碳量、钢的品质和钢的用途及脱氧程度不同各分为几类？
2. 什么是焊接性？影响焊接性的因素有哪些？焊接性试验的目的是什么？

项目二　碳素钢的焊接

一、低碳钢的焊接

1. 低碳钢的焊接性

① 由于含碳及其他合金元素少，低碳钢塑性好，而且淬硬倾向小，是焊接性最好的金属材料。

② 一般情况下，在焊接过程中不需要采取预热和焊后热处理的工艺措施。

③ 可以满足焊条电弧焊各种不同空间位置的焊接，且焊接工艺和操作技术比较简单，容易掌握。

④ 不需要选用特殊和复杂的设备，对焊接电源无特殊要求，一般交、直流弧焊机都可焊接。

但焊接低碳钢时，如焊条直径或工艺参数选择不当，也可能出现热影响区晶粒长大或时效硬化倾向，焊接温度越高，热影响区在高温停留时间越长，晶粒长大越严重。

2. 低碳钢常用焊接方法的焊接材料

低碳钢几乎可采用所有的焊接方法来进行焊接，并都能保证焊接接头的良好质量，应用广泛的是焊条电弧焊、埋弧自动焊、二氧化碳气体保护焊、电渣焊等。

（1）焊条电弧焊　低碳钢焊接广泛采用焊条电弧焊。焊条的选择是根据低碳钢的强度等级，选用相应强度等级的结构钢焊条，并考虑结构的工作条件，选用酸性或碱性焊条。采用碱性焊条时，焊缝金属的抗裂性和低温冲击韧性较好。常用低碳钢焊接的焊条选择见表7-2。

表 7-2　常用低碳钢焊接的焊条选择

钢　号	选用的焊条型号		施 焊 条 件
	一般结构（包括厚度不大的低压容器）	受动载荷，厚板结构，中、高压及低温容器	
Q235 Q255	E4301 E4303 E4313 E4310　E4320	E4316 E4315 （或 E5016 E5015）	一般不预热
10、15、15g 20、20g	E4303 E4301 E4310 E4320	E4316 JE4315 （或 E5016 E5015）	一般不预热
20g、25、30	E4316 E4315	E5016 E5015	厚板结构预热 150℃

（2）埋弧自动焊　埋弧焊焊接 Q235、15、20、20g 钢时，可采用 H08A、H08MnA 等焊丝和焊剂 431 或焊剂 430。焊接时，要特别注意焊剂的烘干及坡口的清理，否则，易产生气孔。

（3）二氧化碳气体保护焊　二氧化碳气体保护焊焊丝可采用 H08MnSi、H08MnSiA 或 H08Mn2SiA 等，而 H08Mn2SiA 应用最广。

（4）电渣焊　电渣焊焊丝为 H10MnSiA、H10Mn2A、H10Mn2MoA 等及焊剂 360。

（5）氩弧焊　一般常用于重要结构的薄板焊接或不能双面焊接时的单面焊双面成形工艺

的打底焊，常用焊丝有 H10MnSi、H08Mn2SiA 等。

低碳钢的焊接一般不会遇到什么特殊困难，焊前不必预热，焊后一般也不需要进行热处理（除电渣焊外）。但是当焊件较厚或刚性很大，同时对接头性能要求又较高时，则要作焊后热处理，一方面是为了消除焊接应力，另一方面是为了改善局部组织及平衡接头各部位的性能。例如锅炉汽包，即使采用 20g 和 22g 等焊接性良好的低碳钢，由于板厚较大，仍要进行 600～650℃ 的焊后热处理。

二、中碳钢的焊接

1. 中碳钢的焊接性

中碳钢与低碳钢相比较，由于含碳量较高，因此其强度也较高，焊接性较差。常见的有 35 钢、45 钢及 55 钢等。

（1）焊缝金属易产生热裂纹 从铁-碳合金相图可知，铁-碳合金的凝固过程在一个温度区间内进行。由于中碳钢含碳量较高，因而凝固温度区间也增加，偏析现象也随之增大，在凝固收缩应力的作用下，易沿液态晶界处开裂，产生热裂纹的倾向也增大。

（2）热影响区易产生冷裂纹 中碳钢焊接时，在热影响区易产生塑性很低的淬硬组织（马氏体），含碳量愈高，淬硬倾向愈大。当板材较厚、刚性较大时，在热影响区容易产生冷裂纹。当焊缝金属的含碳量较高时，也有产生冷裂纹的可能。

2. 中碳钢焊接工艺

中碳钢焊接时，为了保证焊后不产生裂纹和得到满意的力学性能，通常应采取下列措施。

（1）尽量采用碱性焊条 这类焊条的抗冷裂和抗热裂性能较好。当焊缝金属不要求与焊件等强度时，可选用强度低的碱性焊条，如 E4316、E4315。当对焊缝金属强度要求较高时，可采用 E5015、E6015-D1、E7015-D2 等碱性焊条。中碳钢焊接的焊条选用见表 7-3。

表 7-3　中碳钢焊接的焊条选用

钢　号	焊　接　性	选　用　的　焊　条　型　号	
		不　要　求　等　强　度	要　求　等　强　度
35，ZG270-500	较好	E4303，E4301，E4303，E4301	E5016，E5015
45，ZG310-570	较差	E4303，E4301，E4316，E4315，E5016，E5015	E5516，E5515
55，ZG340-640	较差	E4303，E4301，E4316，E4315，E5016，E5015	E6016-D1，E6015-D1

特殊情况下，可采用铬镍不锈钢焊条焊接或焊补中碳钢。其特点是在焊前不预热的情况下，也不容易产生近缝区冷裂纹。用来焊接中碳钢的铬镍不锈钢焊条有 E309-16（A302）、E309-15（A307）、E310-16（A402）、E310-15（A407）等。采用这种焊条焊接中碳钢时电流要小，焊接层数要多，焊缝有效厚度要浅。

中碳钢的焊接、焊补经验表明，采取先在坡口表面堆焊一层过渡焊缝，再进行焊接的方法效果较好。堆焊过渡层焊缝的焊条通常选用含碳量很低、强度低、塑性好的纯铁焊条（含碳量≤0.03％）。

（2）预热 预热是防止冷裂纹的重要工艺措施之一。预热能减缓焊接接头的冷却速度，减少淬硬倾向和焊接应力，并有利于焊接接头中氢的逸出。中碳钢的预热温度取决于是材料的含碳量、焊件的大小和厚度、焊条类型及工艺参数等。

一般情况下，35 钢和 45 钢（包括铸钢）预热温度可选用 150～250℃。含碳量再高或厚度和刚性很大时，可将预热温度提高到 250～400℃。

（3）焊接工艺上的措施

① 焊接坡口尽量开成 U 形，以减少焊件熔入量。

② 焊接第一层焊缝时，尽量采用小电流、慢焊速，以减少焊件熔入焊缝金属中的比例（减小熔合比），防止热裂缝。

③ 采用碱性焊条施焊时，焊前焊条要烘干，烘干温度为 350～400℃，保温时间 1～2h。

④ 采用锤击焊缝的方法，以减少焊接残余应力，细化晶粒。

⑤ 焊后尽可能缓冷，焊件焊后放在石棉灰中或放在炉中缓冷。

⑥ 焊后热处理，对含碳量高，厚度大和刚性大的焊件，焊后作 600～650℃的消除应力回火处理。

复 习 题

1. 低碳钢常用的焊接方法的有哪些？在什么情况下焊接低碳钢时需要预热、焊后热处理？

2. 低碳钢的焊条电弧焊、埋弧自动焊、二氧化碳气体保护焊、电渣焊及氩弧焊时常使用哪些焊接材料？

3. 中碳钢焊接性如何？中碳钢焊接时应采取哪些措施？

项目三　普通低合金结构钢的焊接

一、普通低合金结构钢简介

这类钢是从我国实际情况出发，充分利用我国资源，并利用普通的炼钢设备和冶炼方法炼成的钢种。它的主要特点是强度高、塑性和韧性良好，焊接和加工性能较好，广泛用于压力容器、车辆、船舶、桥梁和其他金属结构。与结构钢焊条的型号以抗拉强度划分不同，强度钢是以钢材的屈服强度大小分类的。目前我国应用最广泛的普通低合金结构钢，其屈服强度大都在 300～600MPa 之间，见表 7-4。

表 7-4　普通低合金结构钢的分类

分　类	名　　　称
300MPa 级	09Mn2(Cu)、09Mn2Si(Cu)、09MnV、12Mn、18Nb
350MPa 级	16Mn、16MnCu、16MnRe、14MnV、14MnNb、10MnSiCu
400MPa 级	15MnV、15MnTi、15MnvRe、15MnTiCu、16MNNb
450MPa 级	15MnN(Cu)、14MNvTiRe(Cu)、15MnVNb(Re)
500MPa 级	18MnMoNb、14MnMoV(Cu)、14MnMoVN
550MPa 级	14MnMoVB

二、普通低合金结构钢的焊接性

由于各种普通低合金结构钢的化学成分不同，性能差异很大，焊接性的差异也较大。强度级别较低（如 300～400MPa）的普通低合金结构钢的焊接性能接近于普通低碳钢，在焊接时不必采取特殊的工艺措施。对强度级别大于 500MPa 以上，且厚度较大或结构刚性较大的焊件，焊接时就必须采用一定的工艺措施。普通低合金结构钢焊接时易出现的主要问题如下。

1. 热影响区的淬硬倾向

普通低合金结构钢焊接过程中一个重要的特点是，热影响区有较大的淬硬倾向，影响热影响区淬硬程度的主要因素如下。

（1）化学成分　普通低合金结构钢中化学成分不同时，其淬硬倾向也不同，一般是含碳量和所含合金元素量越高，其淬硬倾向就越大；强度等级高时，含碳量或合金含量较多，故淬硬倾向较大。

（2）冷却速度　焊件在焊接后冷却速度越快，其淬硬倾向也越大。焊件的冷却速度决定于焊件的厚度、尺寸大小、接头形式、焊接方法、焊接工艺参数的大小和预热温度等。

2. 焊接接头的冷裂纹

普通低合金结构钢焊接时，常在焊缝金属和热影响区产生冷裂纹。在焊接强度级别高的厚板时，最易产生冷裂纹。产生原因：一是淬硬倾向大，焊接接头易得到淬硬组织；二是厚板的刚性大，焊接接头的残余应力大。

3. 热裂纹

普通低合金结构钢产生热裂纹的可能性比冷裂纹小得多，只有在原材料化学成分不符合规定（如含 S、C 量偏高）时才有可能产生。

三、焊接材料的选择

焊接材料是决定焊接质量的重要因素。焊接材料的选择，应根据焊件的化学成分、力学性能、接头刚性、坡口形式及使用要求来决定。

对于要求焊缝金属与焊件等强度的焊件，应该选用碱性焊条；对于不要求焊缝金属与焊件等强度的焊件，可选用相应强度的酸性焊条。

一般来说，对于强度等级为 300MPa 级的 09Mn2、09Mn2Si、09MnV 钢等，可以选用强度相同的酸性焊条；对于强度等级为 350～400MPa 级的 16Mn、15MnV 等钢，应根据结构件的技术要求和刚性等条件，选用酸性焊条或碱性焊条；当板厚大于 20mm 时，可根据试验结果再确定。焊接强度等级更高的普通低合金结构钢应选用碱性焊条。

普通低合金结构钢用焊条、焊丝及焊剂的选择见表 7-5。

四、几种常用普通低合金结构钢的焊接工艺要点

1. 16Mn 钢的焊接

16Mn 钢是应用最广的普通低合金结构钢。它只是比 Q235 多加入约 1％的锰，而屈服强度却提高 35％左右，而且冶炼、加工和焊接性能都较好，所以普遍用于制造各种焊接结构和容器。16Mn 是属于 350MPa 级的普通低合金结构钢。

（1）16Mn 钢的焊接性　16Mn 钢具有良好的焊接性，淬硬倾向比 Q235 钢稍大些。在大厚度、大刚性结构上进行小工艺参数、小焊道的焊接时，有可能出现裂纹，特别是在低温条件下进行焊接。因此，低温条件下焊接时应进行适当的预热，见表 7-6。

（2）16Mn 钢的焊条电弧焊　焊条应选用强度为 E50 等级的焊条，如碱性焊条 E5016、E5015、E5503、E5501 等。对于强度要求不太高的焊件，亦可选用 E4316、E4315 焊条。

（3）16Mn 钢的埋弧自动焊　埋弧自动焊时，焊剂多选用高锰、高硅型的焊剂 431 和中锰、中硅中氟型的焊剂 350 等，配合 H08A、H08MnA、H10Mn2 或 H10MnSi 等焊丝，可以得到很好的效果。当焊件不开坡口时，一般可选用 H08A 焊丝，对于开坡口焊件的焊接，选用合金元素含量较高的焊丝 H08MnA、H10Mn2 和 H10MnSi；对于大厚度深坡口焊件的焊接，可选用 H10Mn2 焊丝，可以保证得到力学性能较高的焊接接头。焊剂在使用前要经过 250℃，1～2h 烘干，焊件在焊前要认真清理。

表 7-5　焊接普低钢用焊条、焊丝及焊剂的选择

类 别		钢材牌号	焊条型号	埋弧自动焊		施工条件
				焊丝牌号	焊剂牌号	
低合金高强度钢	300MPa	09MnV、09Mn2、09Mn2（Cu）、12Mn、18Nb、09Mn2(Si)	E4303、E4301、E4316、E4315	H08A、H08MnA	焊剂 431	一般情况不预热
	350MPa	16Mn、14MnNb、16MnCu、12MnV、16MnRe、16MnSiCu	E5003、E5001、E5015、E5016	不开坡口 H08A 中板开坡口 H08MnA、H10Mn2、H10MnSi 厚板深坡口 H10Mn2	焊剂 431 焊剂 431 焊剂 350	一般情况不预热
	400MPa	15MnV、15MnVCu、15MnVRe、15MnTi、15MnTiCu、16MnNb	E5016、E5015、E5501、E5516、E5515	不开坡口 H08MnA 中板开坡口 H08Mn2Si、H10Mn2、H10MnSi 厚板深坡口 H08MnMoA	焊剂 431 焊剂 431 焊剂 350、250	一般情况不预热 预热 100~150℃
	450MPa	15MnVN、15MnVNCu、15MnVTiRe	E5516、E5515、E6016(15)-D1	H08MnMoA	焊剂 431 焊剂 350	预热 150℃以上施焊
	500MPa	18MnMoNb、14MnMoNb、14MnMoVCu	E7015-D2	H08MnMoA、H08MnMoVA	焊剂 350 焊剂 250	预热 150℃以上施焊
	550MPa	14MnMoVB	E7015-D2	H08Mn2MoVA	焊剂 350 焊剂 250	预热 250℃以上施焊

表 7-6　16Mn 钢的焊条电弧焊时的预热条件

焊件厚度	不同气温时的预热温度
<16	不低于-10℃时不预热，-10℃以下预热至 100~150℃
16~24	不低于-5℃时不预热，-5℃以下预热至 100~150℃
16~24	不低于 0℃时不预热，0℃以下预热至 100~150℃
>30	均预热至 100~150℃

(4) 16Mn 钢的 CO_2 气体保护焊　采用的焊丝有细焊丝（直径 $\phi 0.6 \sim 1.2mm$）和粗焊丝两种。前者主要用于薄板结构及厚板窄间隙焊接，后者用于中厚板结构或铸钢件补焊中。焊丝牌号常用 H08Mn2SiA 和 H10MnSi。

(5) 16Mn 钢的氩弧焊　一般常用于重要结构的薄板焊接或不能双面焊接时的单面焊双面成形工艺的打底焊，常用焊丝有 H10MnSi、H08Mn2SiA 等。

2. 15MnV 和 15MnTi 钢的焊接

(1) 15MnV 和 15MnTi 钢的焊接性　15MnV 和 15MnTi 钢是属于 400MPa 级的普通低合金结构钢。它们分别是在 16Mn 钢的基础上加入了 0.06%~0.12% 的 V 和 0.12%~0.2% 的 Ti 炼制而成。钒或钛的加入，使钢材强度增高，同时又能细化晶粒，减少钢材的过热倾向。此外，含碳量的上限比 16Mn 钢低 0.02%，所以具有良好的焊接性。因此，当板厚小于 30mm，在 0℃ 以上施焊时，原则上可不预热；当板厚大于 30mm 或在 0℃ 以下施焊时，则应预热至 100~150℃。焊后采用 540~580℃ 的回火处理。

(2) 15MnV 和 15MnTi 钢的焊条电弧焊　对于厚度不大、坡口不深的结构，可采用 E5016、E5015、E5003、E5001 等焊条。厚度较大的结构可采用 E5016、E5015 和 E5515-G 焊条。

(3) 15MnV 和 15MnTi 钢的埋弧自动焊　对于厚度较小、焊后不回火的 15MnV 和

15MnTi 钢，可采用 H08MnA 焊丝配合焊剂 431；对厚度较大或坡口较深的焊缝则需采用 H10Mn2 或 H08Mn2Si 焊丝配合焊剂 431 或焊剂 350；对于特大厚度深坡口的焊缝可采用 H08MnMoA 焊丝配合焊剂 431 或焊剂 350、焊剂 250 进行焊接。

（4）15MnV 和 15MnTi 钢的 CO_2 气体保护焊　焊丝采用 H08Mn2SiA 等。

3. 18MnMoNb 钢的焊接

（1）18MnMoNb 钢的焊接性　18MnMoNb 钢属于 500MPa 级的普低钢，采用铌来强化的中温压力容器用钢。焊接时具有一定的淬硬倾向，所以焊前一般需要预热，预热温度为 180℃以上。为防止焊后产生延迟裂纹，产品在焊后应及时进行 600～640℃ 的回火处理。

（2）18MnMoNb 钢的焊条电弧焊　可采用 E6016-D1、E7015-D2 等抗拉强度大于 650MPa 的焊条。使用时应严格遵守碱性焊条的使用规则，并重视坡口的清理工作，以免由氢引起冷裂。

（3）18MnMoNb 钢的埋弧自动焊　可选用 H08Mn2MoA 及 H08Mn2MoVA 两种焊丝，配合焊剂 250 或焊剂 350。焊接时层间温度应控制在 300℃ 以下。

应当注意，采用上述各种焊接方法，在焊件装配点固前局部预热到 180℃ 以上，否则会在焊接热影响区产生微裂纹。

复　习　题

1. 普通低合金结构钢是如何分类的？

2. 普通低合金结构钢的焊接性如何？如何选择焊条？

3. 16Mn 钢的焊接性如何？16Mn 钢手弧焊、埋弧焊、CO_2 气保焊和氩弧焊时应选用什么焊接材料？

项目四　铬钼耐热钢的焊接

高温下具有足够的强度和抗氧化性的钢称为耐热钢。珠光体耐热钢是以铬、钼为主要合金元素的低合金钢，由于它的基体组织是珠光体（或珠光体＋铁素体），故称为珠光体耐热钢。

一、珠光体耐热钢的特性

1. 高温强度

普通碳素钢当长时间在温度超过 400℃ 的情况下工作时，在不太大的应力作用下就会破坏，因此不能用来作耐高温设备。铬和钼是组成珠光体耐热钢的主要合金元素，其中钼能显著提高金属的高温强度，在 500～600℃ 时仍保持较高的强度。

2. 高温抗氧化性

在钢中加入铬，则由于铬和氧的亲和力比铁和氧的亲和力大，高温时，在金属表面首先生成氧化铬，由于氧化铬非常致密，相当于金属表面形成了一层保护膜，从而可以防止内部金属受到氧化，所以耐热钢中一般都含有铬。

钢中的碳与铬具有很大的亲和力，能形成铬的化合物，从而降低了钢中铬的有效浓度，这对高温抗氧性是不利的，所以珠光体耐热钢的含碳量一般都小于 0.25%。

由于钒能与碳形成稳定的碳化钒，降低碳的有害作用，提高了钢的高温强度。耐热钢中含钒量一般不超过 0.5%，基本上介于 0.25%～0.35% 之间，含量过高反而有降低高温强度的倾向。

耐热钢中还可以加入钨、铌、铝、硼等合金元素，以提高高温强度。

二、珠光体耐热钢的焊接性

铬和钼能提高金属的高温强度和高温抗氧化性，但它们使金属的焊接性变差。在热影响区具有淬硬倾向，焊后在空气中冷却时易产生硬而脆的马氏体组织，不仅影响焊接接头的力学性能，而且产生很大的内应力，使热影响区有冷裂倾向。含碳量和含铬量越多，淬硬倾向越严重。

由于耐热钢中含有铬、钼、钒等合金元素，因此具有再热裂纹的问题。

三、珠光体耐热钢焊接工艺

为了保证耐热钢有高温强度和高温抗氧化性，钢中加入铬和钼，但铬和钼的加入给焊接带来一定的困难。为了防止热影响区淬硬及产生裂缝，因此在焊接时应采取下列几项工艺措施。

1. 预热

预热是焊接珠光体耐热钢的重要工艺措施。为了确保焊接质量，不论是在点固焊或焊接过程中，都应预热并保持在 150～300℃ 温度范围内。

2. 保温焊和连续焊

所谓保温焊，是指在整个过程中，应使焊件（焊缝附近 30～100mm 范围）保持足够的温度。因此在焊接过程中，应经常测量并保持温度。

所谓连续焊，是指在焊接过程中最好不间断。如果必须间断，则应在间断时使焊件缓慢均匀地冷却，再焊之前仍要重新预热。

3. 短道焊

短道焊也是为了使焊缝及热影响区缓慢冷却。如果要焊一条长焊缝，则每一道不要焊得太长，使被焊的这一段在较短的时间内重复受热，如图 7-1 所示。

采用短道法，焊缝和热影响区在很短时间内都经历了重复受热。但这种焊法有许多不便之处，如果在焊接过程中焊件温度并不低或有其他辅助加热方法，则不必采用这种方法。

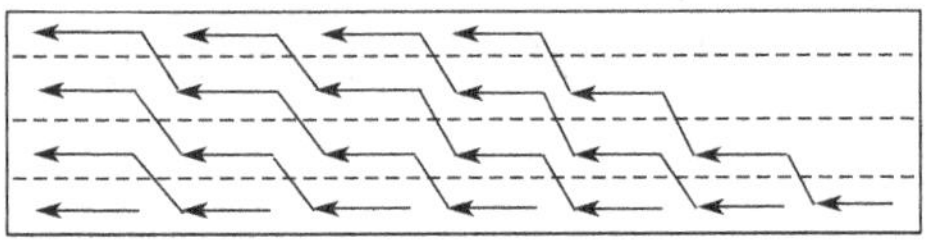

图 7-1　短道焊

4. 自由状态下焊接

由于铬钼耐热钢裂纹倾向比较大，故在焊接时焊缝的拘束度不能过大，以免造成过大的刚度。特别在厚板焊接时，妨碍焊缝自由收缩的拉肋和夹具、卡具应尽量避免使用。

5. 焊后缓冷

焊后缓冷是焊接铬钼耐热钢必须严格遵循的原则，即使在炎热的夏季也必须做到这一点。一般是焊后立即用石棉布覆盖焊缝及近缝区，小的焊件可以直接放在石棉灰中。覆盖必须严实，以确保焊后缓冷。

6. 焊后热处理

焊后应立即进行热处理，其目的是为了防止延迟裂纹，消除应力和改善组织。

对于厚壁容器及管道，焊后常进行高温回火，即将焊件加热至 600℃ 以上（低于 Ac_1），保温一定时间，随炉冷却到 400℃，然后出炉在静止的空气中冷却。

为了改善组织、提高性能，可进行退火处理：将焊件加热至 840～910℃，保温一定的时间（2～3min/mm），然后以每小时约 30℃ 的冷速冷却至 400℃，再在静止的空气中冷却至室温。

7. 焊条的选择

选择耐热钢焊条主要是根据化学成分，而不根据常温力学性能。为了确保焊接接头的高温强度和高温抗氧化性不低于基体金属，焊条的合金含量应与焊件相当或者略高一些。

使用铬钼耐热钢焊条，应严格遵守使用碱性焊条的各项规则。主要是：焊条的烘干、焊件的仔细清理，使用直流反接电源，用短弧焊接等。铬钼耐热钢焊条的选用见表 7-7。

表 7-7　铬钼耐热钢焊条的选用及预热、焊后热处理

材 料 牌 号	焊 接 工 艺		焊后热处理/℃
	预热温度/℃	电焊条(型号)	
16Mo	200～250	E5015-A1	690～710
12CrMo	200～250	E5515-B1	680～720
15CrMo	200～250	E5515-B2	680～720
20CrMo	250～350	E5515-B2	650～680
12Cr1MoV	200～250	E5515-B2-V	710～750
13Cr3MoVSiTiB	300～350	E5515-B3-VNb	740～760
12Cr2MoWVB	250～300	E5515-B3-VWB	760～780
12MoVWBSiRe(无铬 8 号)	250～300	E5515-B2-V	750～770
13SiMnWVB(无铬 7 号)	250～300	E5515-B2-V	750～770
ZG20CrMoV	350～400	E5515-B2-V	690～710
ZG15Cr1Mo1V	350～400	E5515-B2-V	720
13CrMo44	150～200	E5515-B2	680～720
14MnV63	200～300	E5515-B2－V	700～720
10CrMo910	200～300	E5515-B3	700～775
10CrSiMoV7	200～300	E5515-B2-V	730

铬钼耐热钢手弧焊时，也可选用奥氏体不锈钢焊条，如 E318V-16、E309-16、E309Mo-16 等，焊前仍需预热，焊后一般不热处理。这种方法特别适用于有些焊件焊后不能热处理，而含铬量又高的时候。

铬钼耐热钢埋弧焊时，可选用与焊件成分相同的焊丝配焊剂 250 或焊剂 350 进行焊接。

复 习 题

1. 铬钼珠光体耐热钢的特性如何？为什么钢中含有 Cr、Mo、V 等元素？
2. 珠光体耐热钢的焊接性如何？珠光体耐热钢的焊接工艺是什么？

项目五　不锈钢的焊接

一、不锈钢简介

能抵抗空气、蒸汽、水等腐蚀性介质的钢称为不锈钢，通常不锈钢包括耐酸钢和耐热钢。耐酸钢能抵抗某些酸性介质的腐蚀；耐热钢在高温下具有良好的抗氧化性和高温强度。由于耐酸钢和耐热钢同时能抵抗空气等的腐蚀，故习惯上也包括在不锈钢内。

不锈钢按化学成分和组织不同分类如下。

1. 按化学成分不同分类

(1) 铬不锈钢　1Cr13、2Cr13、3Cr13、4Cr13、Cr17、Cr28 等。

(2) 铬镍不锈钢　0Cr18Ni9、1Cr18Ni9Ti、Cr18Ni12Mo2Ti 等。

2. 按组织不同分类

（1）铁素体不锈钢　Cr17、Cr17Ti、Cr18。

（2）马氏体不锈钢　2Cr13、3Cr13、4Cr13。

（3）奥氏体不锈钢　0Cr18Ni9、1Cr18Ni9Ti、Cr18Ni12Mo2Ti。

不锈钢中，奥氏体不锈钢比其他不锈钢具有更优良的耐腐蚀性、耐热性和塑性；可焊性良好，是应用最广泛的一种钢种。

二、铬镍奥氏体不锈钢的焊接

1. 铬镍奥氏体不锈钢的焊接性

由于铬镍奥氏体不锈钢含有较高的铬，可形成致密的氧化膜，故具有良好的耐蚀性能。当含铬量为18％，含镍量为8％时，基本上能得到均匀的奥氏体组织。含铬和镍量越高，奥氏体组织越稳定，耐蚀性能就越好。奥氏体钢具有良好的耐蚀性和塑性及高温性能和焊接性，但如果焊条选用不当或焊接工艺不正确时，会产生下列问题。

（1）晶间腐蚀问题　晶间腐蚀是18-8型奥氏体不锈钢（例如1Cr18Ni9）最危险的破坏形式之一。室温下碳元素在奥氏体的溶解度很小，约0.02％～0.03％，而一般奥氏体钢中含碳量均超过0.02％～0.03％，因此只能在淬火状态下使碳固溶在奥氏体中，以保证钢材具有较高的化学稳定性。但是这种淬火状态的奥氏体钢，当加热到450～850℃或在该温度下长期使用时，就会在腐蚀介质中产生晶间腐蚀。

奥氏体钢产生晶间腐蚀是由于晶粒边界形成贫铬层造成的。在450～850℃温度下碳在奥氏体中的扩散速度大于铬在奥氏体中的扩散速度，当奥氏体中含碳量超过它在室温的溶解度（0.02％～0.03％）后，碳就不断地向奥氏体晶粒边界扩散，并和铬化合，析出碳化铬；铬的原子半径较大，扩散速度较小，来不及向边界扩散，晶界附近大量的铬和碳化合成碳化铬，造成奥氏体边界贫铬，当晶界附近金属含铬量低于12％时就失去了抗腐蚀的能力，在腐蚀介质作用下，即产生晶间腐蚀。

受到晶间腐蚀的不锈钢，从表面上看没有痕迹，但在受到应力时即会沿晶界断裂，几乎完全丧失强度。奥氏体不锈钢在焊接工艺不准确时，会在焊缝和热影响区造成晶间腐蚀，有时在焊缝和基体金属的熔合线附近，也会发生如刀刃状的晶间腐蚀，称为刀状腐蚀。

在焊接奥氏体不锈钢时，可用下列措施防止和减少焊件产生晶间腐蚀。

① 控制含碳量。碳是造成晶间腐蚀的主要元素，碳含量在0.08％以下时，能够析出碳的数量较少，碳含量在0.08％以上时析出碳的数量迅速增加，所以常控制基体金属和焊条的含碳量在0.08％以下，如0Cr18Ni9Ti钢板、E308-15、E347-15焊条等。另外，若奥氏体钢中的含碳量小于0.02％～0.03％时，则全部碳都溶解在奥氏体中，即使在450～850℃时加热或工作也不会形成贫铬层，也不会产生晶间腐蚀。通常所说的超低碳不锈钢（如00Cr18Ni10、00Cr17Ni14Mo3、E308L-16焊条）含碳量都小于0.03％，都不会产生晶间腐蚀。

② 添加稳定剂。在钢材和焊接材料中加入钛、铌等与碳亲和力比铬强的元素，能够与碳结合成稳定的碳化物，从而避免在奥氏体晶界造成贫铬，对提高抗晶间腐蚀能力起良好的作用。常用的不锈钢材和焊接材料都含有钛和铌，如1Cr18Ni9Ti、1Cr18Ni12Mo2Ti钢材、E347-15焊条、H0Cr19Ni9Ti焊丝等。

③ 进行固溶处理或稳定化热处理。将焊接接头进行固溶处理，在焊后把焊接接头加热到1050～1100℃，此时碳又重新溶解入奥氏体中，然后迅速冷却，稳定了奥氏体组织。另

外，可以进行 850～900℃保温 2h 的稳定化热处理，此时奥氏体晶粒内部的铬逐步扩散到晶界，晶界处的含铬量又重新恢复到大于 12％，也不会产生晶间腐蚀。

④ 采用双相组织。在焊缝中加入铁素体形成元素，如铬、硅、铝、钼等，焊缝形成奥氏体加铁素体的双相组织。铬在铁素体中的扩散速度比在奥氏体中快，因此铬在铁素体内较快地向晶界扩散，减轻了奥氏体晶界的贫铬现象。一般控制焊缝金属中铁素体含量为 5％～10％，如铁素体过多，也会使焊缝变脆。

⑤ 加快冷却速度。奥氏体钢不会产生淬硬现象，所以在焊接过程中，可以设法增加焊接接头的冷却速度，如焊件下面用铜垫板或直接浇水冷却。在焊接工艺上，可以采用小电流、大焊速、短弧、多道焊等措施，缩短焊接接头在危险温度区停留的时间，则不致形成贫铬区。此外，还必须注意焊接顺序，与腐蚀介质接触的焊缝应最后焊接，尽量不使它受重复的焊接热循环作用。

(2) 焊接热裂纹　热裂纹是奥氏体不锈钢焊接时比较容易产生的一种缺陷，包括焊缝的纵向和横向裂纹、火口裂纹、打底焊的根部裂纹和多层焊的层间裂纹等，特别是含镍量较高的奥氏体不锈钢易产生裂纹。因此，奥氏体不锈钢产生热裂纹的倾向要比低碳钢大得多，主要原因是：

① 奥氏体不锈钢的导热系数大约只有低碳钢的一半，而线膨胀系数却大得多，所以焊后在接头中产生较大的焊接内应力；

② 奥氏体不锈钢中的成分（如碳、硫、磷、镍等）会在溶池中形成低熔点共晶，例如，硫与镍形成的 Ni_3S_2 熔点为 645℃，而 $Ni-Ni_3S_2$ 共晶的熔点只有 625℃。

③ 奥氏体不锈钢中的液、固相线的区间较大，结晶时间较长，且奥氏体结晶的枝晶方向性强，所以杂质偏析现象比较严重。

对于铬镍奥氏体不锈钢来说，防止热裂纹的重要措施是采用双相组织的焊条，使焊缝形成奥氏体和铁素体的双相组织。当焊缝中有 5％左右的铁素体时，便可使奥氏体的晶粒长大受到阻碍，打乱柱状晶的方向，因而细化了晶粒，使焊缝中的杂质均匀分散，防止杂质的聚集。并且，铁素体还可以比奥氏体溶解更多的杂质，从而减少了低熔点共晶物在奥氏体晶格边界上的偏析。此外，在焊接工艺上采用碱性焊条、小电流、快速焊，收尾时尽量填满弧坑及采用氩弧焊打底等措施来防止热裂纹。

2. 铬镍奥氏体不锈钢的焊接工艺

(1) 焊条电弧焊

① 焊前准备。根据钢板厚度及接头形式，用机械加工、等离子切割或碳弧气刨等方法下料和加工坡口。对接接头板厚超过了 3mm 须开坡口，为了避免焊接时碳和杂质混入焊缝，在焊前，应将焊缝两侧 20～30mm 范围内用丙酮擦净，并涂白垩粉，以避免表面被飞溅金属损伤。

② 焊条的选用。奥氏体不锈钢焊条有酸性焊条钛钙型药皮和碱性焊条低氢型药皮两大类。低氢型不锈钢焊条的抗热裂性较高，但成形不如钛钙型焊条，抗腐蚀也较差。钛钙型不锈钢焊条具有良好的工艺性能，生产中应用较多。

各种不锈钢在不同使用条件下应选用不同型号的焊条，见表 7-8。

③ 焊接工艺。由于奥氏体不锈钢的电阻较大，焊接时产生的电阻热也大，所以同样直径的焊条，焊接电流值应比低碳钢焊条降低 20％左右，否则焊接时由于药皮的迅速发红失去保护而无法焊接。

表 7-8　常用奥氏体不锈钢焊条的选用

钢材牌号	工作条件及要求	选用焊条
0Cr18Ni9	工作温度低于 300℃,同时要求良好的耐腐蚀性能	E308-16；E308-15；E308L-16
1Cr18Ni9Ti	要求良好的耐腐蚀性及采用含钛稳定的 Cr18Ni9 型不锈钢	E347-16；E347-15
Cr18Ni12Mo2Ti	抗无机酸、有机酸、碱及盐腐蚀	E316-16；E316-15；E316L-16
	要求良好的抗晶间腐蚀性能	E318-16；E316L-16
Cr18Ni12Mo2Cu2Ti	在硫酸介质中要求更好的耐腐蚀性能	E316CuL-16
Cr25Ni20	高温工作(工作温度低于 1100℃)不锈钢与碳钢的焊接	E310-16；E310-15

焊接过程中，焊条一般不作横向摆动（采用小电流、快速焊、不摆动），一次焊成的焊缝不宜过宽，一般不超过焊条直径的 3 倍。多层焊时，每焊完一层要彻底清除熔渣，并控制层间温度，等到前层焊缝冷却后（＜80℃），再焊接下一层。与腐蚀介质接触的焊缝，为防止由于过热而产生晶间腐蚀，应尽量最后焊接。焊后可采取强制冷却措施，加速接头冷却速度。焊接开始时，不要在焊件上随便引弧，以免损伤焊件表面，影响耐腐蚀性。

（2）氩弧焊　氩弧焊目前已普遍用于不锈钢的焊接，它与焊条电弧焊比较有下列优点：氩气保护作用好；氩弧的温度高，热量集中，而且有氩气流的冷却作用，焊缝的热影响区小；焊缝的强度高，耐腐蚀性好，焊件的变形小，因此焊缝的质量比焊条电弧焊高。此外，氩弧焊在焊接时无熔渣（不需清渣），焊后无夹渣的缺陷。氩弧焊的生产率高，易于自动化。

目前在氩弧焊中，应用较广的是手工钨极氩弧焊，用于焊接 0.5～3mm 的不锈钢薄板，或不锈钢厚板的打底焊。焊丝的成分一般与焊件相同，保护气体采用工业纯氩。焊接时速度应适当快些，可以减小变形和减少焊缝中的气孔，但过快会造成焊缝的不均匀和未焊透等缺陷。焊接时尽量避免横向摆动。

对于厚度大于 3mm 的不锈钢，可采用熔化极氩弧焊。熔化极氩弧焊的优点是生产率高，焊缝的热影响区小，焊件的变形小和耐腐蚀性好，并易于自动化。

（3）埋弧自动焊　奥氏体不锈钢的埋弧焊，一般用于中等厚度以上的钢板（6～50mm），采用埋弧自动焊不仅可以提高生产率，而且也能显著提高焊缝质量。

在焊接奥氏体不锈钢时，为了避免产生裂纹，必须选择适当的焊丝成分和焊接工艺参数，使焊缝中有 5％左右的铁素体。常用的不锈钢焊丝有 H0Cr21Ni10Ti、H00Cr21Ni10、H00Cr19Ni12Mo2 等，焊剂有焊剂 172、焊剂 173、焊剂 250、焊剂 260 等。

（4）气焊　由于气焊方便灵活，可焊接各种空间位置的焊缝，对一些薄板结构和薄壁管等不锈钢部件，在没有抗腐蚀要求下有时尚采用气焊。

为防止过热，焊嘴一般比焊接同样厚度的低碳钢时要小，气焊火焰要使用中性焰，焊丝根据焊件成分和性能选择，气焊粉用气剂 101，焊接时最好用左向焊法，焊接时焊距的焊嘴与焊件成 40°～50°。焰心距熔池应不小于 2mm，焊丝端头与熔池接触，并与火焰一起沿接缝移动，焊炬不作横向摆动，焊速要快，并尽量避免中断。

三、不锈钢复合钢板的焊接

1. 不锈钢复合板简介

不锈复合钢板由复层（不锈钢）和基层（碳钢、低合金钢、耐热钢等）组成。通常复层只有 1.5～5mm 厚，比单体不锈钢可节省 60％～70％ 的不锈钢，具有很大的经济意义（见图 7-2）。

不锈复合钢板导热系数比单体不锈钢高 1.5～2 倍，

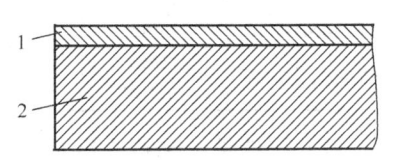

图 7-2　不锈钢复合板

1—复层（不锈钢）；2—基层（碳钢、低合金钢、耐热钢）

因此特别适用于既要求耐腐蚀性又要求传热率高的设备，可用来制造化工、石油等工业部门的容器和管道。

2. 不锈复合钢板的焊接性

不锈复合钢板是由两层不同性质的钢板复合而成，在焊接时有它的特殊性，既要满足基层的焊接结构强度，又要使较薄的复层满足耐腐蚀性能要求。对于基层要避免铬、镍等合金含量增高，因铬、镍含量增高，基层焊缝中会形成硬脆组织，容易产生裂纹，影响焊缝强度；对于复层要避免增碳，复层焊缝增碳就大大降低其耐腐蚀性。因此，焊接工作比单层钢板复杂，要采用复合钢板特殊的焊接工艺。

采用不锈复合钢板特殊的焊接工艺时要遵循下列原则。

① 不能用碳钢或低合金焊条在高合金材料上焊接，应先焊碳钢或低合金钢，后焊不锈钢。

② 焊不锈钢焊缝时，为减小热影响区，降低合金稀释率，宜采用小电流、直流反接、直道多道焊，焊接时焊条不宜进行横向摆动。

3. 不锈复合钢板焊接工艺

(1) 焊条选用　由于复合钢板焊接的特殊性，要采用三种不同的焊条来焊接同一条焊缝，以保证焊缝质量。

基层与基层焊接，采用与基层材质相应的碳钢、低合金钢、耐热钢焊条，复层与复层的焊接采用与复层材质相应的焊条，基层与复层交界处——过渡层的焊接可采用铬、镍含量高的 Cr25Ni13 或 Cr23Ni12Mo2 型焊条，如 E309 型、E309Mo 型等，以减少碳钢对不锈钢合金成分的稀释作用和补充焊接过程中合金成分的烧损。

焊接各种不锈钢复合钢板的焊条选用，可参照表 7-9。

表 7-9　不锈钢复合钢板的焊条选用

钢板牌号		焊条型号			埋弧自动焊(基层)	
复层	基层	基层	过渡层	复层	焊丝牌号	焊剂牌号
0Cr13	Q235	E4303 E4315	E309-16 E309-15	E308-16 E308-15	H08A H08MnA	焊剂 431
0Cr13	16Mn 15MnV	E5003 E5015 E5515—G	E309-16 E309-15	E308-16 E308-15	H10M2 H10MnSi H08MnMoA	焊剂 431 焊剂 350 焊剂 250
0Cr13	12CrMo	E5515-B1	E309-16 E309-15	E308-16 E308-15	H12CrMo	焊剂 250 焊剂 350
1Cr18Ni9Ti 0Cr18Ni9Ti	Q235	E4303 E4315	E309-16 E309-15	E347-16 E347-15	H08A H08MnA	焊剂 431
1Cr18Ni9Ti	Q235	E5003	E309-16	E347-16	H10Mn2	焊剂 431
0Cr18Ni9Ti	16Mn 15MnV	E5015 E5515-G	E309-15	E347-15	H10MnSi H08MnMoA	焊剂 350 焊剂 250
00Cr17Ni14Mo2	16Mn	E5015	E309MoL-16	E316L-16	H10Mn2；H10MnSi	焊剂 350
0Cr17Ni13Mo2Ti	16Mn 15MnV	E5015 E5515-G	E309Mo-16	E316-16	H10Mn2；H10MnSi H08MnMoA	焊剂 431 焊剂 350

(2) 焊缝坡口和接头组对　选用不锈复合钢板的坡口形式，应考虑过渡层的焊接特点：先焊基层，后焊过渡层，最后焊复层。这样可以尽量减少复层一侧的焊接量，并避免复层焊缝的多次重复加热，从而提高焊缝质量，减少设备内部铲焊根的工作量。

组对焊件时，要求以复层为基准对齐，尤其是在不等厚度复合钢板组对时更应注意这一点（见图 7-3）。如果复层错边大，则会影响复层面的焊缝质量，所以错边量 *e* 最好不要超过 1mm。

焊前复层坡口，必须进行严格的除油污工作，常用汽油、四氯化碳、丙酮去油污。

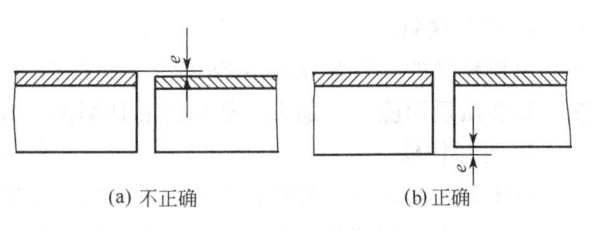

(a) 不正确　　　　(b) 正确

图 7-3　不锈复合钢板的组对

（3）焊接中应注意的问题　在不锈复合钢板的焊接操作过程中，还应注意以下几点：

① 在基层点焊时，必须用碳钢焊条，不可使用不锈钢焊条，当点焊点靠近复层时，须适当控制电流，以防止复层产生增碳现象，影响复层的耐腐蚀性；

② 严禁用碳钢焊条焊接复层和用过渡层焊条焊接复层表面；

③ 碳钢焊条的飞溅落在复层坡口面上时，要仔细清除干净；

④ 焊接电源应严格按照工艺参数中的规定，不能随意变更；

⑤ 焊接碳钢层时的飞溅物，粘附在复层表面将破坏其表面氧化膜，遇腐蚀性介质就形成腐蚀点，所以焊前应分别在坡口两侧 150mm 范围内涂上白垩水溶液，以防止飞溅物的粘附。

复 习 题

1. 奥氏体不锈钢的焊接性如何？

2. 什么叫晶间腐蚀？防止晶间腐蚀的措施是什么？

3. 奥氏体不锈钢易产生热裂纹的原因是什么？防止热裂纹的措施有哪些？

4. 奥氏体不锈钢的手弧焊工艺是什么？

5. 不锈复合钢板焊接时要遵循哪两条原则？焊条选用的方法是什么？

项目六　铸铁焊补

含碳量大于 2.11% 的铁碳合金叫铸铁，铸铁中除了含有铁和碳以外，还含有硅、锰、磷、硫等元素。在某些特殊用途的合金铸铁中，还分别含有铜、镁、镍、钼或铝等元素，这些元素的存在很大程度上影响了铸铁的焊接性能。

铸铁目前常以铸件的形式应用于生产，由于铸造工艺的特点，铸铁件往往存在着各种不同程度的缺陷，在生产中也有各种原因而损坏的铸铁件。所以，铸铁的焊接实际上就是对存有缺陷或者损坏的铸铁件进行补焊。

一、铸铁简介

铸铁按照碳在组织中存在的形式不同，分为灰铸铁、白口铸铁、可锻铸铁和球墨铸铁等。

1. 灰铸铁

灰铸铁中的碳，主要以片状石墨的形式分布于金属基体中，其断口呈暗灰色，可把灰铸铁看作是钢的基体加上片状石墨组成，由于石墨的强度相对于金属基体来说是极小的，所以灰铸铁的组织，可看作是钢基体上存在着许多"裂纹"，因而它的抗拉强度、塑性和冲击韧性大大降低。但由于灰铸铁中石墨以片状存在，因而它具有良好的耐磨性、消震性和切削加工性，并具有较高的抗压强度，故在工业上应用极广。

2. 白口铸铁

白口铸铁的碳以渗碳体（Fe_3C）形式存在于金属中，其断口呈银白色，故称为白口铸铁。其性质硬而脆，冷加工、热加工和切削加工都很困难，工业上应用极少。

3. 可锻铸铁

石墨以团絮状分布的铸铁称为可锻铸铁，它是白口铸铁经长时间退火而成。

可锻铸铁具有较高的抗拉强度和良好的塑性。可锻铸铁适宜制造薄壁和形状复杂受冲击载荷的零件，如各种管接头及拖拉机、汽车、纺织机零件等。

4. 球墨铸铁

石墨以球状分布的铸铁称为球墨铸铁。球墨铸铁是在铁水中加入稀土金属、镁合金和硅铁等球化剂，处理后使石墨球化而成的。球墨铸铁的强度接近于碳钢，具有良好的耐磨性和一定的塑性，并能通过热处理提高性能，因此，被广泛用于机械制造业中。

二、灰铸铁的焊接性

灰铸铁的焊接性不良，特别是在电弧焊时，如果焊条选用不当或者未采取特殊的工艺措施，则在焊接过程中会产生一系列的缺陷。

1. 焊后产生白口组织

在焊补灰铸铁时，往往会在熔合线处生成一层白口组织，严重时会使整个焊缝断面全部白口化，由于白口组织硬而脆，极难进行机械加工，对于焊后机械加工带来很大的困难。

（1）产生白口的原因　主要是由于冷却速度快和石墨化元素不足，在一般的焊接条件下，焊补区的冷却速度比铸造时快得多，特别是在熔合线附近，是整个焊缝冷却速度最快的地方，而且其化学成分又和基本金属相接近，所以首先在该处形成白口组织。

（2）防止产生白口组织的方法

① 减慢焊缝的冷却速度。延长熔合区处于红热状态的时间，可使石墨能充分析出。通常采取焊件预热到 400℃（半热焊）左右或 600～700℃（热焊）后进行焊接，也可在焊接后将焊件保温冷却，可减慢焊缝的冷却速度，而使焊缝避免产生白口组织。

选用适当的焊接方法（如气焊），可使焊缝的冷却速度减慢，而减少焊缝处的白口倾向。

② 改变焊缝化学成分。增加焊缝中石墨化元素的含量，可在一定条件下防止焊缝金属产生白口，如在焊条或焊丝中加入大量的碳、硅元素，在一定的焊接工艺条件配合下，使焊缝形成灰口组织。此外，还可采用非铸铁焊接材料（镍基、铜钢、高钒钢），来避免焊缝金属产生白口或其他脆硬组织的可能性。

2. 产生裂纹

（1）产生裂纹的原因　由于灰铸铁的塑性接近于零，抗拉强度又较低，当焊接时，因局部快速加热或冷却，造成较大的内应力，则易造成裂纹。

此外，当焊缝处产生白口组织时，因白口组织硬而脆，它的冷却收缩率又比基体金属（灰铸铁）大得多，焊缝金属在冷却时易于开裂。

（2）防止裂纹的方法

① 焊前预热和焊后缓冷。焊前将焊件整体或局部预热和焊后缓冷，不但能减少焊缝的白口倾向，并能减小焊接应力和防止焊件开裂。

② 采用电弧冷焊减小焊接应力。其措施如下：选用塑性较好的焊接材料，如用镍、铜、镍铜、高钒钢等作为填充金属，使焊缝金属可通过塑性变形松弛应力，防止裂纹；用细直径焊条、小电流、断续焊（间歇焊）或分散焊（跳焊）的方法，可减小焊缝处和基本金属的温

度差，而减小焊接应力；通过锤击焊缝，可以消除应力，防止裂纹。

③ 其他措施。在基体金属坡口内钻孔攻螺纹后，把螺钉拧在坡口上，如图 7-4 所示，然后进行焊补。这样，使熔合区附近的应力主要由螺钉承受，从而防止了焊缝处的裂纹。

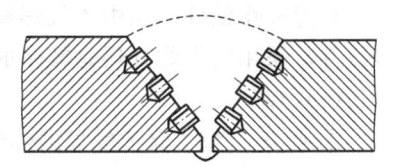

图 7-4　螺钉分布的位置

三、灰铸铁的焊补

灰铸铁的焊补方法，主要是采用电弧焊或气焊，也可采用钎焊或电渣焊。根据焊件在焊接前是否预热，可把手弧焊分为冷焊、半热焊（预热温度在 400℃ 以下）和热焊（预热温度为 400～700℃）。

1. 电弧焊

（1）冷焊法　电弧冷焊法，是指焊件在焊前不预热，焊接过程中也不辅助加热，因此，可以大大加速焊补生产率，降低焊补成本，改善劳动条件，减少焊件因预热时受热不均匀而产生的变形和焊件已加工面的氧化。因此，在可能的条件下应尽量采用冷焊法。目前冷焊法正在我国推广使用，并获得了迅速的发展。但是冷焊法在焊后因焊缝及热影响区的冷却速度很大，极易形成白口组织。此外，因焊件受热不均匀，常形成较大内应力，会造成裂纹。从减少焊件熔化，避免混入更多的碳及硫，尽量降低热影响区宽度出发，在冷焊时应注意以下几点。

① 焊前应彻底清理油污，裂纹两端要打止裂孔，加工的坡口形状，要保证便于焊补及减少焊件的熔化量。

② 采用钢芯或铸铁芯以外的焊条时，小直径焊条应尽量用小的焊接电流，以便减小内应力和热影响区的宽度。

③ 采用短焊道焊接法，一般每次焊 10～40mm，待其充分冷却后再焊。

④ 采用逐步退焊法，这样可以大大降低拉应力，可以防止裂纹。

⑤ 每焊完一短焊道，立即用圆头锤快速锤击焊缝。

冷焊焊条按焊接后焊缝的可加工性分为两类：一类用于焊后不需要机械加工的铸件，如钢芯铸铁焊条（EZCQ），只适用小型薄壁铸件刚度不大部位的缺陷焊补；另一类用于焊后需要机械加工的铸件，如纯镍焊条（EZNi-1）、镍铁铸铁焊条（EZNiFe-1）、镍铜铸铁焊条（EZiCu-1）等。

（2）热焊法　热焊法是在焊接前将焊件全部或局部加热到 600～700℃，并在焊接过程中保持一定温度，焊后在炉中缓冷的焊接方法。用热焊法时，焊件冷却缓慢，温度分布均匀，有利于消除白口组织，减少应力，防止产生裂纹。但热焊法成本高、工艺复杂、生产周期长、焊接时劳动条件差，因此应尽量少用。只有当缺陷被四周刚性大的部位所包围，在焊接时不能自由热胀冷缩，用冷焊易造成裂纹的焊件采用热焊。热焊时，焊条型号用 EZCQ，采用大电流（焊接电流可为焊条直径的 50 倍），连续焊。

把预热温度为 300～400℃ 的焊补，称为半热焊。采用石墨化能力强的焊接材料，也可成功地进行焊补。但消除裂纹问题没有热焊有把握。

2. 气焊

气焊火焰温度比电弧温度低得多，因而焊件的加热和冷却比较缓慢，这对防止灰铸铁在焊接时产生白口组织和裂纹都很有利。所以用气焊焊补的铸件质量一般都比较好，因而气焊成为焊补铸铁的常用方法。但气焊与电弧焊相比，其生产率低、成本高、焊工的劳动强度大、焊件变形也较大，焊补大型铸件时难以焊透。因此，目前许多工厂已逐步采用电弧焊代替气焊焊补铸铁件。但由于气焊铸件的质量较好，易于切削加工，在许多工厂中的中小型灰铸铁件，采用气焊焊补还是较多的。

（1）焊丝与气剂

① 焊丝。为了保证气焊的焊缝处不产生白口组织，并有良好的切削加工性，铸铁焊丝的成分中应有高的含碳量和含硅量。

② 气剂。用统一牌号"气剂201"，熔点较低（约650℃），呈碱性，能将气焊铸铁时产生的高熔点二氧化硅，复合成易熔的盐类。

（2）火焰　焊接火焰用中性焰或弱碳化焰。具体选用应根据焊补的情况，一般可选用中性焰，因焊丝中碳和硅含量已较高，能避免焊缝处产生白口组织，用中性焰焊补后，焊缝中金属的强度较高。用弱碳化焰焊补会使焊缝金属渗碳而降低强度，但当要求提高焊缝金属的切削加工性或不预热焊较厚的铸铁时，可用弱碳化焰使焊缝增碳，以降低焊缝金属的硬度。

火焰功率宜大些，否则不易消除气孔、夹渣。

（3）操作要点　焊接时，要在基体金属熔透后再加入焊丝金属，以防止熔合不良；发现熔池中有小气孔和白亮点夹杂物时，可以向熔池中加入少量气焊熔剂，有助于消除夹渣，但气焊熔剂不宜加入过多，否则反而容易产生夹渣；操作时应注意火焰始终要盖住熔池；加入焊丝时，经常用焊丝轻轻搅动熔池，促使气体、熔渣浮出；焊补将完毕时，应使焊缝稍高于焊件表面，并用焊丝刮去杂质较多的表层面。

3. 钎焊

钎焊加热温度低，焊接速度快，因此焊接应力小。焊补过程中基本金属又不熔化，所以组织变化很小。如用黄铜作钎焊材料焊补铸铁，可获得良好的效果，用于不要求色泽一致的小缺陷的焊补，也可用于灰铸铁件磨损表面的堆焊。

复 习 题

1. 灰铸铁的焊接性如何？它们产生缺陷的原因及防止方法是什么？

2. 用电弧冷焊法焊补铸铁时，应注意哪几点？

项目七　铝及铝合金的焊接

一、铝及铝合金简介

根据 GB/T 16474—1996《变形铝及铝合金牌号表示方法》规定我国变形铝及铝合金采用国际四位数字体系牌号和四位字符体系牌号两种命名方法。按化学成分已在国际牌号注册组织注册命名的铝及铝合金，直接采用国际四位数字体系牌号；国际牌号注册组织未命名的，则按四位字符体系牌号命名。两种牌号命名方法的区别仅在第二位。

牌号第一位数字表示铝及铝合金的组别，$1\times\times\times$，$2\times\times\times$，$3\times\times\times$，…，$9\times\times\times$，分别按顺序代表纯铝（含铝量大于99.00%），以铜为主要合金的铝合金，以锰、硅、镁、镁和硅、锌，以及其他合金元素为主要合金元素的铝合金及备用合金组；牌号第二位数字（国际四位数字体系）或字母（四位字符体系）表示原始纯铝或铝合金的改型情况，数字0或字母A表示原始纯铝或原始合金，如果是1～9或B～Y中的一个，则表示为改型情况；最后两位数字用以标识同一组中不同的铝合金，纯铝则表示铝的最低质量分数中小数点后面的两位。

在新旧牌号命名标准的过渡期，国内 GB 3190—82 中的牌号仍可继续使用。

1. 纯铝

纯铝是银白色的轻金属，它密度小（$2.72g/cm^3$），熔点低（660℃），具有良好的塑性、导电性、导热性和耐蚀性。由于纯铝的强度较低，在工业上应用不广。

铝中常见的杂质是铁和硅，杂质越多，铝的塑性、导电性、导热性及耐蚀性越低。工业纯铝按杂质的含量分为一号铝、二号铝……其新旧牌号的对照见表 7-10。

2. 铝及铝合金分类

纯铝的强度很低（$\sigma_b = 80 \sim 100$MPa），但加入适量的镁、锰、硅、铜及锌等合金元素，形成铝合金。铝合金与纯铝相比，其强度显著提高（$\sigma_b = 500 \sim 600$MPa），目前已广泛用于航空、造船、化工及机械制造工业。

铝合金的分类如下图（其新旧牌号的对照见表 7-10）：

铝合金
- 变形铝合金
  - 非热处理强化铝合金
    - 铝镁合金 LF2、LF3、LF5、LF6 等
    - 铝锰合金 LF21 等
  - 热处理强化铝合金
    - 硬铝合金 LY3、LY12 等
    - 锻铝合金 LD2、LD10 等
    - 超硬铝合金 LC4
- 铸造铝合金
  - 铝硅合金 ZL101、ZL102、ZL105 等
  - 铝铜合金 ZL201、ZL202 等
  - 铝镁合金 ZL301
  - 铝锌合金 ZL401 等

表 7-10　工业纯铝、常用变形铝合金的新旧牌号的对照

旧牌号	新牌号	旧牌号	新牌号	旧牌号	新牌号
L1	1070	LF21	3A21	LC9	7A09
L2	1060	LY11	2A11	LD5	2A50
L3	1050	LY12	2A12	LD7	2A70
L4	1035	LY8	2B11	LD8	2A80
L5	1200	LC3	7A03	LD10	2A14
LF2	5A02	LC4	7A04		

非热处理强化铝合金的特点是强度中等，塑性及抗腐蚀性好，焊接性也较好，是目前铝合金焊接结构中应用最广的铝合金。

热处理强化铝合金，经热处理后强度高，但焊接性差，特别在熔化焊时，裂纹倾向较大。

二、铝及铝合金的焊接性

1. 易氧化

铝和氧的亲和力很大，因此在铝合金表面总有一层难熔的氧化铝薄膜。氧化铝的熔点为2050℃，远远超过铝合金的熔点（一般约 660℃左右）。在焊接过程中，氧化铝薄膜会阻碍金属之间的良好结合，造成熔合不良与夹渣。

在焊接铝合金时，除了铝的氧化外，合金元素也易被氧化和蒸发，例如焊接铝镁或铝锌镁系合金时，由于镁和锌的蒸发温度都很低（分别为 1107℃和 907℃），且又易氧化，所以其含量都会因氧化和蒸发而减少，这样会严重降低焊接接头的性能。此外，氧化镁熔点很高，和氧化铝一起会造成焊缝的夹渣。因此在焊接铝及铝合金时，为了保证焊接质量，焊前

必须除去焊件表面的氧化膜，并防止在焊接过程中再氧化，这是铝和铝合金熔化焊的重要特点。

2. 易产生气孔

氮不溶于液态铝，铝也不含碳，因此不会产生氮和一氧化碳气孔。焊接铝合金时，焊缝产生气孔的气体是氢气，氢能大量地溶于液态铝，但几乎不溶于固态铝，因此熔池结晶时，原来溶于液态铝中氢几乎全部析出，形成气泡。同时铝和铝合金的密度小，气泡在熔池里的浮升速度较小，加上铝的导热性，冷凝快，因此在焊接铝时，焊缝产生气孔的倾向很大。

焊接时为了减少氢的来源，焊前对焊丝、焊件、焊条等都应认真清除氧化膜、潮气和油污。焊接过程中尽可能少中断，以防止气孔的形成。另外，在选择工艺参数时采用强参数，则使氢以过饱和的状态固溶在固体中，减少氢气孔的产生。

3. 易焊穿

铝及铝合金由固态转变为液态时，没有显著的颜色变化，所以不易判断熔池的温度。另外，温度升高时，铝的力学性能降低，在 370℃ 时仅为 10MPa。因此，焊接时常因温度过高无法察觉而导致烧穿。

4. 热裂纹

铝的线膨胀系数比铁将近大 1 倍，而其凝固时的收缩率又比铁大 2 倍，因此铝焊件的焊接应力大。此外，合金成分对热裂纹的产生有很大影响，当合金的液相线和固相线的距离大或杂质过多形成低熔点共晶时，都容易造成热裂纹。

焊接铝及铝合金时防止热裂纹，应从减少焊接应力、调节熔池金属成分、改善熔池结晶条件、正确选择焊接方法及控制工艺参数等几方面来考虑。

实践证明，纯铝及大部分非热处理强化铝合金在熔化焊时，很少产生裂纹，只有在杂质含量超过规定或刚性很大的不利条件下，才会产生裂纹。只有热处理强化铝合金焊接时，产生热裂纹的倾向比较大。

三、铝及铝合金焊接

1. 焊前准备及焊后清理

（1）焊前准备

① 焊前清理。焊前清理是保证铝及铝合金焊接质量的重要工艺措施。在焊前应严格清除焊件坡口及焊丝表面的氧化膜和油污，清理的方法可采用化学清洗或机械清理。

化学清洗用 10% 左右氢氧化钠水溶液，使氢氧化钠与氧化铝作用生成易溶的氢氧化铝 $Al(OH)_3$。机械清理，先用有机溶剂（丙酮、松香水或汽油）擦拭表面以除油，随后用细的铜丝刷或不锈钢丝刷刷去氧化膜。

② 预热。铝的比热容比钢大 1 倍、导热性比钢大 2 倍，所以为了防止焊缝区热量的大量流失，焊前可对焊件进行预热。

薄、小铝件一般可不预热。厚度超过 5～8mm 的铝件，可预热 100～300℃。

（2）焊后清理　焊后留在焊缝及邻近的残余焊粉和焊渣，在空气、水分的参与下会激烈地腐蚀铝件，所以必须及时清理干净。

焊后清理的方法：将焊件在 10% 的硝酸溶液中浸洗，处理温度分 15～20℃ 和 60～65℃ 两种。前者处理时间为 10～20min，后者处理时间为 5～15min。浸洗后用冷水再冲洗一次，然后用热空气吹干或在 100℃ 干燥箱内烘干。

2. 气焊

（1）焊接材料

① 焊丝。铝和铝合金焊丝，一般可选用与焊件金属化学成分相同的焊丝或切条。在焊接铝镁合金时，考虑到镁在焊接时的烧损，可选用含镁量比焊件金属高 1%～2% 的铝镁焊丝。

常用铝和铝合金焊丝的牌号和用途见表 7-11。

表 7-11 铝和铝合金焊丝的牌号和用途

统一牌号	名　称	用　　途
丝 301	纯铝焊丝	焊接纯铝或要求不高的铝合金
丝 311	铝硅合金焊丝	除铝镁合金外其他各种铝合金,焊缝金属有较高的抗裂性能和力学性能
丝 321	铝锰合金焊丝	焊接铝锰及其他合金,焊缝金属有良好的耐腐蚀性能及一定的强度
丝 331	铝镁合金焊丝	焊接铝镁及其他合金,焊缝金属有良好的耐腐蚀性能及力学性能

② 气焊熔剂。铝及铝合金气焊时必须使用铝焊熔剂，目前常用的铝焊熔剂是"气剂401"。熔点为 560℃，是白色粉状混合物，极易吸潮和氧化，使用时用水调成糊状后涂于焊丝和焊件表面。气焊熔剂的作用是：熔解和清除覆盖在熔池表面的氧化膜，并在熔池表面形成一层较薄的熔渣，保护熔池金属不被氧化。排除熔池的气体、氧化物及其他夹杂物，改善熔池金属的流动性。

（2）火焰选择　火焰应选用中性焰或轻微碳化焰。中性焰温度较高，焊接时速度要快，轻微碳化焰的温度稍低，对熔池的保护良好，故熔池金属的流动性好，操作方便，但乙炔过多时可能在焊缝中形成气孔。

3. 焊条电弧焊

焊条电弧焊焊接铝，一般板厚在 4mm 以上才采用。因铝焊条药皮成分中有氯、氟，焊条稳弧性不好，要求使用直流反接电源。铝焊条极易吸潮，为了防止气孔，必须严格烘干（150℃左右烘 1～2h）。国产铝及铝合金电焊条型号、焊芯成分、力学性能及用途见表 7-12。焊接时焊条不宜摆动，焊接速度比钢焊条快 2～3 倍，并在保持稳定燃烧的前提下采用短弧焊，以防止金属氧化，减小飞溅和增加熔透深度。焊后应仔细清除熔渣，以防焊件被腐蚀。

表 7-12 铝及铝合金电焊条

焊条型号	焊芯成分/%			接头抗拉强度/MPa	用　　途
	硅	锰	铝		
TA1	—	—	约 99.5	≥65	焊接纯铝及一般接头强度要求不高的铝合金
TA1Si	约 5	—		≥120	焊接铝板、铝硅铸件、一般铝合金及硬铝
TA1Mn	—	约 1.3		≥120	焊接纯铝、铝锰合金及其他铝合金

4. 氩弧焊

因氩弧焊的保护作用好、热量集中、焊缝质量好、成形美观、热影响区小和焊件的变形小，因此对质量要求高的铝及铝合金构件，常用氩弧焊焊接。由于氩弧焊在焊接时氩气的保护作用，及使用适当的电源极性，对熔池表面氧化膜产生"阴极破碎"作用，故在焊接时可以不用熔剂，避免了焊后清除熔渣的工序。

钨极氩弧焊一般适用于焊接薄板，具有电弧稳定、成形美观、焊件变形小、操作灵活等优点，在焊接尺寸较精密的小零件时更为合适。由于受到钨极允许电流密度的限制，它的熔透能力小，所以厚度大于 6mm 的厚板一般不采用。

钨极氩弧焊采用交流电源，这样既对熔池表面铝的氧化膜有"阴极破碎"作用，又可采用较高的电流密度。

熔化极氩弧焊适用于焊接厚度大于 8mm 以上的铝及铝合金板材，可选用大电流密度和高焊接速度，因此生产率比钨极氩弧焊提高 3～5 倍，焊件越厚，生产率提高越显著。

熔化极氩弧焊采用直流反接电源，对熔池表面的氧化膜有"阴极破碎"作用；焊接时电弧比较稳定，电弧的自身调节作用强，焊接电流应尽量选大些，以达到射流过渡。焊接电弧不宜过短，否则会引起严重飞溅；但也不宜过长，以防电弧飘动和氩气的保护作用变差。

四、铸造铝合金的焊补

在铝合金铸件的生产和使用时，常会碰到一些具有缺陷或损坏的铸件，如气孔、缩孔、夹渣、裂纹和断裂等，用焊补的方法修复使用，可为国家节约大量的人力和物力。

在铝合金铸件中，常用的铝硅合金焊接性良好，液体金属流动性好，收缩率小，焊接时裂纹倾向小。铝铜合金的焊接性也较好。含镁量高的铝镁合金的焊接性稍差（镁易蒸发，气孔、裂纹倾向较大）。

铝合金铸件的焊补一般采用气焊或氩弧焊，焊接工艺措施如下。

1. 焊前准备

焊补件在焊前必须彻底清除泥沙、油污和氧化膜；铸件的缺陷必须全部铲除干净，如有裂纹则应在裂纹两端钻出止裂孔，以防止焊接时裂纹的扩展；当焊件壁厚大于 5mm 时应开 V 形坡口，对厚度大于 10mm 的铸件需要预热，预热温度约为 300℃；为了防止焊补处烧穿，可在反面用湿石棉布垫上；离焊补处较近的铸件边缘也应用金属块垫好或挡住。

2. 焊丝和气焊熔剂

焊丝一般采用与铸件成分相同的材料。焊丝中易烧损的元素（如锌、镁等）尽量控制在规定范围上限，也可用丝 311 铝硅焊丝焊补铝镁合金以外的各种合金。气焊时气焊熔剂用气剂 401。

3. 焊后处理

焊补后应立即清除焊件上残存的焊剂和熔渣，以防止其对铸件的腐蚀，为了消除焊接应力，焊补后最好进行 300～350℃ 的退火处理。

复 习 题

铝及铝合金的焊接性如何？纯铝气焊或手弧焊时选用何焊接材料？

项目八 铜及铜合金的焊接

一、铜及铜合金简介

根据所含的合金元素不同，铜及铜合金可以分为紫铜、黄铜、青铜及白铜等。

1. 紫铜

纯铜的色泽呈紫红色，故称紫铜。它具有很高的导电性、导热性、耐蚀性和良好的塑性，易于热压或冷压加工。广泛地用于电气及化工等工业中制造导体、散热器、耐蚀零件等。

工业纯铜按其所含杂质多少分为一号铜（T1）、二号铜（T2）、三号铜（T4）及无氧铜（Tu1、Tu2），其中 T1 及 Tu1 含杂质最少。

2. 黄铜

铜和锌的合金称为黄铜（普通黄铜）。黄铜的耐腐蚀性高，冷、热加工性能好，力学性能和铸造性能比紫铜好，成本也较低，因此广泛用于各种结构零件。

黄铜根据性能和用途不同，可分为压力加工黄铜和铸造黄铜两类。

3. 青铜

铜合金中主要加入元素不是锌，而是锡、铝、铅等其他元素时通称为青铜，如锡青铜、铝青铜、硅青铜等。

青铜具有高的耐磨性及良好的力学性能、铸造性能和耐腐蚀性能，常用于制造各种耐磨零件及与酸、碱、蒸气等腐蚀介质接触的零件。

4. 白铜

铜和镍的合金称为白铜。由铜和镍组成的合金叫普通白铜，加有锰、铁、锌、铝等元素的合金称为锰白铜、铁白铜、锌白铜和铝白铜。

按照性能和应用范围不同，可把白铜分为结构用白铜（力学性能和耐腐蚀性较好）和电工白铜二类。

二、铜及铜合金的焊接性

1. 难熔合

铜及铜合金的导热性比钢好得多，铜的热导率是钢的 7 倍，随着温度的升高，差距还要大。大量的热被传导出去焊件难以熔化，必须采用功率大、热量集中的热源，有时还要预热。

2. 铜的氧化

铜在常温时不易被氧化。但是随着温度的升高，当超过 300℃ 时，其氧化能力很快增大，当温度接近熔点时，其氧化能力最强。氧化的结果生成氧化亚铜（Cu_2O）。焊缝金属结晶时，氧化亚铜和铜形成低熔点（1064℃）的共晶，分布在铜的晶界上，大大降低了焊接接头的力学性能，所以，铜的焊接接头的性能一般低于焊件。

3. 气孔

铜及铜合金产生气孔的倾向比钢严重。其中一个直接原因是铜导热性好，焊接熔池凝固速度快，液态熔池中气体上浮的时间短来不及逸出，易造成气孔。但根本原因是气体的溶解度随温度下降而急剧下降及化学反应产生气体。

铜合金中的气孔分两种类型，即氢造成的扩散气孔和水蒸气造成的反应气孔。铜及铜合金液态金属能溶解氢，高温时溶解度大，随着温度的降低，溶解度也降低，铜的溶解度降低幅度比钢大得多。在焊缝凝固前，会有很多氢要逸出，但铜焊缝的凝固速度比较快，氢来不及逸出便形成气孔，即扩散气孔。

高温时，铜与氧亲和力较大，形成 Cu_2O，在 1200℃ 以上可溶于液态铜中，低于 1200℃ 便要游离出来，与氢发生如下反应，即

$$Cu_2O + 2H \longrightarrow 2Cu + H_2O$$

所形成的水蒸气不溶于液态铜，若来不及逸出也会形成气孔，这便是反应气孔。

防止产生气孔的主要措施：

① 防止焊缝金属吸收氢及氧化，焊件表面在焊前应去油污、水分等，焊条、焊剂要烘干使用，焊丝表面不得有水分；

② 对焊缝加强脱氧，加入硅、铝、钛、锰等脱氧元素；

③ 焊接时加强保护效果；

④ 选择合适的焊接工艺参数，降低冷却速度，焊缝有效厚度不可过大。

4. 热裂纹

铜及铜合金焊接时，在焊缝及熔合区易产生热裂纹。形成热裂纹的原因主要有以下几个方面。

① 铜及铜合金的线膨胀系数几乎比低碳钢大 50%，由液态转变到固态时的收缩率也较大，对于刚性大的焊件，焊接会产生较大的内应力。

② 熔池结晶过程中，在晶界易形成低熔点的氧化亚铜-铜的共晶物（$Cu+Cu_2O$）。

③ 凝固金属中的过饱和氢向金属的显微缺陷中扩散，或者它们与偏析物（如 Cu_2O）反应生成的 H_2O 在金属中造成很大的压力。

④ 焊件中的铋、铝等低熔点杂质在晶界上形成偏析。

为了防止热裂纹的产生，必须严格限制焊件和焊接材料的氧、铅、铋、硫等有害元素的含量。焊接时加强对熔池的保护，采取减少焊接应力的工艺措施，如选用热量集中的热源、焊前预热、选择合理的焊接顺序、焊后缓冷等。

5. 接头性能低

焊接铜及铜合金时，由于存在合金元素的氧化及蒸发、有害杂质的侵入、焊缝金属和热响区组织的粗大等焊接缺陷问题，接头的强度、塑性、导电性、耐腐蚀性等往往低于母材。

改善和防止的办法：选择合适的焊接材料，严格控制工艺参数，有可能时要进行焊后热处理。

三、紫铜的焊接

1. 气焊

（1）焊丝和气焊熔剂　可用特制丝 201（紫铜焊丝）或丝 202（低磷铜焊丝），这两种焊丝都含有脱氧剂；也可用一般的紫铜丝或基体金属的金属条，把脱氧剂放到焊粉中去，焊粉可用气剂 301。

（2）气焊工艺　焊前做好焊丝和焊件的清洁工作，一般可用钢丝刷或砂纸打光，以去除表面的油污和吸附的气体。

焊接火焰应选用中性焰。氧化焰会使熔池氧化，在焊缝中形成脆性的氧化亚铜；碳化焰则会产生一氧化碳和氢气，进入焊缝形成气孔。

由于紫铜的导热性高而热容量大，因此选择焊嘴的号码应比焊接碳钢时稍大，并在焊前将焊件预热，中、小焊件的预热温度为 $400\sim500℃$，厚大焊件预热温度为 $600\sim700℃$，为了防止热量散失，焊件最好放在绝热的材料，如石棉板之类的衬垫上焊接。

高温铜液容易吸收气体，使焊缝金属产生多孔性的缺陷，由于焊缝热影响区的晶粒粗大，会使焊接接头的力学性能降低，所以焊缝的层数越少越好，最好进行单道焊。焊后锤击焊接接头，能使金属致密和晶粒变细，从而提高其力学性能。对厚度小于 5mm 的焊件可在冷态锤击，较厚的焊件可在焊后冷到 $250\sim350℃$ 时锤击。

2. 焊条电弧焊

焊条可选用 TCu 或 TCuSnB。其中 TCu 的焊芯是纯铜。TCuSnB 的焊芯成分是磷青铜，药皮都是低氢钠型，电源用直流反极性。

焊前应清理焊缝边缘。焊件厚度大于 4mm 时，焊前必须预热。随着焊件厚度和尺寸增大，预热温度应该相应提高，预热温度一般在 $300\sim500℃$ 之间。

焊接时应当采用短弧，焊条不宜作横向摆动，焊条作往复的直线运动，可改善焊缝的成形。焊后用平头锤敲击焊缝，可消除应力和改善焊缝质量。

3. 钨极氩弧焊

用钨极氩弧焊焊接紫铜，可以得到高质量的焊接接头。这是因为氩气对熔池的保护作用好，空气中的氧和氢不易进入熔池，并且氩弧的温度高，热量集中，焊缝的热影响区小，因而焊缝的强度高，焊件变形小。

焊丝与气焊相同。电源用直流正极性，即焊件接正极，钨极接负极。

为了消除气孔，保证焊透，提高焊接速度和减少氩气消耗量。焊件必须预热，但预热温度不宜过高，否则不仅使劳动条件恶化，并使焊接热影响区扩大，降低焊接接头的力学性能。

四、黄铜的焊接

黄铜是铜和锌的合金，由于锌的熔点是 419℃，沸点是 906℃，因而在焊接时总会造成锌的大量蒸发。锌在蒸发时产生一层白色烟雾，不但使操作困难，并且影响焊工身体健康。此外，锌的蒸发使黄铜的力学性能发生变化。采用含硅的焊丝可阻止锌的蒸发，因为硅氧化后在熔池表面形成一层氧化物薄膜，既阻止了锌的蒸发又防止了氢的溶入。

1. 气焊

由于气焊的火焰温度低，焊接时黄铜中锌的蒸发要比电弧焊时少，所以气焊是最常用的焊接方法。焊丝可采用丝 221、丝 222、丝 224 等。焊丝中含有硅、锡、铁等元素，能够防止和减少熔池中锌的蒸发和烧损，有利于保证焊缝的力学性能，防止焊缝中产生气孔。也可用母材金属条作填充金属。黄铜气焊所用熔剂为"气剂 301"。

焊前必须仔细清理焊件坡口及焊丝表面。焊接较厚大的焊件应预热到 400～500℃，厚度 15mm 以上的焊件应预热到 550℃左右，黄铜铸件焊补前也须局部或全部预热。

为了减少锌的蒸发，焊接火焰应采用轻微的氧化焰，当用含硅焊丝时使熔池表面覆盖一层氧化硅薄膜，防止锌的蒸发。气焊后，可在 550～650℃温度下进行退火，以消除焊缝应力和改善焊缝的性能。

2. 焊条电弧焊

焊接黄铜时一般不用黄铜芯电焊条，因其工艺性能差，焊接时产生锌的大量蒸发和随之引起的严重飞溅。故一般采用青铜芯的电焊条，如 TCuSnB、TCuAl，对焊补要求不高的黄铜铸件可采用紫铜焊条 TCu。

焊接电源应采用直流反接。焊前表面应作仔细清理。焊件厚度超过 14mm，为了改善焊缝成形，要预热 150～250℃。操作时采用短弧，仅作直线移动。此外，焊接时产生严重烟雾，会影响焊工健康和妨碍操作，故应有通风装置。

3. 钨极氩弧焊

黄铜的手工钨极氩弧焊和焊紫铜相似，但由于黄铜的导热性和熔点比紫铜低，以及含有容易蒸发的元素锌等特点，所以在填充焊丝和焊接工艺参数等方面有所不同。

当采用丝 211、丝 222、丝 224 作填充焊丝时，由于含锌量较高，焊接过程中烟雾很大，不仅影响焊工身体健康，而且还妨碍焊接操作的顺利进行，故一般采用 QSi3-1 青铜焊丝。

焊接电源可以用直流正接，也可以用交流。用交流时，锌的蒸发较少，焊件通常不预热，但对板厚大于 12mm 的焊件和焊接边缘厚度相差比较大的接头仍需预热。焊接速度应尽可能快些，板厚小于 5mm 的接头最好一次焊成。焊件在焊后应加热到 300～400℃进行退火处理，消除焊接应力，防止在使用时产生裂纹。

五、青铜的焊补

青铜的焊接主要用于焊补铸件的缺陷和损坏的机件。青铜焊接时需注意下列问题：

锡青铜的凝固温度范围较大，因而凝固时，在树枝状晶粒间形成细小的空隙和疏松，使金属不致密，在受水压时易渗水。

青铜的线收缩比钢大 50%，故焊件的内应力大，当焊件的刚度大或厚度不均匀时易开裂。锡青铜由于偏析的结果，使焊件更易开裂。防止开裂的方法是将焊件预热，铝青铜的预热温度要比锡青铜高。

合金元素铝、锡在高温时易氧化和蒸发，铝和锡氧化后形成 Al_2O_3 及 SnO_2。熔池表面的 Al_2O_3 不利于金属熔滴过渡，同时会以夹杂物形式进入焊缝，所以不易得到致密的接头；SnO_2 是硬而脆的夹杂物，对力学性能影响较大。此外，由于氧化物的形成，使熔池周围的还原性气氛加强，氢的溶入增多，在凝固时易形成气孔。焊接时铝和锡元素的烧损使青铜的力学性能变差。

1. 锡青铜的焊接

(1) 气焊 锡青铜常用的焊接方法是气焊，气焊时一般需将焊件预热至 $350\sim450℃$，由于锡青铜在高温时有脆性，故在焊接时不允许有冲击，焊后也不能立即搬动，以防焊件开裂。

锡青铜气焊时，应采用中性焰，火焰的功率与焊接碳钢相同。焊丝可采用与焊件金属类似的青铜棒，为了弥补焊接时锡的烧损，含锡量应比基体金属高 $1\%\sim2\%$。对于含锡量高的青铜宜采用含有硅、磷、锰等脱氧元素的青铜棒。气焊熔剂用气剂 301，与焊紫铜相同。

(2) 焊条电弧焊 青铜电弧焊时焊条可选用 TCuSnB，在焊补穿透性缺陷和边缘部位时，需用垫板或成形挡板。焊接刚度大的焊件时，需预热至 $400\sim550℃$。焊后在 $200℃$ 以下对焊缝锤击，可使晶粒细化，提高焊缝的致密性和消除焊接应力，但对第一层焊缝及最后一层焊缝一般不进行锤击。焊后立即退火，可防止焊件在冷却过程中产生裂纹和消除焊接应力。

(3) 钨极氩弧焊 锡青铜氩弧焊时，可选用与焊件金属成分相同的焊丝。焊接电流采用直流正极性。如果缺陷所在部位刚性不大，焊件可以不预热，焊补时应尽可能减少焊接部位的过热。在多道焊接时，等上道焊缝冷却到 $60\sim100℃$ 时，再焊第二道焊缝，在焊补缺陷较多或面积较大的情况下，应分散进行焊接。

2. 铝青铜的焊接

(1) 气焊 铝青铜常用的焊接方法是气焊，铝青铜气焊时的主要困难是熔池表面易产生氧化膜 (Al_2O_3)，使熔池金属不易与填充金属熔合。气焊熔剂使用气剂 401，可有效破坏氧化铝膜。此外，在焊接时，必须用焊丝的端部不断地拨动熔池表面，以促使熔滴与熔池良好地融合。

铝青铜焊前应预热到 $500\sim600℃$。在同一个铸件上焊补几个缺陷时，应先补大的缺陷，再补小的缺陷。因为焊补大缺陷时，对焊件进行了很好的预热，再补较小的缺陷时就比较容易了。当焊补长而深的缺陷时，最好将焊件倾斜 15° 角进行上坡焊，这样可以进行单道焊，对保证接头质量有利。

(2) 焊条电弧焊 铝青铜在焊条电弧焊时采用 TCuAl 焊条，电源应采用直流反极性。对于厚度大于 12mm 的焊件，在焊前需预热至 $200\sim500℃$，用短弧操作，焊条不作横向摆动。

（3）钨极氩弧焊　采用与焊件金属成分相同的材料作焊丝，用交流电源进行焊接，以击碎熔池表面铝的氧化膜。焊件厚度大于 12mm 时，需预热至 150～200℃，焊接电流应比焊接紫铜时小 25%～30%。

复 习 题

铜及铜合金的焊接性如何？紫铜、黄铜气焊或手弧焊时应选用什么焊接材料？

附　录

附录 A　碳钢和低合金钢焊条型号划分

焊条型号	药皮类型	焊接位置	电流种类
EXX00	特殊型	平、横、立、仰	交流或直流正、反接
EXX01	钛铁矿型		交流或直流正、反接
EXX03	钛钙型		交流或直流正、反接
EXX10	高纤维素钠型		直流反接
EXX11	高纤维素钾型		交流或直流反接
EXX12	高钛钠型		交流或直流正接
EXX13	高钛钾型		交流或直流正、反接
EXX14	铁粉钛型		交流或直流正、反接
EXX15	低氢钠型		直流反接
EXX16	低氢钾型		交流或直流反接
EXX18	铁粉低氢型		交流或直流反接
EXX20	氧化铁型	平	交流或直流正、反接
		平角焊	交流或直流正接
EXX22		平	交流或直流正接
EXX23	铁粉钛钙型	平、平角焊	交流或直流正、反接
EXX24	铁粉钛型		交流或直流正、反接
EXX27	铁粉氧化铁型	平	交流或直流正、反接
		平角焊	交流或直流正接
EXX28	铁粉低氢型	平、平角焊	交流或直流反接
EXX48		平、横、立向下、仰	交流或直流反接

不锈钢焊条型号划分

焊条型号	药皮类型	焊接位置	电流种类
EXXX(X)-15	低氢型	平、横、立、仰	直流反接
EXXX(X)-25	其他类型	平、横	直流反接
EXXX(X)-16	钛钙型	平、横、立、仰	交流或直流反接
EXXX(X)-17	钛酸型	平、横、立、仰	交流或直流反接
EXXX(X)-26	碱性或其他	平、横	交流或直流反接

注：1. 焊接位置栏中文字含义：平——平焊、立——立焊、横——横焊、仰——仰焊、平角焊——水平角焊；立向下——向下立焊。

2. E4322 型焊条适用于单道焊。

3. 焊接位置栏中立和仰焊的直径为不大于 4.0mm 的 EXX15、EXX16、EXX18 及直径不大于 5.0mm 的其他焊条。

4. 直径大于或等于 5.0mm 的焊条不推荐使用全位置焊。

附录 B　常用碳钢焊条牌号与型号对照

牌　号	符合(相当)下述标准的焊条型号		
	GB/T 5117—1995	AWS	JIS
J421	E4313	E6013	D4313
J421Fe	E4313	E6013	D4313
J421Fe13	E4324	E6024	D4324
J422	E4303		D4303
J422GM	E4303		D4303
J422Fe	E4303		D4303
J422Fe13	E4323		D4323

牌　　号	符合(相当)下述标准的焊条型号		
	GB/T 5117—1995	AWS	JIS
J423	E4301		D4301
J424	E4320	E6020	D4320
J424Fe14	E4327	E6027	D4327
J424Fe16	E4327	E6027	D4327
J424Fe18	E4327	E6027	D4327
J425	E4311	E6011	D4311
J426	E4316	E6016	D4316
J426Fe13	E4328	E6028	
J427	E4315	E6015	
J501Fe	E5014	E7014	
J501Fe18	E5024	E7024	
J502	E5003		D5003
J502Fe	E5003		D5003
J502Fe18	E5023	E7023	
J503	E5001	E7001	
J504Fe	E5027	E7027	
J505	E5011	E7011	
J506	E5016	E7016	D5016
J506H	E5016-1	E7016-1	D5016
J506LMA	E5018	E7018	
J506Fe18	E5028	E7028	D5026
J507	E5015	E7015	D5015
J507Fe	E5018	E7018	
J507Fe16	E5028	E7028	D5026

注：G：管道全位置焊专用焊条。X：立向下焊条。Fe：高效铁粉焊条。Z：重力焊条。D：底层焊条。GM：盖面焊条。H：超低氢。DF：低尘、低氟焊条。LMA：耐吸潮焊条。XG：管子下行焊条。Y：低空载电压。-1：对冲击有特殊规定的焊条。

附录 C　　常用低合金钢焊条牌号与型号对照

牌　　号	符合(相当)下述标准的焊条型号		
	GB/T 5118—1995	AWS	JIS
J502NiCu	E5003-G		DW5003B
J502CuCrNi	E5003-G		DW5003B
J505G	E5010-G	E7010-G	
J506R	E5016-G	E7016-G	D5016
J506RK	E5016-G	E7016-G	D5016
J506RH	E5016-G	E7016-G	D5016
J506FeNE	E5018-G	E7018-G	
J507NiMA	E5015-G	E7015-G	
J507TiBMA	E5015-G	E7015-G	
J507NiCuP	E5015-G	E7015-G	
J507R	E5015-G	E7015-G	
J507FeNi	E5018-G	E7018-G	D5016
J507MoWNbB	E5015-G	E5015-G	
J555	E5511-G	E8011-G	
J556	E5516-G	E8016-G	
J557	E5515-G	E8015-G	
J557Mo	E5515-G	E8015-G	
J557MoV	E5515-G	E8015-G	
J606	E6016-D1	E9016-D1	D5816
J607	E6015-D1	E9015-D1	
J707	E7015-D2	E10015-D2	

牌　号	符合(相当)下述标准的焊条型号		
	GB/T 5118—1995	AWS	JIS
J707Ni	E7015-G	E10015-G	D7015
J707RH	E7015-G	E10015-G	
J757	E7515-G	E11015-G	
J807	E8015-G		
J807RH	E8015-G	E11015-G	D8015
J857	E8515-G	E12015-G	
J857CrNi	E8515-G	E12015-G	
J907	E9015-G		
J10007	E10015-G		
J10007Cr	E10015-G		

　　注：RK：高韧性焊条。RH：高韧性、超低氢焊条。MA：超低氢耐吸潮焊条。NE：核电工程用焊条。SLA、SLB：渗铝钢专用焊条。NiMA：耐吸潮低合金焊条。

附录 D　常用不锈钢焊条牌号与型号对照

牌　　号	符合(相当)下述标准的焊条型号		
	GB/T 983—1995	AWS	JIS
G202	E410-16	E410-16	D410-16
G207	E410-15	E410-15	D410-15
G217	E410-15	E410-18	
G302	E430-16	E430-16	D430
G307	E430-15	E430-15	D430
A001G15	E308L-15	E308L-15	
A002	E308L-16	E308L-16	D308L
A002A	E308L-17	E308L-17	
A002Mo	E308MoL-16	E308MoL-16	
A022	E316L	E316L	D316L
A032	E317MoCuL-16		
A042	E309MoL-16	E309MoL-16	
A062	E309L-16	E309L-16	D309L-16
A101	E308-16	E308-16	
A102	E308-16	E308-16	D308
A107	E308-15	E308-15	
A132	E347-16	E347-16	D347
A137	E347-15	E347-15	
A172	E307-16	E307-16	
A202	E316-16	E316-16	D316-16
A207	E316-15	E316-15	D316-15
A212	E318-16	E318-16	
A222	E317MoCu-16		
A302	E309-16	E309-16	D309-16
A307	E309-15	E309-15	D309-15
A312	E309Mo-16	E309Mo-16	D309Mo-16
A317	E309Mo-15	E309Mo-15	
A402	E310-16	E310-16	D310-16
A412	E310Mo-16	E310Mo-16	D310Mo-16
A432	E310H-16	E310H-16	
A502	E16-25MoN-16		
A902	E320-16	E320-16	

　　注：牌号前加 G（或铬）表示为铬不锈钢焊条。
　　牌号前加 A（或奥）表示为铬镍奥氏体不锈钢焊条。

附录 E 常用其他焊条牌号与型号对照

牌　号	符合(相当)下述标准的焊条型号		
	GB	AWS	JIS
R107	E5015-A1	E7015-A1	DT1216
R207	E5515-B1	E8015-B1	
R307	E5515-B2	E8015-B2	DT2315
R317	E5515-B2V	E8015-B2V	DT2315
R327	E5515-B2-VW		
R337	E5515-B2-VNb		
R347	E5515-B3-VWB		
R407	E6015-B3	E9015-B3	
R707	E1-9Mo-15	E505-16	
R807	E11MoVNi-15	E505-15	
R117	E317MoCuL-16		
W607	E5015-G		
W607H	E5515-C1	E8015-C1	
W707Ni	E5515-C1	E8015-C1	DL5016-C1
W807	E5515-G	E8015-C2	DL5016-C2
W907Ni	E5515-C2	E8018-C2	
W107	E5015-C2L	E7015-C2L	DL5016-D3
Ni102	ENi-0		
Ni112	ENi-0	ENi-1	DNi-1
Ni202	ENiCu-7	ENiCu-7	
Ni307A	ENiCrFe-3	ENiCrFe-3	DNiCrFe-3
T107	ECu	ECu	ECu
T207	ECuSi-B	ECuSi	DCuSiB
T227	ECuSn-B	ECuSn-C	DCuSnB
T237	ECuAl-C	ECuAl-A2	DCuAl
T307	ECuNi-B	ECuNi	DCuNi-3
L109	TAl	E1100	
L209	TAlSi	E4043	
L309	TAlMn	E3003	
Z208	EZC		
Z308	EZNi-1	ENi-C1	DFCNi
Z408	EZNiFe-1	ENiFe-C1	DFCNiFe

注：R：钼及钼耐热钢焊条。W：低温钢焊条。Ni：镍及镍合金焊条。D：堆焊焊条。T：铜及铜合金焊条。L：铝及铝合金焊条。Z：铸铁焊条。TS：特殊用途焊条。

附录 F 电焊机型号代表字母及序号

序号	第一位字位		第二位字位		第三位字位		第四位字位		第五位字位	
	代表字母	大类名称	代表字母	小类名称	代表字母	附注特征	数字序号	系列序号	单位	基本规格
1	A	弧焊发电机	X P D	下降特性 平特性 多特性	省略 D Q C T H	电焊机驱动 单纯弧焊发电机 汽油机驱动 柴油机驱动 拖拉机驱动 汽车驱动	省略 1 2	直流发电机 整流 交流	A	额定焊接电流
2	Z	弧焊整流器	X P D	下降特性 平特性 多特性	省略 M L E	一般电源 脉冲电源 高空载电压 交直流两用电源	省略 1 2 3 4 5 6 7	磁放大器或 饱和电抗器式 动铁芯式 动线圈式 晶体管式 晶闸管式 变换抽头式 变频式	A	额定焊接电流

序号	第一位字位		第二位字位		第三位字位		第四位字位		第五位字位	
	代表字母	大类名称	代表字母	小类名称	代表字母	附注特征	数字序号	系列序号	单位	基本规格
3	B	交流弧焊电源	X P	下降特性 平特性	L	高空载电压	省略 1 2 3 4 5 6	磁放大器或 饱和电抗器式 动铁芯式 串联电抗器 动圈式 晶闸管式 变换抽头式	A	额定焊接电流
4	M	埋弧焊机	Z B U D	自动焊 半自动焊 堆焊 多用	J E M	直流 交流 交直流 脉冲	省略 1 2 3 9	焊车式 横臂式 机床式 焊头悬挂式	A	额定焊接电流
5	W	TIG焊机	Z S D Q	自动焊 手工焊 点焊 其他	省略 J E M	直流 交流 交直流 脉冲	省略 1 2 3 4 5 6 7 8	焊车式 全位置焊车 横臂式 机床式 旋转焊头式 台式 焊接机器人 变位式 真空充气式	A	额定焊接电流

参 考 文 献

1 中国焊接协会培训工作委员会. 焊工取证上岗培训教材. 北京：机械工业出版社，1995

2 周震. 焊工. 北京：中国标准出版社，2005

3 刘云龙. 焊工考试标准化试题及解答. 北京：机械工业出版社，2001

4 胡玉文. 电焊工操作技术要领图解. 山东：山东科学技术出版社，2004

5 机械工业职业技能鉴定指导中心. 高级电焊工技术. 北京：机械工业出版社，1999

6 孙景荣. 实用焊工读本. 北京：化学工业出版社，2003

7 高忠民. 电焊工入门与技巧. 北京：金盾出版社，2005

8 机械工业职业技能鉴定指导中心. 中级电焊工技术. 北京：机械工业出版社，1999

9 孙景荣. 检修焊工. 北京：化学工业出版社，2004

10 王克鸿. 高级焊工技术与实例. 南京：江苏科学技术出版社，2004

11 机械工业职业教育研究中心. 电焊工技能实战训练. 北京：机械工业出版社，2005

12 朱玉义. 焊工实用技术手册. 南京：江苏科学技术出版社，2004

13 张应立. 新编焊工实用手册. 北京：金盾出版社，2004

14 李亚江. 气体保护焊工艺及应用. 北京：化学工业出版社，2003

15 威廉 L 加尔维里（美）. 焊接技能问答. 北京：化学工业出版社，2004

16 许小平. 焊接实训指导. 武汉：武汉理工大学出版社，2004

17 沈惠塘. 焊接技术与高招. 北京：机械工业出版社，2004

18 王国凡. 钢结构焊接制造. 北京：化学工业出版社，2004